信 息 技 术 人 才 培 养 系 列 教 材

HTML5+CSS3+JavaScript

网页设计基础与实战

微课版

千锋教育|策划 **何勇 王瑶**|主编 **陈进强 孙健 李燕妮**|副主编

U0300090

人民邮电出版社

北京

图书在版编目（CIP）数据

HTML5+CSS3+JavaScript 网页设计基础与实战 : 微课版 / 何勇，王瑶主编. -- 北京 : 人民邮电出版社，2022.11

信息技术人才培养系列教材
ISBN 978-7-115-59143-2

Ⅰ. ①H… Ⅱ. ①何… ②王… Ⅲ. ①超文本标记语言—程序设计—教材②网页制作工具—教材③JAVA语言—程序设计—教材 Ⅳ. ①TP312.8②TP393.092

中国版本图书馆CIP数据核字(2022)第061278号

内 容 提 要

本书从初学者的角度出发，以通俗易懂的语言进行概念讲解，并提供具体的实例让读者进行练习，使读者更加高效地掌握网页制作的一般方法。全书共分 10 章，内容包括初识 Web 前端、构建基本 HTML 网页、使用列表与表格布局、设计网页页面、表单与表单效果设计、实现 CSS3 动画、JavaScript 基础应用、实现 HTML5 应用、JavaScript 特效、移动端布局和响应式开发。此外，通过扫描书末二维码还可获取综合案例配套资源。

本书可作为高等院校网页设计与制作课程的教材，也可作为网页设计行业从业人员的参考书。

◆ 主　　编　何　勇　王　瑶
　　副 主 编　陈进强　孙　健　李燕妮
　　责任编辑　李　召
　　责任印制　王　郁　陈　薪
◆ 人民邮电出版社出版发行　　北京市丰台区成寿寺路 11 号
　　邮编　100164　电子邮件　315@ptpress.com.cn
　　网址　https://www.ptpress.com.cn
　　固安县铭成印刷有限公司印刷
◆ 开本：787×1092　1/16
　　印张：16.25　　　　　　　　2022 年 11 月第 1 版
　　字数：481 千字　　　　　　2024 年 12 月河北第 4 次印刷

定价：59.80 元

读者服务热线：(010)81055256　印装质量热线：(010)81055316
反盗版热线：(010)81055315
广告经营许可证：京东市监广登字 20170147 号

前言

如今，科学技术与信息技术的快速发展和社会生产力的变革对 IT 行业从业者提出了新的需求，从业者不仅要具备专业技术能力，还要具备业务实践能力和健全的职业素质——复合型技术技能人才更受企业青睐。党的二十大报告中提到："全面提高人才自主培养质量，着力造就拔尖创新人才，聚天下英才而用之。"高校毕业生求职面临的第一道门槛就是技能，因此教科书也应紧随时代，根据信息技术和职业要求的变化及时更新。

本书是前端初学者的入门教材，内容通俗易懂、循序渐进。书中讲解了 Web 前端开发所涉及的 HTML5、CSS3 和 JavaScript 这 3 个核心技术，并根据 PC 端和移动端的应用场景介绍了不同的布局方式。

本书形成了独立的内容架构，深入浅出地讲解了相关语言和框架的概念、原理。每章以案例贯穿知识点，帮助读者更好地理解相关技术原理，掌握相关理论知识。此外，书中还对相关领域近年发展起来的新技术、新内容进行了拓展讲解，以满足读者能力进阶的需求。

本书特点

1. 案例式教学，理论结合实战

（1）经典案例涵盖所有主要知识点

✧ 根据每章重要知识点，精心挑选案例，促进隐性知识与显性知识的转化，将书中隐性的知识外显，或将显性的知识内化。

✧ 案例包含运行效果、实现思路、代码详解。案例设置结构清晰，方便教学和自学。

（2）企业级大型项目，帮助读者掌握前沿技术

✧ 引入企业一线项目，进行精细化讲解，厘清代码逻辑，从动手实践的角度，帮助读者逐步掌握前沿技术，为高质量就业赋能。

2. 立体化配套资源，支持线上线下混合式教学

✧ 文本类：教学大纲、教学 PPT、课后习题及答案、测试题库。

✧ 素材类：源码包、实战项目、相关软件安装包。

✧ 视频类：微课视频、面授课视频。

✧ 平台类：教师服务与交流群、锋云智慧教辅平台。

3. 全方位的读者服务，提高教学和学习效率

❖ 人邮教育社区（www.ryjiaoyu.com）。教师通过社区搜索图书，可以获取本书的出版信息及相关配套资源。

❖ 锋云智慧教辅平台（www.fengyunedu.cn）。教师可登录锋云智慧教辅平台，获取免费的教学和学习资源。该平台是千锋专为高校打造的智慧学习云平台，传承千锋教育多年来在 IT 职业教育领域积累的丰富资源与经验，可为高校师生提供全方位教辅服务，依托千锋先进教学资源，重构 IT 教学模式。

❖ 教师服务与交流群（QQ 群号：777953263）。该群是人民邮电出版社和图书编者一起建立的，专门为教师提供教学服务，分享教学经验、案例资源，答疑解惑，提高教学质量。

教师服务与交流群

致谢及意见反馈

本书的编写和整理工作由高校教师及北京千锋互联科技有限公司高教产品部共同完成，其中主要的参与人员有何勇、王瑶、陈进强、孙健、李燕妮、吕春林、徐子惠、李彩艳等。除此之外，千锋教育的 500 多名学员参与了本书的试读工作，他们站在初学者的角度对本书提出了许多宝贵的修改意见，在此一并表示衷心的感谢。

在本书的编写过程中，我们力求完美，但书中难免有一些不足之处，欢迎各界专家和读者朋友给予宝贵的意见，联系方式：textbook@1000phone.com。

编者

2023 年 5 月

目 录

第 7 章
JavaScript 基础应用

第 8 章
实现 HTML5 应用

第 9 章
JavaScript 特效

第 10 章
移动端布局和响应式开发

第 1 章　初识 Web 前端

本章学习目标

- 了解 Web 前端发展历程。
- 理解 Web 前端开发的 3 个核心技术。
- 掌握 HTML5、CSS3 和 JavaScript 的基础知识。
- 熟练使用 Web 开发工具。

1994 年，蒂姆·伯纳斯·李（Tim Berners Lee）创建了万维网联盟（World Wide Web Consortium，W3C）。这是 Web 技术领域最具权威性和影响力的国际中立性技术标准机构，它最重要的工作是制定 Web 规范，这些规范描述了 Web 的通信协议（如 HTML 和 XHTML）和其他的构建模块，有效促进了 Web 技术的互相兼容。Web 前端因开发效率高、网页效果美观、用户体验好，现已被广泛应用。

在学习 Web 前端之前，应该了解其发展历程。读者在学习中需要掌握 Web 前端开发的 3 个核心技术 HTML5、CSS3 和 JavaScript，这是从事 Web 前端开发必学的知识体系。在开发过程中熟练使用 Web 开发工具，可以快速且方便地编写网页代码。

1.1　Web 前端发展历程

Web 前端技术的发展是互联网自身发展变化的一个缩影，了解 Web 前端发展历程，可以更好地把握现在及将来的互联网发展方向。学习一门课程和认识一个人的过程相似，要"推心置腹"，方能知根知底。

1.1.1　Web 前端概述

万维网（World Wide Web，WWW）简称 Web，是一个基于超文本和超文本传输协议（Hypertext Transfer Protocol，HTTP）的、全球性的、动态交互的、跨平台的分布式图形信息系统。在这个系统中，有价值的事物被称为"资源"，并由一个统一资源标识符（Uniform Resource Locator，URL）标识。这些资源由超文本传输协议传送给用户，而用户通过链接来获得资源。Web 前端开发（简称前端开发）是创建 Web 页面或 App 前端界面并将其呈现给用户的过程，其通过 HTML（Hypertext Markup Language，超文本标记语言）、CSS（Cascading Style Sheets，串联样式表）和 JavaScript 以及衍生出来的各种技术、框架、解决方案来实现互联网产品的用户界面交互，如图 1.1 所示。

图 1.1　用户界面交互

在 Web 前端发展初期，HTML 技术只能展示简单的网页，当时被称为"网页制作"，开发者维护与更新网站十分不易。网页制作是 Web 1.0 时代的产物，那时网站的主要内容都是静态的，用户使用网站的行为也以浏览为主。互联网进入 Web 2.0 时代以后，涌现出大量类似于桌面软件的 Web 应用，用户不仅能浏览网页，还能对网页上的内容进行操作。网站的前端因此发生变化，网页不再只承载文字和图片，各种媒体的应用使网页内容变得更丰富多彩，同时也提升了用户体验。

Web 前端一直在更新、进步，用户体验需求的提升，提高了前端代码的复杂度，并催生一系列兼容框架。前端技术不断革新，让 Web 前端变得更全面、更系统化。

1.1.2　Web 前端发展简史

1．静态页面阶段

1990 年 12 月 25 日，伯纳斯·李在他的计算机上部署了第一套由主机、网站、浏览器构成的 Web 系统。这是 B/S（Browser/Server，浏览器/服务器）架构网站应用软件的开端，也是前端工程的开端。1993 年 4 月，Mosaic 浏览器作为第一款正式的浏览器发布。1994 年 12 月，W3C 在伯纳斯·李的主持下成立，标志着万维网进入了标准化发展阶段。这个阶段的网页还非常原始，主要以 HTML 页面为主，是纯静态的只读网页。该阶段被称为 Web 1.0 时代。

2．JavaScript 诞生

1995 年，网景通信公司设计了 JavaScript 脚本语言，并将其集成到 Navigator 浏览器的 2.0 版本中。随后，微软公司看出 JavaScript 的潜力，模仿开发出 JScript 和 VBScript，并应用到 Interent Explorer（简称 IE）浏览器中。这也导致了微软公司和 NetScape 公司的两个浏览器之间的产品竞争。后来 Navigator 在浏览器市场上落于下风，于是 NetScape 公司把 JavaScript 提交到欧洲计算机制造商协会（European Computer Manufacturers Association，ECMA），推动制定 ECMAScript 标准。JavaScript 主导了 W3C 的官方标准，成功走向国际。

3．动态页面的发展

JavaScript 兴起以后，网页可以显示出浮动广告之类的动态效果，但这不是动态页面。以 PHP、JSP 和 ASP 为代表的后端动态页面技术的应用才实现了动态交互，这些技术可以获取服务器的数据信息，它们推动了各种论坛以及搜索引擎的发展，加快了 Web 发展进程。

4．AJAX 开启 Web 2.0 时代

2004 年以前的动态页面是由后端技术驱动的，每一次交互都要刷新一次网页，频繁的页面刷新带来极差的用户体验，直到 AJAX 技术的应用才解决了这个问题。AJAX 技术实现了异步 HTTP 请求，用户不用专门去等待请求被响应，就可以继续浏览或操作网页。AJAX 技术开启了 Web 2.0 时代。

5．前端兼容性框架的出现

Firefox（火狐）浏览器和 Opera（欧朋）浏览器与 IE 浏览器再次展开了产品竞争。不同的浏览器技术标准有差异，这不利于兼容开发，于是诞生了 Dojo、Mootools、YUI、Ext JS、jQuery 等前端兼容框架。其中，2006 年诞生的 jQuery 应用最为广泛。

6．HTML5 的出现

W3C 于 2007 年采纳了 HTML5 规范草案，并在 2008 年 1 月 22 日正式发布。在 HTML5 规范的指引下，各个浏览器厂商不断改进浏览器，谷歌以 JavaScript 引擎 V8 为基础研发的 Chrome 浏览器发展十分迅速。2014 年 10 月 28 日，W3C 正式发布 HTML5.0 标准。HTML 版本历史如表 1.1 所示。

< 2 >

表 1.1　HTML 版本历史

版本	发布时间	说明
HTML1.0	1993 年 6 月	作为互联网工程任务组（Internet Engineering Task Force，IETF）工作草案发布
HTML2.0	1995 年 11 月	作为 RFC 1866 发布，于 2000 年 6 月被宣布过时
HTML3.2	1997 年 1 月 14 日	W3C 推荐标准
HTML4.0	1997 年 12 月 18 日	W3C 推荐标准
HTML4.01（微小改进）	1999 年 12 月 24 日	W3C 推荐标准
XHTML1.0	2000 年 1 月 26 日	W3C 推荐标准，后来经过修订于 2002 年 8 月 1 日重新发布
XHTML1.1	2001 年 5 月 31 日	W3C 推荐标准
XHTML2.0 草案	2002 年 8 月 5 日	2009 年被放弃
HTML5 草案	2008 年 1 月 22 日	2009 年全面投入发展
HTML5.0	2014 年 10 月 28 日	W3C 正式发布 HTML5.0 推荐标准

　　HTML 是基于标准通用标记语言，XHTML 是基于可扩展标记语言，语法规范较为严谨。HTML 标签可以不区分大小写，但 XHTML 所有标签必须小写。HTML 对标签顺序要求不严格，XHTML 元素必须被正确地嵌套，标签顺序必须正确。XHTML 元素必须被关闭，且必须拥有根目录。

7．前端三大主流框架

　　前端三大主流框架是 Angular、React 和 Vue，如图 1.2 所示。2009 年，以 Chrome 的 V8 引擎为基础开发的 Node.js 发布，随后 AngularJS 诞生，后来 AngularJS 被谷歌收购。Angular 是一个比较完善的前端框架，包含服务、模板、数据双向绑定、模块化、路由、过滤器、依赖注入等功能。2011 年，React 诞生，2013 年 5 月，React 开源。这是一个用于构建用户界面的 JavaScript 框架，核心思想是封装组件。2014 年，尤雨溪开发出一套用于构建用户界面的渐进式框架 Vue，它能减少不必要的 DOM 操作和提高渲染效率。

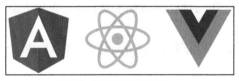

图 1.2　前端三大主流框架

8．ECMAScript 6 的发布

　　2015 年 6 月，ECMAScript 6.0 发布。这个版本增加了很多新的语法，进一步提升了 JavaScript 的开发潜力。

1.2　Web 开发的核心技术

　　Web 开发用到的核心技术有 HTML、CSS 和 JavaScript（简称 JS）。随着用户体验需求的提升，目前开发者在开发过程中常用的是升级版的 HTML5 与 CSS3。它们在原有的基础上增加了一些新的标签与属性，基本满足了开发需求，为开发者带来了极大的便利。

< 3 >

根据 W3C 标准，一个网页主要由 3 部分组成：结构（HTML）、表现（CSS）和行为（JavaScript）。三者和谐地存在于浏览器中，如图 1.3 所示。

HTML、CSS 和 JavaScript 是 Web 开发的基础核心技术，掌握并学会灵活运用它们在 Web 开发中是十分重要的。接下来将具体介绍这 3 个关键技术。

图 1.3　网页组成

1.2.1　HTML5

HTML 是超文本标记语言，"超文本"指页面可以包含图片、链接，甚至音乐、程序等非文字元素。超文本标记语言是标准通用标记语言下的一个应用，也是一种规范和标准。它通过各类标签来标记想要显示的网页中的各个部分。网页文件本身是一种文本文件，通过在文本文件中添加标签，可以告诉浏览器如何显示其中的内容，如文字如何处理、画面如何安排、图片如何显示等。当前，Web 开发中普遍使用的是 HTML 的最新版本 HTML5。HTML5 是一个网页的核心，在一些基本标签内添加内容便可完成一个简单的 HTML 文件，运行之后即可在浏览器中显示网页。

1．HTML 特点

HTML 不仅简单易用，而且功能强大，具有良好的兼容性，使万维网的应用变得更加广泛。HTML 主要有以下 4 个特点。

（1）简易性。HTML 版本升级采用超集方式，更加灵活方便。

（2）可扩展性。HTML 应用广泛，这带来了加强功能、增加标识符等要求。HTML 采取子类元素的方式，为系统扩展带来保证。

（3）平台无关性。HTML 可以使用在多种平台上，与平台关联性不大。

（4）通用性。HTML 是基于标准通用标记语言，它允许开发者建立图片与文本相结合的复杂页面，页面可被网络上的任何人使用各种类型的计算机或浏览器进行浏览。

2．HTML5 新特性

为了更好地处理互联网应用，HTML5 增加了很多新元素和功能。HTML5 主要有以下 5 个新特性。

（1）新的语义元素。HTML5 提供了新的元素来创建更好的页面结构，如<header>、<nav>、<footer>、<article>和<section>。

（2）新的表单控件。HTML5 拥有多个新的表单输入类型，这些新类型提供了更好的输入控制和验证，如数字（number）、日期（date）、时间（time）、邮件（email）和电话（tel）。

（3）强大的图像支持。HTML5 可使用<canvas>标签和<svg>标签，通过脚本语言（通常是 JavaScript）绘制图形。

（4）强大的多媒体支持。HTML5 规定了在网页上嵌入视频元素和音频元素的标准，即使用<video>标签和<audio>标签。

（5）强大的新 API。HTML5 可通过 geolocation 属性配合第三方的地图 API（Application Programming Interface，应用程序接口）实现地理定位。HTML5 可以在本地存储用户的浏览数据，比 cookie 存储方式更加安全便捷。

3．文件结构

以下是一个基本的 HTML 文件。

< 4 >

```
<!DOCTYPE html>
<html lang="en">
<head>
    <meta charset="UTF-8">
    <title>HTML 文件</title>
</head>
<body>
<!-- HTML 文件的注释，在网页中不会被解析出来 -->
一个简单 HTML 文件的文件结构
</body>
</html>
```

从上述代码可看出，文件基本结构主要由文件声明（<!DOCTYPE html>）、HTML 文档（<html>）、文件头部（<head>）和文件主体（<body>）4 部分构成。

（1）文件声明

<!DOCTYPE html>是 HTML5 标准文件声明，表示当前文件使用 HTML5 标准规范。

<!DOCTYPE html>声明必须在 HTML 文件的第一行，位于<html>标签之前。<!DOCTYPE html>不是 HTML 标签，它用于向浏览器说明当前文件使用哪种 HTML 或 XHTML 标准规范。<!DOCTYPE html>声明与浏览器的兼容性有关，如果没有<!DOCTYPE html>，就会由浏览器决定如何展示 HTML 页面。

（2）HTML 文档

<html></html>是 HTML 文件的文档标签：<html>是 HTML 文件开始标签，也被称为根标签，是文件的最外层；</html>是 HTML 文件结束标签。网页的所有内容都需要写在<html></html>标签里面。

<html lang="en">中的 lang 属性用来获取或设置文档内容的基本语言，"en"表示英文（English）。

（3）文件头部

<head></head>是 HTML 文件的头部标签：<head>是 HTML 文件头标签；</head>是 HTML 文件尾标签。它用于定义文档的头部信息，是所有头部元素的容器，描述了文件的各种属性和信息。

头部元素有<meta>、<title>、<script>、<style>、<link>等标签。<meta>是辅助标记，用于定义页面的相关信息，如页面的作者、摘要、关键词、版权、自动刷新等信息。<meta charset="UTF-8">中的 charset 属性规定 HTML 文件的字符编码，UTF-8 属于国际通用编码方式，可以防止中文乱码。<title></title>是标题标签，用于定义页面的标题。<script></script>标签用于定义客户端脚本语言，如 JavaScript。<style></style>标签用于定义 HTML 文件的样式文档。<link>标签定义文件与外部资源之间的关系。

（4）文件主体

<body></body>是主体标签：<body>是正文内容开始标记；</body>是正文内容结束标记。它用于定义文件的内容，可包含图片、文本、视频、音频、超链接、表格、列表等。

<!-- 注释内容 -->是 HTML 文件的注释部分。它的主要作用是对代码进行解释，供开发人员参考。注释部分不会被浏览器解析和执行。

4．标签和元素

（1）HTML 标签

HTML 标签分为单标签和双标签。单标签是由一个标签组成的，如<meta>、<img>、<input>、
、<link>等。HTML 标签多为双标签，双标签由首标签和尾标签构成，首标签格式为<标签名称>，尾标签格式为</标签名称>，其语法格式如下所示。

<标签名称>内容</标签名称>

<5>

HTML 标签的示例代码如下所示。

```
<p>今天也是天气晴朗的一天</p>
```

（2）HTML 元素

HTML5 文件由标签和元素构成。HTML 元素指的是从开始标签（Start Tag）到结束标签（End Tag）的所有代码。整个 HTML 文件就像一个元素集合，里面有许多元素。HTML 文件中某个元素的语法格式如下所示。

```
<标签名称 属性值1="值1" 属性值2="值2" …>内容</标签名称>
```

HTML 元素的示例代码如下所示。

```
<div title="spring">春天到了</div>
```

1.2.2 CSS3

CSS 是层叠样式表，一种用于控制（增强）网页样式并允许将样式信息与网页内容分离的标记语言，由 W3C 定义和维护。使用 CSS 可以实现网页内容与呈现的分离，这不仅可以提升网页执行效率，还便于后期管理和代码维护。目前 CSS 的最新版本是 CSS3，为 W3C 的推荐标准。CSS3 现在已被大部分浏览器支持，而 CSS4 仍在开发中。CSS 定义如何渲染 HTML 模型和对象，以及渲染网页显示效果。它可以对网页中各元素进行定位和布局，具有对模型和对象样式的编辑能力，不仅能静态修饰网页内容，也能结合 JS 之类的脚本动态修饰网页。

CSS 可以改变 HTML 元素的样式。关于改变元素样式，我们得先弄清楚 3 件事：改变的对象是谁；改成什么类型的样式；具体改成什么样子。改变的对象要在 HTML 元素中选择，这需要用到 CSS 选择器。CSS 选择器用于指定、控制 CSS 要作用的 HTML 元素，例如，标签选择器通过标签名来选择标签，ID 选择器通过 id 属性来选择标签。选择改成什么类型的样式需要使用 CSS 属性。CSS 属性指定选择符所具有的样式属性，如字体属性、背景属性、文本属性、边框属性等。而指定具体改成什么样子，就是指定这个样式属性的属性值，例如，字体属性设置字体的大小、粗细等，背景属性设置内容的背景颜色、背景图片等。

1. CSS 特点

CSS 以 HTML 为基础，提供了丰富的格式化功能，如设置字体、颜色、背景和整体排版等，网页设计者可以针对各种浏览器设置不同的样式风格。CSS 主要有以下 5 个特点。

（1）丰富的样式定义

CSS 提供了丰富的文件样式，可以根据需要设置文本属性和背景属性；具有盒模型结构，可通过设置内容、内边距、边框和外边距 4 个部分设计网页布局；可根据需要改变文本的大小写、修饰方式以及其他页面效果。

（2）易于使用和修改

CSS 样式有多种引入方式，可以根据需要合理地选择引入方式。CSS 样式表可以存放所有的样式声明，便于统一管理。另外，可以对相同样式的元素进行归类整理，使用同一个样式进行定义。如果要修改样式，只需要在样式表中找到对应的样式声明进行修改即可。

（3）多页面应用

可以将 CSS 样式表单独存放在一个 CSS 文件中，在任何页面文件中都可以对其进行引用，实现多个页面风格的统一。

（4）层叠

层叠就是对一个元素多次设置样式，最终页面中呈现的是最后一次设置的属性值的效果。例如，一个网站中的多个页面使用了同一个 CSS 样式表，现在想对某些页面中的某些元素使用其他样式，就可以针对这些样式单独定义一个样式表应用到页面中。这些后来定义的样式将对前面的样式设置进行重写，在浏览器中呈现的将是最后设置的样式效果。

（5）页面压缩

将样式声明单独放到 CSS 样式表中，可以很大程度地减小页面的体积，也可以缩短页面加载时间。另外，CSS 样式表的复用可以缩短下载时间。

2．CSS3 新特性

如今，为了设计出更好的页面效果，CSS3 增加了一些新特性，以丰富用户的浏览体验。CSS3 主要有以下多个新特性。

（1）新增选择器。CSS3 新增了结构伪类选择器、伪元素选择器、属性选择器等。

（2）新的边框效果。CSS3 新增了圆角边框（border-radius）、边框阴影（box-shadow）和边框图像（border-image），丰富了元素的边框效果。

（3）渐变。CSS3 新增了颜色的线性渐变（linear-gradient）和径向渐变（radial-gradient），使元素变得更加绚丽。

（4）2D 转换和 3D 转换。CSS3 增加了 2D 转换和 3D 转换，有位移（translate）、旋转（rotate）、缩放（scale）和倾斜（skew）4 种转换。

（5）过渡。过渡就是把变换的过程细节放大。

（6）动画。通过@keyframes 规则指定一个 CSS3 样式，即可以动画形式将目前的样式逐步更改为新的样式。

（7）弹性盒模型。CSS3 弹性盒模型是一种布局方式，用于当页面需要适应不同的屏幕大小及设备类型时确保元素拥有恰当的行为。

3．CSS3 引入方式

CSS3 样式用于辅助 HTML5 进行页面布局。CSS3 样式有 3 种引入方式，不同的引入方式后期的维护难度不同。3 种引入方式分别为行内样式、内嵌样式和外链样式，其优先等级也不同：行内样式优先于内嵌样式和外链样式，后两者按照就近原则决定优先级。样式的引入方式不同，内容与样式的关联性也不同，关联性的强弱会影响后期代码的维护难度。

（1）行内样式

行内样式是使用 style 属性引入 CSS3 样式，示例代码如下所示。

```
<div style="width:100px;height:100px;background:blue"></div>
```

这种方式没有将内容和样式分离，内容与样式关联性太强，在开发中不利于后期代码维护，因此不提倡使用。

（2）内嵌样式

内嵌样式是使用<style>标签书写 CSS 代码。<style>标签写在<head>标签里面，示例代码如下所示。

```
<head>
    <meta charset="UTF-8">
    <title>Title</title>
        /* 在文件头部以内嵌样式书写css代码 */
        <style>
          div{
          width:100px;
```

<7>

```
            height:100px;
            background:blue;
            }
    </style>
</head>
```

这种方式每个页面都需要定义 CSS 代码，如果一个网站有很多页面，则文件会变得很大，后期维护难度大。内嵌样式仍然没有将内容和样式完全分离，不利于后期代码维护。

（3）外链样式

外链样式是将 CSS 代码保存在扩展名为.css 的样式表中，在 HTML 文件中使用<link>标签引用扩展名为.css 的样式表，示例代码如下所示。

```
<link type="text/css" rel="stylesheet" href="style.css">
```

这种方式将内容和样式完全分离，有利于前期制作和后期代码的维护。

4．CSS3 选择器

通过选择器可以定位到 CSS 样式需要修饰的目标。CSS3 选择器在原有的 CSS 选择器基础之上又新增了部分选择器，大致可分为基本选择器、高级选择器、结构伪类选择器、伪元素选择器、属性选择器等。

（1）基本选择器

基本选择器有 4 种，分为通用选择器、标签选择器、类选择器和 ID 选择器，如表 1.2 所示。

表 1.2　基本选择器

名称	说明	示例
通用选择器	使用通配符"*"选取所有元素	*{margin:0;padding:0;}
标签选择器	选取所有带该标签的元素	p{color:red;}
类选择器	按照给定的 class 属性的值，选取所有匹配的元素，可多次使用，以"."定义	.first{background-color:#fff;}
ID 选择器	按照 id 属性选取一个与之匹配的元素，每个 id 属性是唯一的，以"#"定义	#nav{width:100px;height:100px;}

CSS 选择器具有权值，权值代表着优先级，权值越大，优先级越高。同种类型的选择器权值相同，后定义的选择器会覆盖先定义的选择器。各个 CSS 选择器的权值如下。

- Important：最高（权值大于 1000）。
- 行内样式：1000。
- ID 选择器：100。
- 类选择器：10。
- 标签选择器：1。
- 通用选择器：0。

✏️ 说明

  选择器组合使用，权值会叠加。

选择器优先级：通用选择器<标签选择器<类选择器<ID 选择器<行内样式<Important。

（2）高级选择器

高级选择器有后代选择器、子代选择器、并集选择器等，如表 1.3 所示。

< 8 >

表 1.3　高级选择器

名称	说明	示例
后代选择器	又称为包含选择器，通过空格连接两个选择器，前面选择器表示包含的祖先元素，后面选择器表示被包含的后代元素	header h3 {color:hotpink;}
子代选择器	使用尖角号（>）连接两个选择器，前面选择器表示要匹配的父元素，后面选择器表示被包含的匹配子对象	ul>li{width:80px;}
并集选择器	又称为组合选择器，使用逗号（,）连接多个选择器，可同时使用多个简单选择器	p,.first,#nav{color:#fff;}

（3）结构伪类选择器

结构伪类选择器可根据文档结构关系来匹配特定的元素，如表 1.4 所示。

表 1.4　结构伪类选择器

名称	说明	示例
:first-child	匹配第一个子元素	li:first-child {color:#fff;}
:last-child	匹配最后一个子元素	li:last-child {color:#acf;}
:nth-child()	按正序匹配特定子元素，括号内为数值，表示匹配属于其父元素的第 N 个子元素	li:last-child(3) {color:blue;}
:nth-last-child()	按倒序匹配特定子元素，括号内为数值，表示倒序匹配属于其父元素的第 N 个子元素	li:last-child(2) {color:#bde;}

（4）伪元素选择器

伪元素选择器可用于在文档中插入假想的元素，如表 1.5 所示。新版本使用 ":" 与 "::" 区分伪类和伪元素。

表 1.5　伪元素选择器

名称	说明	示例
::first-letter	选取元素的第一个字符	p::first-letter{font-size:18px;}
::first-line	选取元素的第一行	p::first-letter{color:pink;}
::selection	选取当前选中的字符，但改变文档结构的样式不会生效，如字号、内边距	p::selection{color:blue;}
::before	在元素内容前面添加新内容，与 content 配合使用，content 的内容可以是图像和文本	p::before {content:"第一节"; color:red;}
::after	在元素内容后面添加新内容，与 content 配合使用，content 的内容可以是图像和文本	p::after{ content:url("image/1.jpg");}

（5）属性选择器

属性选择器根据标签的属性来匹配元素，使用中括号（[]）进行标识，如表 1.6 所示。

表 1.6　属性选择器

名称	说明	示例
[属性名]	选中所有具有该属性名的标签	[title]{color:#000}
[属性名="属性值"]	选中所有符合该条件的标签	[type="text"]{color:#fff}
[class ~ ="属性名"]	从当前选择器选择的元素中，找到具有该属性名的元素	input[class ~ ="pox"]{ background-color:#fff;}

< 9 >

名称	说明	示例
[class^="字符串"]	从当前选择器选择的元素中，找到 class 属性以当前字符串开头的元素	p[class ~ ="in"]{ font-size:16px;}
[class$="字符串"]	从当前选择器选择的元素中，找到 class 属性以当前字符串结尾的元素	p[class ~ ="x"]{ font-size:14px;}
[class*="字符串"]	从当前选择器选择的元素中，找到 class 属性包含当前字符串的元素	p[class ~ ="o"]{ color:red;}

5．CSS3 常用属性

（1）字体属性

CSS3 对字体样式的设置主要包括设置字体风格、字体粗细、字体大小、字体名称等。常用的字体属性如表 1.7 所示。

表 1.7　常用的字体属性

属性	说明
font-style	设置字体风格。属性值有 oblique（偏斜体）、italic（斜体）、normal（正常）
font-weight	设置字体粗细。属性值有 bold（粗体）、bolder（特粗）、lighter（细体）、normal（正常）
font-size	设置字体大小。属性值为数值，常用单位是像素（px）
font-family	设置字体名称。常用属性值有宋体、楷体、Arial 等

字体属性（font）可以连写，依次为字体风格（font-style）、字体粗细（font-weight）、字体大小（font-size）、字体名称（font-family）。字体属性连写的示例代码如下所示。

```
font:italic bold 16px "宋体";
```

（2）背景属性

CSS3 对背景样式的设置主要包括设置背景颜色、背景图像、背景图像的重复性、背景图像位置、背景图像滚动情况等。常用的背景属性如表 1.8 所示。

表 1.8　常用的背景属性

属性	说明
background-color	设置背景颜色。属性值可以是颜色的英文单词、十六进制值或 RGB 值
background-image	把图像设置为背景。属性值是以绝对路径或相对路径表示的 URL
background-repeat	设置背景图像是否重复以及如何重复。属性值有 no-repeat（不重复）、repeat-x（横向平铺）、repeat-y（纵向平铺）
background-position	设置背景图像位置。属性值有精确的数值或 top（垂直向上）、bottom（垂直向下）、left（水平向左）、right（水平向右）、center（居中）
background-attachment	设置背景图像滚动情况。属性值有 scroll（图像随内容滚动）、fixed（图像固定）

背景属性（background）可以连写，依次为背景颜色（background-color）、背景图像（background-image）、背景图像的重复性（background-repeat）、背景图像滚动情况（background-attachment）、背景图像位置（background-position）。背景属性连写的示例代码如下所示。

```
background:#ccc url("image/2.jpg") repeat-x scroll center;
```

< 10 >

（3）文本属性

CSS3 对文本样式的设置主要包括设置文本颜色、文本水平对齐方式、行高、文本修饰、文本大小写转换、文本缩进、文本阴影等。常用的文本属性如表 1.9 所示。

表 1.9　常用的文本属性

属性	说明
color	设置文本颜色。属性值可以是颜色的英文单词或十六进制值或 RGB 值
text-align	设置文本水平对齐方式。属性值有 left（左对齐，默认值）、right（右对齐）、center（居中对齐）、justify（文字相对于图像对齐）
line-height	设置行高。属性值是数值，单位为像素（px）
text-decoration	用于修饰文本。属性值有 none（无修饰，默认值）、line-through（删除线）、underline（下画线）、overline（上画线）、blink（闪烁）
text-transform	用于控制文本大小写转换。属性值有 none（不转换，默认值）、capitalize（首字母大写）、uppercase（大写）、lowercase（小写）
text-indent	设置文本首行缩进。属性值为数值或 inherit（继承父元素属性）
text-shadow	设置文本阴影。属性值为数值

1.2.3　JavaScript

JavaScript 是一种轻量级、解释型的 Web 开发语言，是可与 HTML 相融合的脚本语言。它获得了各种浏览器的支持，如谷歌、IE、火狐等，是目前广泛应用的编程语言之一，可以呈现网页内容的交互式数据行为。当用户在客户端浏览某网页时，浏览器会执行 JavaScript 程序，用户可通过交互操作去改变网页的内容。

可以在<script></script>标签中直接编写 JavaScript 程序，也可以通过<script src='目标文档的 URL'></script>链接外部的 JS 文件。

1. JavaScript 的语言特性

JavaScript 既合适作为学习编程的入门语言，也适合用于日常开发工作。JavaScript 有自己的语言特性，包括解释型、弱类型、动态性、事件驱动和跨平台，了解其独到之处，才能更好地理解它。

（1）解释型

编译型语言编写的程序在运行前需要先被翻译成计算机可以理解的文件，例如，Java、C++等属于编译型语言。而解释型语言则不同，解释型语言编写的程序不需要在运行前编译，只需在运行时编译，例如，JavaScript、PHP 等属于解释型语言。

解释型语言的优点是可移植性较好，只要有解释环境，就可在不同的操作系统上运行；代码修改后即可运行，无须编译，编程上手快。其缺点是需要解释环境，运行起来比编译型语言慢，占用资源多，代码效率低。

（2）弱类型

弱类型语言是相对于强类型语言而言的。在强类型语言中，变量类型有很多种，如 int、char、float、boolean 等，不同的类型之间有时需要强制转换。而 JavaScript 用关键字 var 声明所有类型的变量，为变量赋值时会自动判断类型并进行转换，因此 JavaScript 是弱类型语言。

弱类型语言的优点是易于学习、表达简单易懂、代码更优雅、开发周期更短、更加偏向逻辑设计。其缺点是程序可靠性差、调试烦琐、变量不规范、性能低下。

< 11 >

（3）动态性

动态性语言在定义变量时不一定进行赋值操作，只需在使用变量时进行赋值操作即可。这种方式使得代码更灵活。JavaScript 程序中有多处会用到动态性，如获取元素、原型等。

（4）事件驱动

JavaScript 程序可以直接对用户或客户输入做出响应，无须借助于 Web 程序。对用户的响应以事件驱动的方式进行，即由某种操作引起相应的事件响应，如单击、拖动窗口、选择菜单等。

（5）跨平台

JavaScript 依赖于浏览器本身，与操作环境无关。只要计算机上可以运行浏览器，并且浏览器支持 JavaScript，程序即可正确执行，从而实现"编写一次，走遍天下"。

2．JavaScript 的构成

JavaScript 分为 3 部分，分别是 ECMAScript（简称 ES）、DOM（Document Object Model，页面文档对象模型）和 BOM（Browser Object Model，浏览器对象模型），如图 1.4 所示。

ECMAScript 是 JavaScript 的语言规范，也是 JavaScript 的核心内容。ECMAScript 是由 ECMA 进行标准化的一门编程语言，

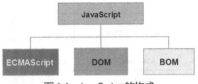

图 1.4　JavaScript 的构成

这种语言在万维网上应用广泛，它往往被称为 JavaScript 或 JScript，但实际上后两者是 ECMAScript 的扩展。ECMAScript 描述了 JavaScript 的基本语法和数据类型等，并规范了 JavaScript 编码方式和语言特性，是浏览器厂商共同遵守的一套 JavaScript 语法工业标准。

DOM 是 W3C 推荐的处理可扩展标记语言（HTML 或 XML）的标准编程接口。通过 DOM 可以对页面上的各种元素进行操作。

BOM 是对浏览器窗口进行访问和操作的功能接口，如弹出新的浏览器窗口、获取浏览器信息等。值得注意的是，BOM 是 JavaScript 的一部分，而不是 W3C 的标准，每款浏览器都有自己的实现方式，这会导致 BOM 代码的兼容性不如 ECMAScript 代码和 DOM 代码。

3．变量与数据类型

（1）变量

JavaScript 变量是存储数据的容器。变量是程序中的基本单元，它会暂时引用用户需要存储的数据。JavaScript 变量的语法格式如下所示。

```
var 变量名;
var 变量名=初始值;
```

JavaScript 变量定义的关键字是 var，var 具有声明作用，可以声明变量。例如，var x=1，x 是变量，1 是变量的初始值。变量的值是可以改变的。

JavaScript 变量必须以唯一的名称标识，唯一的名称被称为标识符。标识符可以是短名称，如 x、y、z，也可以是更具描述性的名称，如 age、sum、totalVolume。

构造变量名称（标识符）的通用规则如下。

① 名称可包含字母、数字、下画线和$。

② 名称必须以字母开头。

③ 名称也可以"$"和"_"开头。

④ 名称对大小写敏感，例如，y 和 Y 是不同的变量。

⑤ 保留字（如 JavaScript 的关键字）无法用作变量名称。

< 12 >

（2）数据类型的分类

数据类型分为基本数据类型和引用数据类型：基本数据类型指的是简单的数据段；引用数据类型指的是由多个值构成的对象，如表 1.10 所示。

表 1.10　数据类型分类

分类	数据类型	说明
基本数据类型	字符串（String）	表示文本数据，用引号引。例如，"你好"
	数值（Number）	表示数学运算的值。例如，整数 10，浮点数 3.14
	布尔值（Boolean）	表示逻辑运算的值。只有两个值 true 和 false
	空值（Null）	表示没有值
	未定义值（Undefined）	表示未赋值的初始化值
引用数据类型	对象（Object）	表示属性的无序集合。例如，var obj={age:18}
	数组（Array）	表示一组数值。例如，Arr[2,5,13,8]
	函数（Function）	表示执行特定任务的代码块。例如，function show(p1,p2){return p1*p2; }

基本数据类型和引用数据类型的区别：基本数据类型的值是不可变的，变量存放在栈里面；引用数据类型可以拥有属性和方法，且值是可变的，值同时保存在栈内存和堆内存中。

（3）数据类型的转换

其他数据类型可以转换为字符串类型，有 2 种转换方式。

① 通过 toString()方法进行转换。

② 使用 "+" " " 进行转换，转换完成之后使用 typeof 验证数据类型。

【例 1.1】转换为字符串类型。

```
<script>
    var a=10;
    console.log("通过 toString 将 num 类型转换为 string 类型："+a.toString())
    console.log("转换之后进行验证："+(typeof a.toString()))
    console.log("通过+号将 num 类型转换为 string 类型："+(10+''))
    console.log("转换之后进行验证："+(typeof (10+'')))
</script>
```

运行结果如图 1.5 所示。

字符串类型转换为数值类型，有 3 种转换方式。

① ParseInt()方法从字符串的左边开始解析，遇到非数字后停止解析，返回的结果是整数。如果首部是非数字，则返回 NaN。

② ParseFloat()方法与 ParseInt()方法相似，差别在于 ParseFloat()方法能识别浮点数，返回的结果是浮点数。

图 1.5　例 1.1 运行结果

③ Number()方法的字符串必须是纯数字序列，才能返回结果，否则返回 NaN。

4．运算符

运算符是用来对变量或数据进行操作的符号，也称作操作符。运算符根据功能和用途可分为算术运算符、比较运算符、逻辑运算符等。

< 13 >

（1）算术运算符

算术运算符用于对数值执行算术运算，包括加、减、乘、除、取余等。算术运算符如表 1.11 所示。

表 1.11　算术运算符

运算符	说明	示例	结果
+	加，对数值进行加法计算，如 a+b	7+2	9
−	减，对数值进行减法计算，如 a-b	7−2	5
*	乘，对数值进行乘法计算，如 a*b	7*2	14
/	除，对数值进行除法计算，如 a/b	7/2	3.5
%	取余，对数值进行除法计算，得到其余数，如 a%b	7%2	1
+=	加等于，如 a+=b 等价于 a=a+b	7+=2	9
−=	减等于，如 a−=b 等价于 a=a-b	7−=2	5
*=	乘等于，如 a*=b 等价于 a=a*b	7*=2	14
/=	除等于，如 a/=b 等价于 a=a/b	7/=2	3.5
%=	取余等于，如 a%=b 等价于 a=a%b	7%=2	1
**=	幂等于，如 a**=b 等价于 a=a**b	7**=2	49
//=	整除等于，如 a//=b 等价于 a=a//b	7//=2	3
++	自增（前），先参与运算再加 1，如 a++	7++*2	15
	自增（后），先加 1 再参与运算，如 ++a	++7*2	16
−−	自减（前），先参与运算再减 1，如 a−−	7−−*2	13
	自减（后），先减 1 再参与运算，如 −−a	−−7*2	12

（2）比较运算符

比较运算符用于对变量或表达式的结果进行比较，返回值为布尔值 true 或 false。比较运算符如表 1.12 所示。

表 1.12　比较运算符

运算符	说明	示例	结果
==	等于，如 a==b	7==2	false
!=	不等于，如 a!=b	7!=2	true
>	大于，如 a>b	7>2	true
<	小于，如 a<b	7<2	false
>=	大于或等于，如 a>=b	7>=2	true
<=	小于或等于，如 a<=b	7<=2	false
?:	条件运算符，也叫三元运算符，条件为真时选择表达式 1，否则选择表达式 2，如 a>=b?a:b	7>=2?7:2	7

（3）逻辑运算符

逻辑运算符用来表示数学中的"与""或""非"运算，其主要作用是连接条件表达式，表示条件之间的逻辑关系。逻辑运算符如表 1.13 所示。

< 14 >

表 1.13　逻辑运算符

运算符	说明
&&	逻辑"与"，"全真为真，一假即假"，如 a&&b
‖	逻辑"或"，"全假为假，一真即真"，如 a‖b
!	逻辑"非"，"取反"，如 a!b

在表 1.13 中，a 和 b 分别为表达式。通常以比较运算符返回的结果作为逻辑运算符的操作数。逻辑运算符经常出现在条件语句和循环语句中。

5．JavaScript 的常用事件

JavaScript 控制页面的行为是由事件驱动的。事件就是 JavaScript 监测到的用户操作或页面上的一些行为。JavaScript 的常用事件如表 1.14 所示。

表 1.14　JavaScript 的常用事件

事件	说明
onclick	单击某个对象时触发
ondblclick	双击某个对象时触发
onmouseover	鼠标移入某个元素时触发
onmouseout	鼠标移出某个元素时触发
onmouseenter	鼠标进入某个元素时触发
onmouseleave	鼠标离开某个元素时触发
onmousedown	鼠标键按下时触发
onmouseup	鼠标键抬起时触发
onmousemove	鼠标被移动时触发
onwheel	鼠标滚轮滚动时触发
oncontextmenu	单击鼠标右键时触发

1.3　Web 开发工具

1.3.1　开发工具的介绍

常言道"工欲善其事，必先利其器"，开发工具的使用是十分重要的。一个好的开发工具能让开发者在开发过程中更加得心应手。以下是 3 款开发工具的介绍。

1．WebStorm

WebStorm 是 JetBrains 公司旗下一款 JavaScript 开发工具。这是前端开发中一个比较专业的软件，与其他软件相比，该软件体积比较大，功能也更复杂。它支持代码高亮、智能补全等功能。除此之外，还支持代码调试、重构等功能，经常被应用于项目管理、团队协作开发。目前 WebStorm 已经被广大前端开发者誉为"Web 前端开发神器""最强大的 HTML5 编辑器"等。它还与 IntelliJ IDEA 同源，继承了 IntelliJ IDEA 强大的 JS 部分的功能。

< 15 >

WebStorm 官方网页如图 1.6 所示。

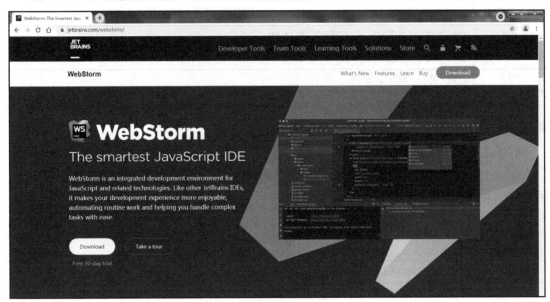

图 1.6　WebStorm 官方网页

2．Visual Studio Code

Visual Studio Code（简称 VS Code）是微软公司开发的一个轻量级代码编辑器，功能非常强大，界面简洁明晰，操作方便快捷，设计十分人性化。它支持常见的语法提示功能、代码高亮功能、Git 功能等，具有开源、免费、跨平台、插件扩展丰富、运行速度快、占用内存少、开发效率高等特点。网页开发者经常会使用到该软件。

VS Code 官方网页如图 1.7 所示。

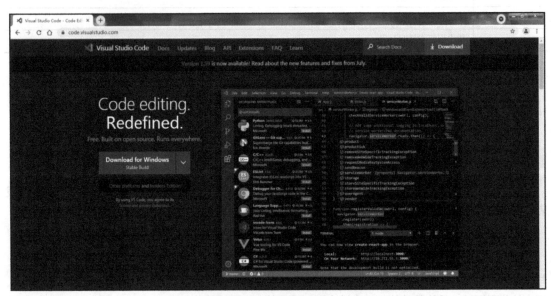

图 1.7　VS Code 官方网页

3．Sublime Text

Sublime Text 是一个轻量级编辑器，支持各种编程语言。Sublime Text 的主要功能有拼写检查、书

< 16 >

签、完整的 Python API、即时项目切换、多选择、多窗口等。Sublime Text 所有功能都支持使用插件，快捷键发挥了极大作用，有效降低了开发的劳动强度。

　　Sublime Text 官方网页如图 1.8 所示。

图 1.8　Sublime Text 官方网页

1.3.2　WebStorm 的安装和使用

　　下面以 WebStorm 为例对开发工具的安装与使用进行说明。

1．WebStorm 的安装

（1）进入 WebStorm 官方网站，单击 Download 按钮进入下载页面，如图 1.9 所示。

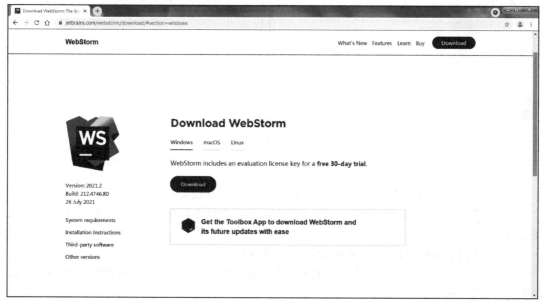

图 1.9　WebStorm 下载页面

< 17 >

（2）单击图 1.9 中的 Windows 选项，然后单击 Download 按钮下载最新版的 WebStorm，页面底部是下载进度提示信息，如图 1.10 所示。

图 1.10　WebStorm 下载

（3）下载的文件为 WebStorm-2021.2.exe。双击该文件，弹出安装界面，如图 1.11 所示。

（4）单击图 1.11 中的 Next 按钮，进入选择安装路径界面，选择安装路径，如图 1.12 所示。

图 1.11　安装界面

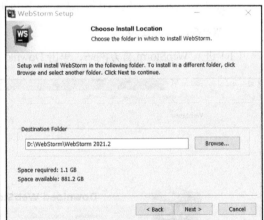

图 1.12　选择安装路径

（5）单击图 1.12 中的 Next 按钮，进入安装选项界面，各项设置如图 1.13 所示。

（6）单击图 1.13 中的 Next 按钮，进入设置开始菜单文件夹界面，默认设置为"JetBrains"，如图 1.14 所示。

（7）单击图 1.14 中的 Install 按钮开始安装，如图 1.15 所示。

（8）安装进度条走完之后，单击 Next 按钮，进入安装完成界面，单击 Finish 按钮，完成 WebStorm 的安装，如图 1.16 所示。

< 18 >

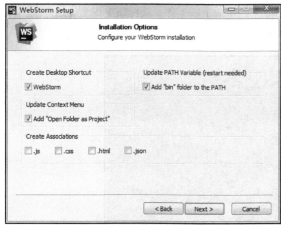

图 1.13　安装选项设置

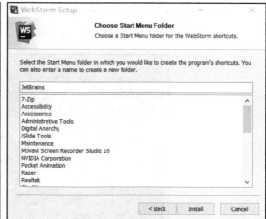

图 1.14　设置开始菜单文件夹

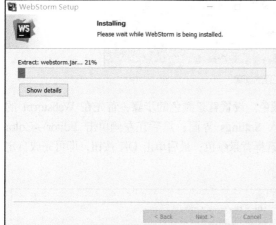

图 1.15　安装 WebStorm

图 1.16　WebStorm 安装完成

2．WebStorm 的使用

（1）安装完成之后，在桌面上双击 WebStorm 的快捷方式，打开 WebStorm 启动界面，如图 1.17 所示。

图 1.17　WebStorm 启动界面

< 19 >

（2）单击图 1.17 中的 New Project（新工程）图标，创建一个新工程，选择新工程文件的存储路径为 D:\WebStorm\Item，单击 Create 按钮，如图 1.18 所示。

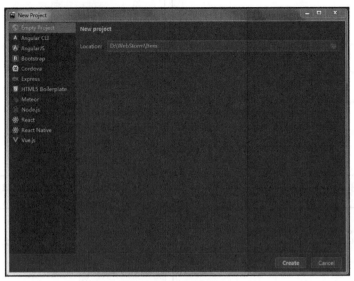

图 1.18　新工程的创建

（3）新工程创建成功之后，可以自定义背景颜色。设置背景颜色的步骤：首先在 Webstorm 的主窗口中单击菜单中的 File，选择 Settings，进入 Settings 界面；然后在左侧单击 Editor→Color Scheme→HTML，再在右侧的 Scheme 下拉列表中选择背景颜色；最后单击 OK 按钮，即可完成自定义背景颜色，如图 1.19 所示。

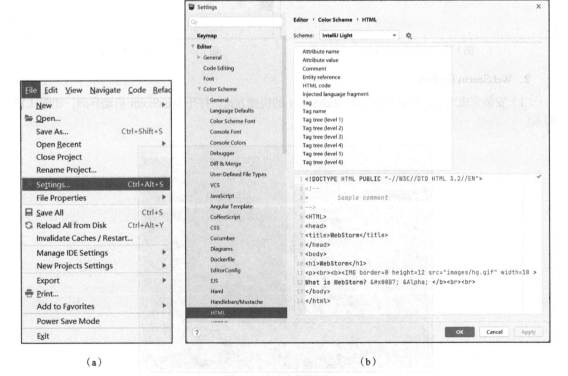

（a）　　　　　　　　　　　　　　　　（b）

图 1.19　自定义背景颜色

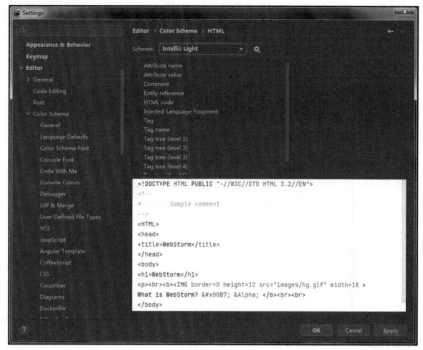

（c）

图 1.19　自定义背景颜色（续）

（4）自定义背景颜色完成之后，还可以自定义字体。在图 1.19 所示的 Settings 界面中，单击 Editor→Font，然后在右侧设置字体、字号和行高，单击 OK 按钮即可完成设置，如图 1.20 所示。

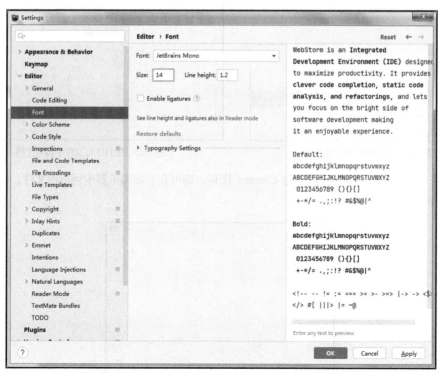

图 1.20　自定义字体

< 21 >

（5）创建一个新的 HTML 文件。

首先单击 File→New→HTML File，如图 1.21 所示。

图 1.21 HTML 文件的创建

接着在图 1.22 中输入文件名"index"，生成一个新的 HTML 文件。然后编写一段简单的代码，如图 1.23 所示。

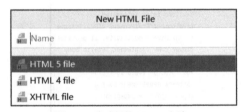

图 1.22 生成新的 HTML 文件 　　　　　图 1.23 在 HTML 文件中编写代码

编写完代码后，单击代码区域中的 Chrome 图标，即可在谷歌浏览器中运行该文件，运行结果如图 1.24 所示。

图 1.24 运行结果

< 22 >

1.4　本章小结

　　本章介绍了 Web 前端的发展历程、开发核心技术、开发工具的安装与使用。希望读者能够对 Web 前端的发展与特性有初步了解；然后介绍了 HTML5 的基本文件结构、标签和元素的概念，CSS3 的 3 种引入方式、各种选择器和常用属性，JavaScript 的构成、JavaScript 数据类型的分类与转换和 JavaScript 常用事件；最后介绍了 WebStorm 开发工具的使用，能快速编写出一个简单的程序，为学习 Web 开发奠定基础。

1.5　习题

1．填空题

（1）万维网联盟是_____在_____年创建的。

（2）_____技术实现了异步 HTTP 请求，用户不用专门去等待请求被响应，而可以继续浏览或操作网页。

（3）JavaScript 中的运算符根据功能和用途可分为_____、_____、_____等。

（4）Web 开发的 3 个核心技术是_____、_____、_____。

（5）JavaScript 是由_____、_____、_____ 3 部分构成的。

2．选择题

（1）第一款正式发布的浏览器是（　　）。

　　A．IE　　　　　　　　B．Mosaic　　　　　　C．Firefox　　　　　D．Opera

（2）下列属于 CSS3 新增选择器的是（　　）。

　　A．类选择器　　　　　B．并集选择器　　　　C．伪类选择器　　　D．伪元素选择器

（3）下列不属于 Web 开发工具的是（　　）。

　　A．Visual Studio Code　　　　　　　　　　B．MyEclipse

　　C．Sublime Text　　　　　　　　　　　　　D．WebStorm

（4）下列属于引用数据类型的是（　　）。

　　A．Boolean　　　　　　B．Array　　　　　　C．Object　　　　　D．Function

3．思考题

（1）简述 Web 1.0 时代与 Web 2.0 时代的特点。

（2）简述 HTML 文件的基本文件结构。

4．编程题

使用 Web 开发语言编程，在浏览器中显示"锄禾日当午，汗滴禾下土"。

< 23 >

第 2 章　构建基本 HTML 网页

本章学习目标

- 了解 HTML 常用的基本标签。
- 了解<div>块元素的特点。
- 熟练使用<p>标签和<img>标签。
- 掌握<a>标签的多种跳转功能。

构建基本 HTML
网页

本章重点讲解如何去构建一个基本 HTML 网页。要构建 HTML 网页，了解并正确使用标签是十分重要的。HTML 网页常用的标签有段落标签、超链接标签、图片标签、块元素标签等。段落标签用于显示网页中的文本内容；超链接标签可以实现网页之间的跳转；图片标签可在网页中嵌入图片；块元素标签能对网页内容进行分类、分组处理，用于网页的布局。

2.1　制作简单文本网页

2.1.1　标题标签

标题是由<h1>标签至<h6>标签定义的，<h1>定义最大的标题，依次递减，<h6>定义最小的标题。浏览器会自动在标题前后添加空行。

标题能够体现文档结构；搜索引擎可通过标题为网页的结构和内容编制索引；用户可通过标题来快速浏览网页。

1. 语法格式

标题标签的语法格式如下所示。

```
<h1>标题文字</h1>
```

2. 演示说明

下面依次使用<h1>标签至<h6>标签，以演示它们之间的差别。

【例 2.1】标题标签。

```
1.   <!DOCTYPE html>
2.   <html lang="en">
3.   <head>
4.       <meta charset="UTF-8">
5.       <title>标题标签</title>
6.   </head>
7.   <body>
```

```
8.    <h1>绿水青山就是金山银山</h1>
9.    <h2>绿水青山就是金山银山</h2>
10.   <h3>绿水青山就是金山银山</h3>
11.   <h4>绿水青山就是金山银山</h4>
12.   <h5>绿水青山就是金山银山</h5>
13.   <h6>绿水青山就是金山银山</h6>
14.   </body>
15.   </html>
```

运行结果如图 2.1 所示。

图 2.1　例 2.1 运行结果

2.1.2　段落标签

1．语法格式

段落是通过<p>标签来定义的。段落标签的语法格式如下所示。

```
<p>段落文字</p>
```

2．演示说明

下面在<p>标签中输入文本内容。

【例 2.2】段落标签。

```
1.    <!DOCTYPE html>
2.    <html lang="en">
3.    <head>
4.        <meta charset="UTF-8">
5.        <!-- 提供有关网页的元信息，说明搜索引擎对此网页的内容描述 -->
6.        <meta name="description" content="西江月·夜行黄沙道中">
7.        <title>段落标签</title>
8.    </head>
9.    <body>
10.   <p>明月别枝惊鹊，清风半夜鸣蝉。</p>
11.   <p>稻花香里说丰年，听取蛙声一片。</p>
```

< 25 >

12. **\<p\>**七八个星天外，两三点雨山前。**\</p\>**

13. **\<p\>**旧时茅店社林边，路转溪桥忽见。**\</p\>**

14. \</body\>

15. \</html\>

运行结果如图 2.2 所示。

图2.2　例2.2运行结果

✏️ 说明

　　默认情况下，HTML 会自动在段落、标题前后分别添加一个额外的空行。

2.1.3　换行标签

　　换行标签\<br\>可在文本中生成一个换行（回车）符号，它是一个空元素，也是一个单标签，不能在里面写内容。在写诗句文本和地址时，换行标签是很有用的。

　　1. 语法格式

　　换行标签的语法格式如下所示。

\<p\>内容\<br\>内容\</p\>

　　2. 演示说明

　　下面输入古诗《春晓》，应用换行标签。

　　【例 2.3】换行标签。

1. \<!DOCTYPE html\>

2. \<html lang="en"\>

3. \<head\>

4. 　　\<meta charset="UTF-8"\>

5. 　　\<title\>2.1 简单文本\</title\>

6. \<body\>

7. \<p\>   春晓\</p\>

8. \<p\>春眠不觉晓，**\<br\>**处处闻啼鸟。**\<br\>**夜来风雨声，**\<br\>**花落知多少。\</p\>

9. \</body\>

10. \</html\>

　　运行结果如图 2.3 所示。

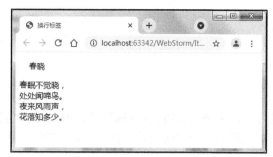

图 2.3　例 2.3 运行结果

2.1.4　实例：秋天的故事

1．页面结构简图

本实例是一篇关于秋天的简单文本，页面主要由文字元素和标签构成。使用标题标签、段落标签和换行标签来实现整个页面，页面结构简图如图 2.4 所示。

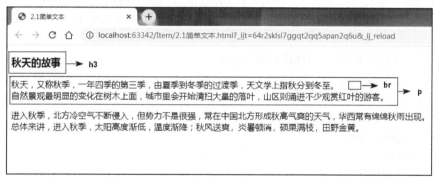

图 2.4　简单文本页面结构简图

2．代码实现

新建一个 HTML 文件，使用<h3>标签、<p>标签和
标签编写相关代码。

【例 2.4】秋天的故事。

```
1.  <!DOCTYPE html>
2.  <html lang="en">
3.  <head>
4.      <meta charset="UTF-8">
5.      <title>2.1 简单文本</title>
6.  </head>
7.  <body>
8.  <h3>秋天的故事</h3>
9.  <p>秋天，又称秋季，一年四季的第三季，由夏季到冬季的过渡季，天文学上指秋分到冬至。<br>
10.     自然景观最明显的变化在树木上面，城市里会开始清扫大量的落叶，山区则涌进不少观赏红叶的游客。
        </p>
11. <p>进入秋季，北方冷空气不断侵入，但势力不是很强，常在中国北方形成秋高气爽的天气，华西常有绵绵
        秋雨出现。<br>
12.     总体来讲，进入秋季，太阳高度渐低，温度渐降；秋风送爽，炎暑顿消，硕果满枝，田野金黄。</p>
13. </body>
14. </html>
```

2.2 添加图片

2.2.1 图片标签

在 HTML 中，图片是由<img>标签定义的。图片标签属于单标签，只包含属性，不包含文本内容。图片标签表示向网页中嵌入一张图片，创建的是引用图片的占位空间。

1．语法格式

图片标签的语法格式如下所示。

```
<img src="图片文件地址" alt="提示文本">
```

2．标签属性

（1）src 属性

src 属性在<img>标签中是必须存在的，它引用要嵌入的图片的路径，可以是相对路径，也可以是绝对路径。相对路径是被引入的文件相对于当前页面的路径；绝对路径是文件在网络或本地的完整路径。

相对路径有 3 种使用方式，具体代码如下所示。

```
<!-- 第1种：当前页面和图片在同一个目录下  -->
<img src="1.jpg"/>
<!-- 第2种：图片在页面同一级的 image 文件夹中  -->
<img src="image/li.png"/>
<!-- 第3种：图片在页面上一级的 image 文件夹中  -->
<img src="../image/hu.jpg"/>
```

绝对路径有 2 种使用方式，具体代码如下所示。

```
<!-- 第1种：图片为本地 D 盘中的相应文件  -->
<img src="file:///D|/images/tu.png"/>
<!-- 第2种：图片为网络中的相应文件  -->
<img src=
"https://img0.baidu.com/it/u=2579539435,3472264569&fm=26&fmt=auto&gp=
0.jpg"/>
```

（2）alt 属性

alt 属性用于文本提示。用户可为图像定义一串预备的可替换的文本，对图片进行描述，用于图片无法显示或不能被用户看到的情况。若图片正常显示，则看不到该文本；若图片无法显示或不能被用户看到，则显示该文本。当图片只是用于装饰网页，而不作为主体内容的一部分时，可以写一个空的 alt 属性（alt=""），这是一个较佳的处理方法。

（3）title 属性

title 属性用于设置鼠标指针移到图片上时的提示文字。设置 title 属性后，若鼠标指针移到图片上，则显示该提示文字。

（4）width 属性和 height 属性

width 属性为宽度属性，height 属性为高度属性，分别用于设置图片的宽度和高度，属性值常用单位为像素（px）。

< 28 >

3. 演示说明

下面在网页中嵌入一张细草微风的风景图片。

【例 2.5】图片标签。

```
1.  <!DOCTYPE html>
2.  <html lang="en">
3.  <head>
4.      <meta charset="UTF-8">
5.      <title>细草微风</title>
6.  </head>
7.  <body>
8.  <!-- 嵌入图片，并添加 title 属性和 alt 属性的属性值，以及设置宽高 -->
9.  <img src="../image/grass.jpg" title="风轻轻掠过，一花独秀" alt="图片不存在或图片路径
    错误" width="540" height="400">
10. </body>
11. </html>
```

图片正常显示状态如图 2.5 所示。

图2.5　图片正常显示状态

图片无法显示时，一般有以下 2 种情况。

① 图片不存在，原因可能是图片名称拼写错误，示例代码如下所示。

```
<img src="../image/griss.jpg" title="风轻轻掠过，一花独秀" alt="图片不存在或图片路径错误"
width="540" height="400">
```

② 图片路径错误，原因可能是图片路径漏写，示例代码如下所示。

```
<img src="grass.jpg" title="风轻轻掠过，一花独秀" alt="图片不存在或图片路径错误" width="540"
height="400">
```

图片无法显示状态如图 2.6 所示。

< 29 >

图 2.6　图片无法显示状态

2.2.2　水平线标签

水平线是由<hr>标签定义的。在 HTML 文件中可使用<hr>标签创建横跨网页的水平线，将段落与段落分隔开，使文档结构更加层次分明。

1．语法格式

水平线标签是一个单标签，一般添加在两个段落之间，可以仅是一个<hr>标签，也可以加入一些属性，使设计效果更美观。水平线标签的语法格式如下所示。

```
<hr align="对齐方式" color="颜色值" size="粗细值" width="宽度值">
```

2．标签属性

水平线标签的常用属性如表 2.1 所示。

表 2.1　水平线标签的常用属性

属性	说明
align	设置水平线对齐方式，属性值有 center（居中对齐，默认值）、left（左对齐）、right（右对齐）
color	设置水平线颜色，属性值可以是颜色的英文单词或十六进制值或 RGB 值
size	设置水平线粗细，属性值为数值，以像素（px）为单位，默认值为 2
width	设置水平线宽度，属性值为像素值或水平线宽度占浏览器窗口宽度的百分比（默认为 100%）

2.2.3　<div>块元素

1．块元素概念

<div>块元素也称为内容划分元素，在 HTML 网页中独占一行，可以设置宽度和高度，支持所有全局属性。它是一个通用型的流内容容器，在不使用 CSS 的情况下，不设置宽度和高度，对内容或布局没有任何影响。

作为一个"纯粹的"容器，<div>块元素在语义上不表示任何特定类型的内容，可以使用 class 属性或 id 属性更方便地定义内容的格式，将内容分组。由于<div>块元素独占一行的特性，要想实现在一行内并排放置<div>块元素，可以使用浮动属性，但元素浮动会对页面布局产生影响。

2．块元素特点

HTML 元素大体可分为 3 类，分别为块元素、内联元素和内联块元素。

（1）块元素的特点是可以自定义宽度和高度，独占一行，自上而下排列，还可以作为一个容器包含其他的块元素或内联元素。常见的块元素有<div>、<p>、<h1>、<ul>、<table>、<form>、<hr>等。

< 30 >

（2）内联元素也称为行内元素，它的特点是不可以自定义宽度和高度，不独占一行，在一行内逐个显示。若对内联元素设置与高度相关的一些属性，如 margin-top、margin-bottom、padding-top、padding-bottom、line-height 等，则会显示无效或显示不准确。常用的内联元素有<span>、<a>、<label>、<em>、<strong>等。

（3）内联块元素也称为行内块元素，它的特点是可以自定义宽度和高度，可以和其他内联元素在一行显示，既具有内联元素特点，又具有块元素特点。常用的内联块元素有<img>、<input>、<li>、<textarea>等。

2.2.4　实例：致敬教师节

1. 页面结构简图

本实例是一篇致敬教师节的文案。该页面主要由段落标签、水平线标签、图片标签、<div>块元素等构成，致敬教师节页面结构简图如图 2.7 所示。

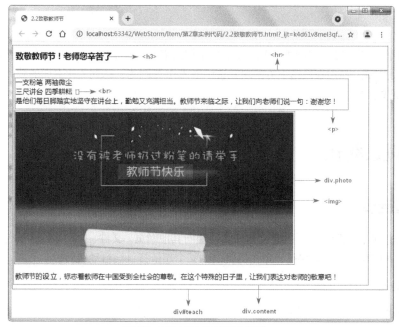

图 2.7　致敬教师节页面结构简图

2. 代码实现

新建一个 HTML 文件，主要使用<img>标签、<div>块元素和<hr>标签编写相关代码。

【例 2.6】致敬教师节。

```
1.    <!DOCTYPE html>
2.    <html lang="en">
3.    <head>
4.        <meta charset="UTF-8">
5.        <title>2.2 致敬教师节</title>
6.    </head>
7.    <body>
8.    <div id="teach">
9.        <h3>致敬教师节! 老师您辛苦了</h3>
```

< 31 >

```
10.          <!-- 添加一条水平线 -->
11.      <hr align="left" color="#aaa" size="3" >
12.      <div class="content">
13.          <p>一支粉笔 两袖微尘<br>三尺讲台 四季耕耘<br>
14.              是他们每日脚踏实地坚守在讲台上，勤勉又充满担当。教师节来临之际，让我们向老师们说一
    句：谢谢您！</p>
15.          <!-- 在块元素中嵌入一张图片 -->
16.          <div class="photo">
17.              <img src="../image/teach.png" width="648" height="344" alt="">
18.          </div>
19.          <p>
20.              教师节的设立，标志着教师在中国受到全社会的尊敬。在这个特殊的日子里，让我们表达对老
    师的敬意吧！
21.          </p>
22.      </div>
23.  </div>
24.  </body>
25.  </html>
```

例2.6 的代码首先添加标题和水平线；接下来添加文本内容，第1段文字中的前两句使用
标签换行，使排版更美观；然后在段落下方的块元素中嵌入1张图片，达到美化页面的效果；最后再添加1段文字，完成文案页面。

2.3 添加超链接

2.3.1 超链接

超链接通过<a>标签定义，可以通过 href 属性通向其他网页、文件、同一页面内的位置、电子邮件地址或任何其他 URL。它的效果是，单击网页上的某个超链接，会自动跳转。

1. 语法格式

超链接标签的语法格式如下所示。

```
<a href="目标 URL"  target="目标窗口">内容</a>
```

2. 标签属性

（1）href 属性
href 属性用于指示链接的目标。
（2）target 属性
target 属性用于规定打开链接的方式，主要有以下4种方式。
① __self：在同一个窗口打开（默认值）。
② __blank：新建一个窗口打开。
③ __parent：在父窗口打开。
④ __top：在浏览器整个窗口打开。

< 32 >

3．超链接功能

超链接可实现网页跳转功能，href 属性值为链接目标地址。示例代码如下所示。

```
<a href="https://www.tmall.com/" target="_self">天猫</a>
```

超链接能实现邮件链接、电话链接等。邮件链接是使用 mailto 链接将用户的电子邮件程序打开，发送新邮件。电话链接是使用 tel 链接调用手机拨号功能。示例代码如下所示。

```
<a href="mailto:abcde@qq.com">发送邮件</a>
<a href="tel:+123456">+123456</a>
```

2.3.2　锚点链接

锚点链接具有锚点功能，href 属性值为锚点 id 属性值。单击锚点链接能跳转到 id 属性对应的位置，可以在同一个网页内，也可以在其他网页内。示例代码如下所示。

```
<a href="#fall">秋天的故事</a>
<a id="fall">秋天的故事</a>
<p>秋天的故事…</p>
```

当 href 属性值为"#"时，锚点链接能实现跳转返回顶部的功能。示例代码如下所示。

```
<a href="#fall">秋天的故事</a>
<a id="fall">秋天的故事</a>
<p>秋天的故事…</p>
<a href="#">回到顶部</a>
```

2.3.3　超链接的伪类

超链接有 4 种常用的伪类，分别是 link、visited、hover 和 active。它们是一种动态伪类标签，前面添加冒号（:）来表示 4 种不同的状态，如表 2.2 所示。

表 2.2　超链接的伪类

名称	说明
:link	表示超链接被单击之前
:visited	表示超链接被单击之后
:hover	表示鼠标指针在某个标签上时
:active	表示单击某个标签且没有松鼠标时

伪类标签在程序中的使用顺序依次为 link、visited、hover、active。

2.3.4　实例：技术手册导航

1．页面结构简图

本实例是制作技术手册导航。该页面不仅应用超链接的多种功能，如锚点链接功能、网页跳转功能、回到顶部功能，同时也用到了标题标签、段落标签和换行标签。技术手册导航页面结构简图如图 2.8 所示。

< 33 >

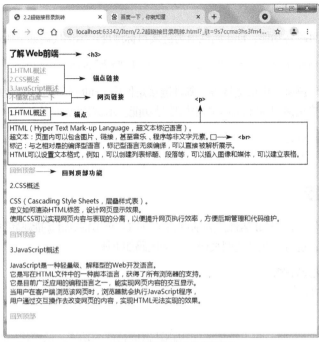

图 2.8　技术手册导航页面结构简图

2. 代码实现

新建一个 HTML 文件，使用<h3>标签、<p>标签、
标签，并应用超链接功能编写相关代码。

【例 2.7】技术手册导航。

```
1.   <!DOCTYPE html>
2.   <html lang="en">
3.   <head>
4.   <meta charset="UTF-8">
5.   <title>2.3 技术手册导航</title>
6.   /* CSS 代码部分   */
7.   <style>
8.    /* 超链接<a>去掉文本修饰下画线 */
9.      a{  text-decoration: none;  }
10.   /* 鼠标单击<a>标签之前的文字颜色 */
11.      a:link{  color:#ab6713;  }
12.   /* 鼠标单击<a>标签之后，文字变颜色 */
13.      a:visited{  color:#aaa;  }
14.   /* 鼠标指针放到<a>标签上时，文字变颜色 */
15.      a:hover{  color:#6495ef;  }
16.   /* 鼠标单击<a>标签未松开时，文字变颜色 */
17.      a:active{  color:hotpink;  }
18.   </style>
19.   </head>
20.
21.   /* HTML 主体代码部分   */
22.   <body>
23.      <h3>了解 Web 前端</h3>
24.   <p>
```

< 34 >

```
25.  /* 锚点链接   */
26.      <a href="#html">1.HTML 概述</a><br>
27.      <a href="#css">2.CSS 概述</a><br>
28.      <a href="#js">3.JavaScript 概述</a><br>
29.  /* 网络链接   */
30.      <a href="https://www.baidu.com/" target="_blank">不懂就百度一下</a><br>
31.  </p>
32.  /* 锚点 id   */
33.      <p><a id="html">1.HTML 概述</a></p>
34.  <p>
35.      HTML（Hyper Text Mark-up Language，超文本标记语言）。<br>
36.      超文本：页面内可以包含图片、链接，甚至音乐、程序等非文字元素。<br>
37.      标记：与之相对的是编译型语言，标记型语言无须编译，可以直接被解析展示。<br>
38.      HTML 可以设置文本格式，例如，可以创建列表标题、段落等，可以插入图像和媒体，可以建立表格。
     <br>
39.  </p>
40.      <a href="#">回到顶部</a>
41.      <!-- 此处省略雷同代码 -->
42.  </body>
43.  </html>
```

例 2.7 的代码利用了超链接的锚点链接功能，单击目录即可跳转到相应内容。目录下方是个百度网页的超链接，实现网页跳转功能，方便浏览者进行相关内容的检索。文本内容下方添加了通过单击超链接回到顶部的功能，为浏览者提供更好的浏览体验。在 HTML 文件中以内嵌方式应用 CSS 样式可实现超链接在 4 种不同状态下的颜色变化，这 4 种不同状态有固定的代码编写顺序，在编写代码时一定要注意，以免达不到预期效果。

2.4　本章小结

本章重点介绍了构建网页的一些基本标签。文字、图片和超链接是网页中经常使用到的元素，因此熟练掌握段落标签、图片标签和超链接的用法是十分重要的，而<div>块元素的应用有助于网页的整体布局。通过对本章内容的学习，读者能够对网页的构建有进一步的了解，掌握 HTML 基本标签的使用方法，能编写出基础的网页，提升代码编写能力，为后面的深入学习奠定基础。

2.5　习题

1．填空题

（1）标题标签中_____定义最大的标题，_____定义最小的标题。

（2）图片标签有_____和_____两种路径方式。

（3）超链接标签的 4 种功能为_____、_____、_____、_____。

（4）_____将段落与段落分隔开，使文档结构更加层次分明。

< 35 >

2．选择题

（1）能为网页的结构和内容编制索引，使用户可快速浏览网页的是（　　　）。

    A．水平线标签　　　　B．标题标签　　　　　C．段落标签　　　　　D．换行标签

（2）下列不属于<a>标签4种状态的是（　　　）。

    A．visited　　　　　B．hover　　　　　　C．focus　　　　　　D．link

（3）下列不属于水平线标签常用属性的是（　　　）。

    A．background-color　　　　　　　　　　B．color

    C．size　　　　　　　　　　　　　　　　D．align

（4）下列不属于图片标签属性的是（　　　）。

    A．alt　　　　　　　B．title　　　　　　C．src　　　　　　D．href

3．思考题

（1）简述超链接打开窗口的方式。

（2）简述块元素、内联元素和内联块元素的特点。

4．编程题

（1）使用<h3>标签、<p>标签和
标签制作个人介绍卡片，尝试加入一些简单的 CSS 样式。具体页面效果如图 2.9 所示。

图2.9　个人介绍卡片

（2）仿照浏览器的标签栏制作一个导航条。尝试加入图标并通过超链接实现网页跳转，取消超链接文本的下画线，在鼠标指针放到<a>标签上时，文本变颜色。图文混排时，可为图片添加 vertical-align 属性，取值为 middle，使文字对齐图片中部。

（3）使用<h2>标签和<img>标签尝试制作江南古镇图片展览。首先使用 CSS 属性设置父元素块的宽度和高度，然后统一设置图片的宽度和高度。具体页面效果如图 2.10 所示。

图2.10　江南古镇图片展览

< 36 >

第3章 使用列表与表格布局

本章学习目标

使用列表与表格
布局

- 了解列表与表格的特点。
- 掌握列表与表格的相关标签的用法。
- 掌握列表与表格的使用方法。

我们在网页中经常能看到列表与表格的应用，网页中漂亮的导航条、整齐规范的文章标题列表和图片列表等都是利用列表实现的。列表是装载着结构、样式一致的文字或图表的一种容器。列表可分为有序列表、无序列表和自定义列表 3 种类型，其最大的特点就是整齐、规范、有序。表格是由行和列组成的结构化数据集（表格数据），用于呈现数据或统计信息，可以让数据的显示变得十分规整，有条理，可读性好。列表与表格的应用可以使图片和文字排列有序，数据"有模有样"，整个网页更加规整。本章将重点讲解列表与表格的使用。

3.1 添加列表

3.1.1 有序列表

有序列表（ordered-list）是指各个列表项按照一定的顺序排列。

1. 语法格式

有序列表使用\<ol>标签定义，包含一个或多个\<li>列表项目，其语法格式如下所示。

```
<ol>
    <li>列表项目 1</li>
    <li>列表项目 2</li>
    <li>列表项目 3</li>
</ol>
```

2. 标签属性

有序列表标签的常用属性如表 3.1 所示。

表 3.1　有序列表标签的常用属性

属性	说明
type	定义列表中使用的标记类型，属性值有 1（默认值）、A、a、I、i
start	定义有序列表的起始值，属性值为数值，表示自第 N 个数开始
reversed	定义列表顺序为降序

3. 演示说明

利用有序列表将诗句降序排列显示。

【例 3.1】有序列表。

```
1.  <!DOCTYPE html>
2.  <html lang="en">
3.  <head>
4.      <meta charset="UTF-8">
5.      <meta name="description" content="山居秋暝">
6.      <title>有序列表</title>
7.  </head>
8.  <body>
9.  <!-- 有序列表将诗句从第 10 个小写罗马数字开始，降序排列 -->
10. <ol type="i" start="10" reversed>
11.     <li>空山新雨后，天气晚来秋。</li>
12.     <li>明月松间照，清泉石上流。</li>
13.     <li>竹喧归浣女，莲动下渔舟。</li>
14.     <li>随意春芳歇，王孙自可留。</li>
15. </ol>
16. </body>
17. </html>
```

运行结果如图 3.1 所示。

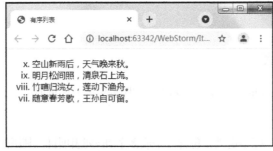

图 3.1　例 3.1 运行结果

3.1.2　无序列表

无序列表（unordered-list）各个列表项是并列的，没有顺序级别之分。

1. 语法格式

无序列表使用<ul>标签定义，包含一个或多个<li>列表项目，其语法格式如下所示。

```
<ul>
    <li>列表项目 1</li>
    <li>列表项目 2</li>
    <li>列表项目 3</li>
</ul>
```

2. 标签属性

无序列表标签通常使用 type 属性修改显示效果。type 属性取值如表 3.2 所示。

< 38 >

表 3.2　type 属性取值

属性取值	显示效果
disc（默认值）	实心小黑圆点
circle	空心小圆点
square	实心小黑方块

3．演示说明

利用无序列表显示本章学习目标。

【例 3.2】无序列表。

```
1.   <!DOCTYPE html>
2.   <html lang="en">
3.   <head>
4.       <meta charset="UTF-8">
5.       <title>无序列表</title>
6.   </head>
7.   <body>
8.   <!-- 设置无序列表的列表项标记为实心小黑方块 -->
9.   <ul type="square">
10.      <p>本章学习目标</p>
11.      <li>认识和了解列表与表格的用法</li>
12.      <li>掌握利用列表制作彩色导航栏的方法</li>
13.      <li>掌握利用表格语义化制作成绩表的方法</li>
14.      <li>掌握制作个人简历的方法</li>
15.  </ul>
16.  </body>
17.  </html>
```

运行结果如图 3.2 所示。

3.1.3　自定义列表

自定义列表（definition-list）常用于对术语或名词进行解释和描述，列表项目的前面没有任何标记。

1．语法格式

自定义列表使用<dl>标签定义，列表中并列嵌套

图 3.2　例 3.2 运行结果

<dt>标签和<dd>标签，<dt>标签用于定义名词，<dd>标签用于定义名词的解释和描述。一对<dt></dt>里可以有多对<dd></dd>，即一个名词可有多个解释和描述。自定义列表的语法格式如下所示。

```
<dl>
    <dt>名词 1</dt>
    <dd>名词 1 描述一</dd>
    <dd>名词 1 描述二</dd>
    <dt>名词 2</dt>
    <dd>名词 2 描述一</dd>
    <dd>名词 2 描述二</dd>
</dl>
```

< 39 >

2. 演示说明

利用自定义列表定义 HTML、CSS 和 JavaScript 这 3 个名词，并对其进行解释和描述。

【例 3.3】自定义列表。

```
1.  <!DOCTYPE html>
2.  <html lang="en">
3.  <head>
4.      <meta charset="UTF-8">
5.      <title>自定义列表</title>
6.  </head>
7.  <body>
8.  <!-- <dl>标签定义自定义列表 -->
9.  <dl>
10.     <!-- 在<dt>标签里定义名词 -->
11.     <dt>HTML（超文本标记语言）</dt>
12.     <!-- 在<dd>标签里对名词进行解释和描述 -->
13.     <dd>超文本：页面内可以包含图片、链接、甚至音乐、程序等非文字元素。</dd>
14.     <dd>标记：与之相对是的编译型语言，标记型语言无须编译，可以直接被解析展示。</dd>
15.
16.     <dt>CSS（层叠样式表）</dt>
17.     <dd>定义如何渲染 HTML 标签，设计网页显示效果。</dd>
18.     <dd>CSS 可实现网页内容与表现的分离，以便提升网页执行效率，方便后期管理与维护。</dd>
19.
20.     <dt>JavaScript</dt>
21.     <dd>JavaScript 是写在 HTML 文件中的一种脚本语言，获得了所有浏览器的支持。</dd>
22.     <dd>用户通过交互操作去改变网页的内容，实现 HTML 无法实现的效果。</dd>
23. </dl>
24. </body>
25. </html>
```

运行结果如图 3.3 所示。

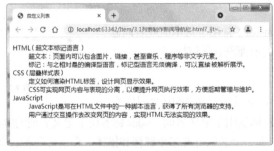

图 3.3　例 3.3 运行结果

3.1.4　实例：新闻列表

1. 页面结构简图

本实例是制作一个新闻列表，主要由<div>块元素、有序列表、无序列表和图片标签构成。有序列表用于制作导航条，列表里面嵌套超链接。块元素中嵌套图片标签。无序列表用于添加新闻文本，里面有 6 个列表项目。新闻列表页面结构简图如图 3.4 所示。

< 40 >

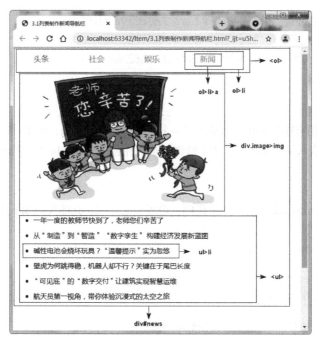

图 3.4 新闻列表页面结构简图

2. 代码实现

（1）主体结构代码

新建一个 HTML 文件。首先在<body>标签中定义 1 个父元素块，并添加 id 属性 "#news"，在父元素块中分别添加有序列表、块元素和无序列表这 3 个子元素块。

【例 3.4】新闻列表。

```
1.  <body>
2.  <!-- 父元素块#news 包含 3 个子元素块 ol、div、ul -->
3.  <div id="news">
4.      <ol class="nav">
5.          <!-- 在有序列表的每个列表项目里嵌套超链接标签，并为第一个<a>添加类名，在 CSS 中设置特
        定样式 -->
6.          <li><a class="present" href="http://news.baidu.com/" target="_blank">
        头条</a></li>
7.          <li><a href="http://news.baidu.com/" target="_blank">社会</a></li>
8.          <li><a href="http://news.baidu.com/" target="_blank">娱乐</a></li>
9.          <li><a href="http://news.baidu.com/" target="_blank">新闻</a></li>
10.     </ol>
11.     <div class="image">
12.         <!-- 在<div>块元素中嵌入一张图片，并设置宽高 -->
13.         <img src="../image/teacher.png" alt="" width="525" height="300">
14.     </div>
15.     <ul>
16.         <!-- 在有序列表中的每个列表项目里加入新闻文本 -->
17.         <li>一年一度的教师节快到了，老师您们辛苦了</li>
18.         <li>从"制造"到"智造""数字孪生" 构建经济发展新蓝图</li>
19.         <li>碱性电池会烧坏玩具？"温馨提示"实为忽悠</li>
```

< 41 >

```
20.        <li>壁虎为何跳得稳，机器人却不行？关键在于尾巴长度</li>
21.        <li>"可见底"的"数字交付"让建筑实现智慧运维</li>
22.        <li>航天员第一视角，带你体验沉浸式的太空之旅</li>
23.    </ul>
24. </div>
25. </body>
```

例 3.4 的代码利用有序列表在头部制作了一个简单的新闻导航条，单击导航条可跳转到百度新闻搜索网页。块元素里嵌入了一张图片，用于修饰网页，并合理设置适应于页面的宽高。而无序列表用于添加新闻文本。

（2）CSS 代码

以内嵌方式在<head>标签中加入 CSS 代码，设置页面样式。具体代码如下所示。

```
1.  <!DOCTYPE html>
2.  <html lang="en">
3.  <head>
4.      <meta charset="UTF-8">
5.      <title>新闻列表</title>
6.      <style>
7.          /* 为父元素块的整个新闻块设置宽高，清除浮动带来的影响 */
8.          #news{
9.              width: 560px;
10.             height: 800px;
11.         }
12.         .nav{
13.             width: 520px;
14.             height: 30px;
15.             list-style: none;          /* 取消列表项目标记 */
16.         }
17.         ol>li{
18.             width: 130px;
19.             height: 30px;
20.             float: left;               /* <ol>中的列表项目左浮动 */
21.         }
22.         ol>li>a{
23.             text-decoration: none;     /* 取消超链接标签文本修饰下画线 */
24.             font-size: 18px;           /* 为超链接标签中的文本设置字体大小 */
25.             color: #aaa;
26.         }
27.         ol>li>.present{
28.             color: #6495ef;            /* 为<ol>中当前浏览的导航条设置颜色 */
29.         }
30.         ul>li{
31.             line-height: 35px;         /* 为<ul>中的列表项目设置行高 */
32.         }
33.     </style>
34. </head>
```

上述 CSS 代码首先为父元素块的整个新闻块设置宽高，清除浮动带来的影响；接着使用 list-style 属性取消有序列表项目标记，再为有序列表中的列表项目设置向左浮动（关于元素浮动 4.2 节中有详细讲解）；然后为有序列表中的超链接取消下画线，并设置文本字体大小与颜色，且为特定的第一个超链接，即当前浏览的导航条设置颜色；最后为无序列表中的项目列表设置行高。

< 42 >

3.2　添加表格

3.2.1　表格基本标签

<table>标签用于定义一个表格。<tr>标签用于定义表格中的行，可以有一行或多行，嵌套在<table>标签中。<td>标签用于定义表格中的单元格（列），一行里可以有一个或多个单元格（列），嵌套在<tr>标签中。

一个基本的表格由<table>、<tr>和<td>这 3 个标签构成，其语法格式如下所示。

```
<table>
  <tr>
      <td>单元格内容1</td>
      <td>单元格内容2</td>
      ...
  </tr>
  ...
</table>
```

除了以上 3 个主要标签之外，表格的基本标签还有<caption>、<th>等。<caption>标签用于定义表格的标题，必须紧随<table>标签之后。每个表格只能定义一个标题，通常这个标题会被居中显示于表格之上。<th>标签用于定义表格内的表头单元格，在<tr>标签内部使用。

<th>标签和<td>标签定义的是两种类型的单元格，<th>标签定义的是表头单元格，包含表头信息，元素内部的文本通常为居中的粗体文本。<td>标签定义的是标准单元格，包含数据，元素内部的文本通常为左对齐的普通文本。

3.2.2　语义化标签

1．概述

一个完整的表格包括<table>、<caption>、<tr>、<th>、<td>等标签。为了进一步对表格进行语义化，使网页内容更好地被搜索引擎理解，在使用表格进行布局时，HTML 引入了<thead>、<tbody>和<tfoot>这 3 个语义化标签，将表格划分为头部、主体和页脚 3 部分。用这 3 部分来定义网页中不同的内容，让表格语义更好，结构更加清晰，代码更加有逻辑性，也更具有可读性和可维护性。

表格的语义化标签如表 3.3 所示。

表 3.3　表格的语义化标签

标签	说明
<thead>	用于定义表格的头部，一般包含网页的 Logo 和导航条等头部信息
<tbody>	用于定义表格的主体，位于<thead></thead>标签之后，一般包含网页中除头部和底部以外的其他内容
<tfoot>	用于定义表格的页脚，位于<tbody></tbody>标签之后，一般包含网页底部的企业信息等

2．演示说明

利用表格标签和语义化标签制作一个班级成绩表。表格标签定义表格的基本结构，语义化标签本身不会改变表格的内容与结构，在表格中添加语义化标签的目的是使表格结构更清晰易懂。此外，还可以使用 CSS 属性为表格添加边框以及合并边框，为单数行和双数行设置不同的背景颜色以进行区分，设计表格样式使其更美观。

< 43 >

【例3.5】班级成绩表。

```
1.   <!DOCTYPE html>
2.   <html lang="en">
3.   <head>
4.       <meta charset="UTF-8">
5.       <title>班级成绩表</title>
6.       <style>
7.           /* 设置整个表格 */
8.           table{
9.               width: 520px;              /* 设置宽度和高度 */
10.              height: 320px;
11.              text-align: center;        /* 文本居中 */
12.              border:1px solid #cccccc;  /* 设置表格边框大小、样式和颜色 */
13.              border-collapse: collapse; /* 合并边框 */
14.          }
15.          td,th{
16.              border:1px solid #cccccc;  /* 为单元格添加边框 */
17.          }
18.          /* 设置表头 */
19.          th{
20.              height: 40px;
21.              background-color: #0099cc;
22.              color: white;
23.          }
24.          /* 设置单数行 */
25.          .odd{
26.              background-color: #C0C0C0 ;   /* 设置指定的背景颜色 */
27.          }
28.          /* 设置双数行 */
29.          .even{
30.              background-color: #FFFFE0 ;
31.          }
32.      </style>
33.  </head>
34.  <body>
35.  <table>
36.      <!-- 定义表格的标题 -->
37.      <caption>班级成绩表</caption>
38.      <!-- 定义表格的表头 -->
39.      <thead>
40.      <!-- 定义表格内的行 -->
41.      <tr>
42.          <!-- 定义表格内的表头单元格 -->
43.          <th>序号</th>
44.          <th>姓名</th>
45.          <th>语文成绩</th>
46.          <th>数学成绩</th>
47.          <th>英语成绩</th>
48.          <th>总分成绩</th>
```

< 44 >

```
49.      </tr>
50.    </thead>
51.    <!-- 定义表格的主体 -->
52.    <tbody>
53.    <tr class="odd">
54.        <td>1</td>
55.        <td>李华</td>
56.        <td>124</td>
57.        <td>119</td>
58.        <td>137</td>
59.        <td>380</td>
60.    </tr>
61.    <tr class="even">
62.        <td>2</td>
63.        <td>王晓明</td>
64.        <td>106</td>
65.        <td>95</td>
66.        <td>93</td>
67.        <td>294</td>
68.    </tr>
69.    <!-- 此处省略雷同代码 -->
70.    </tbody>
71.    <!-- 定义表格的页脚 -->
72.    <tfoot>
73.    <!-- 为表格页脚内的行设置背景颜色 -->
74.    <tr bgcolor="#ccc">
75.        <!-- 在表格的页脚内合并 6 个单元格 -->
76.        <td colspan="6">语文、数学和英语三科分数均为 150 分</td>
77.    </tr>
78.    </tfoot>
79. </table>
80. </body>
81. </html>
```

运行结果如图 3.5 所示。

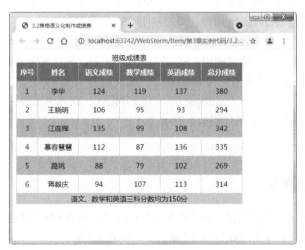

图 3.5　例 3.5 运行结果

< 45 >

3.2.3 合并行与列

在制作一个表格时，有时需要对表格的单元格进行合并行或列的操作，把两个或多个相邻单元格合并成一个单元格，这就需要使用到 rowspan 属性和 colspan 属性，如表 3.4 所示。

表 3.4　合并行与列

属性	语法格式	说明
rowspan	\<td rowspan="数值">	规定单元格可纵跨的行数，即合并表格的列。rowspan 属性通常使用在\<td>和\<th>标签中，其属性值为数值，这个数值代表所要合并的单元格行数
colspan	\<td colspan="数值">	规定单元格可横跨的列数，即合并表格的行。colspan 属性通常使用在\<td>和\<th>标签中，其属性值为数值，这个数值代表所要合并的单元格列数

3.2.4 单元格边距与间距

制作一个表格有时需要设计表格的单元格内容与单元格边框之间的空白，以及单元格边框与单元格边框之间的空白，使表格更美观，这就需要使用到 cellpadding 属性和 cellspacing 属性。

1．cellpadding 属性

cellpadding 属性规定单元格内容与单元格边框之间的空白，即控制单元格边距。cellpadding 属性通常使用在\<table>标签中，其属性值为数值，常用单位是像素（px），这个数值代表单元格内容与单元格边框之间的距离，即内边距，默认值为 1。语法格式如下所示。

```
<table cellpadding="pixels">
```

2．cellspacing 属性

cellspacing 属性规定单元格边框之间的空白，即控制单元格间距。cellspacing 属性通常使用在\<table>标签中，其属性值为数值，常用单位是像素（px），这个数值代表单元格边框与单元格边框之间的距离，即外边距，默认值为 2。语法格式如下所示。

```
<table cellspacing="pixels">
```

值得注意的是要避免将 cellpadding 属性与 cellspacing 属性相混淆，注意分清它们的用途。从实用角度出发，最好不要规定 cellpadding 属性，而是使用 CSS 来添加内边距。

在表格\<table>标签中，设置 cellspacing 属性值为 0，表示单元格间距为 0，即表格为单线框，但不推荐这样设置。在实际开发中，通常使用 CSS 的 border-collapse 属性来决定单元格边框是分开还是合并，它的属性值有 separate（默认值）和 collapse。当属性值为 separate 时，为分隔模式，相邻的单元格各自拥有独立的边框；当属性值为 collapse 时，为合并模式，相邻单元格共享边框。

border-collapse 属性合并边框的代码如下所示。

```
table{ border-collapse: collapse; }
```

3.2.5 表格其他属性

HTML 为表格提供了一系列属性，用于控制表格的样式，如 border 属性、bordercolor 属性、align 属性、width 属性、bgcolor 属性、background 属性等，如表 3.5 所示。

< 46 >

表3.5　表格其他属性

属性	说明
border	表示是否设置边框，可以取值为1或0，1代表有边框，0代表没有边框（通常省略不写）
bordercolor	用于设置边框颜色，在<table>标签中需配合border属性使用，可对表格的整体边框进行颜色的设置
align	设置单元格内容的水平对齐方式。在<tr>标签和<td>标签中，align属性默认值为左对齐（left）；在<th>标签中，align属性默认值为居中对齐（center）；而在<table>标签中，align属性用于设置表格在网页中的水平对齐方式
valign	设置单元格内容的垂直对齐方式，默认值为居中对齐（center）
width	设置单元格的宽度。当一列单元格中有不同width属性值时，取最大值作为这一列的宽度
height	设置单元格的高度。当一行单元格中有不同height属性值时，取最大值作为这一行的高度
bgcolor	规定表格的背景颜色。在HTML4.01中，表格的bgcolor属性已废弃，HTML5已不支持表格的bgcolor属性，但浏览器仍能识别该属性。当需要设置表格背景颜色时，一般在CSS样式中设置
background	设置表格的背景图片，属性值为一个有效的图片地址，不推荐使用。在实际开发中，通常使用CSS属性设置表格的背景图片

　　border属性不会控制边框的样式，若需要设置边框样式，通常使用CSS样式设计表格边框，即通过border属性的连写设置边框，详细方法会在第5章进行讲解。CSS样式设计表格边框的示例代码如下所示。

```
table{ border:1px solid #aaa; }
```

3.2.6　实例：个人简历表

1．页面结构简图

　　本实例是使用HTML表格标签制作一份个人简历表。该页面主要由表格的基本标签<table>标签、<tr>标签、<td>标签以及<caption>标签构成。个人简历表页面结构简图如图3.6所示。

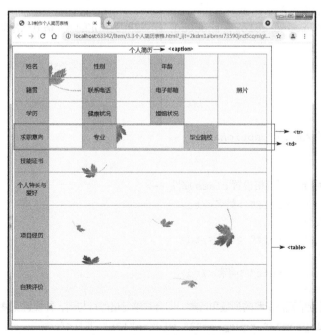

图3.6　个人简历表页面结构简图

2. 代码实现

新建一个 HTML 文件。利用 HTML 表格标签的常用属性和 CSS 属性对表格进行设计与优化。首先使用<table>标签定义表格，使用<caption>标签定义标题；然后为每一行添加单元格，根据需要使用 rowspan 属性和 colspan 属性合并表格的行与列。

【例 3.6】个人简历表。

```
1.  <!DOCTYPE html>
2.  <html lang="en">
3.  <head>
4.      <meta charset="UTF-8">
5.      <title>个人简历表</title>
6.      <style>
7.          /* 为整个表格和单元格设置边框宽度、框线样式和边框颜色 */
8.          table,td{
9.              border:1px solid #aaa;
10.         }
11.         table{
12.             width: 702px;              /* 设置表格宽度 */
13.             border-collapse: collapse;          /* 为表格设置合并边框 */
14.             background-image: url("../image/ye.jpg");  /* 为表格添加背景图片 */
15.         }
16.         /* 为每个单元格设置宽度和高度 */
17.         td{
18.             width: 90px;
19.             height: 60px;
20.         }
21.         tr{
22.             text-align: center;       /* 表格每行设置文本居中对齐 */
23.         }
24.         .stuff{
25.             background-color: #c0c0c0;      /* 为指定的单元格填充背景颜色 */
26.         }
27.     </style>
28. </head>
29.
30. <body>
31. <table>
32.     <caption>个人简历</caption>
33.
34.     <tr >
35.         <!-- 为指定的单元格设置 class 属性 -->
36.         <td class="stuff" >姓名</td>
37.         <td></td>
38.         <td class="stuff" >性别</td>
39.         <td></td>
40.         <td class="stuff" >年龄</td>
41.         <td></td>
42.         <!-- 设置单元格所跨的列数和行数，即合并单元格的行与列，并设置宽度 -->
43.         <td colspan="2" rowspan="3" width="136">照片</td>
44.     </tr>
```

< 48 >

```
45.      <tr >
46.        <td class="stuff" >籍贯</td>
47.        <td></td>
48.        <td class="stuff" >联系电话</td>
49.        <td></td>
50.        <td class="stuff" >电子邮箱</td>
51.        <td></td>
52.      </tr>
53.      <tr >
54.        <td class="stuff" >学历</td>
55.        <td></td>
56.        <td class="stuff" >健康状况</td>
57.        <td></td>
58.        <td class="stuff" >婚姻状况</td>
59.        <td></td>
60.      </tr>
61.      <tr >
62.        <td class="stuff" >求职意向</td>
63.        <td></td>
64.        <td class="stuff" >专业</td>
65.        <td colspan="2"></td>
66.        <td class="stuff" >毕业院校</td>
67.        <td colspan="2"></td>
68.      </tr>
69.      <tr  >
70.        <td class="stuff" >技能证书</td>
71.        <td colspan="7"></td>
72.      </tr>
73.      <!-- 为这一行的单元格增加高度 -->
74.      <tr  height="90">
75.        <td class="stuff" >个人特长与爱好</td>
76.        <td colspan="7"></td>
77.      </tr>
78.      <tr  height="160">
79.        <td class="stuff" >项目经历</td>
80.        <!-- 设置单元格所跨的列数，即合并单元格的行 -->
81.        <td colspan="7" ></td>
82.      </tr>
83.      <tr  height="120">
84.        <td class="stuff">自我评价</td>
85.        <td colspan="7"></td>
86.      </tr>
87. </table>
88. </body>
89. </html>
```

　　例 3.6 的 CSS 代码首先使用 border 属性为整个表格和单元格设置边框宽度、框线样式和边框颜色，再使用 border-collapse 属性将表格的边框合并，并为表格添加背景图片；然后为每个单元格设置宽度和高度，使用 text-align 属性设置表格每行文本居中对齐；最后为指定的单元格填充背景颜色，完成个人简历表。

< 49 >

本例利用 CSS 属性进行了代码优化，统一设置表格样式可以减少代码的冗余，提升代码可读性，在<body>标签中部分标签以行内样式的方式设置宽度与高度，是为了适应个人简历表的需求。CSS 样式不仅可以使用较少的代码实现较多的功能，还可以轻松地维护相同标记的不同样式，代码的定义风格也更灵活，要优于使用表格属性。

3.3 本章小结

本章重点介绍了列表与表格的相关标签与属性。不同类型的列表有不同的使用场景，无序列表常被应用于制作导航栏，有序列表可被应用于显示有序的信息，自定义列表则被应用于图文结合的内容。而表格不仅可以用于制作常规表格，还可用于对网页进行布局。尽可能让代码更简洁，可维护性更好，对开发者而言是一种挑战。

通过对本章内容的学习，读者能够熟悉列表与表格的相关标签与属性，掌握列表与表格的制作方法，可以编写出适应网页页面需求的列表与表格，为后面的深入学习奠定基础。

3.4 习题

1．填空题

（1）自定义列表由_____、_____、_____标签构成。

（2）有序列表是指_____。

（3）语义化标签本身不会改变表格的_____ 和_____。

（4）colspan 属性规定_____。

（5）_____用于定义表格标题。

2．选择题

（1）有序列表中 type 属性的常用属性值不包括（　　　）。

  A．1   B．i   C．Y   D．A

（2）下列不属于表格属性的是（　　　）。

  A．rowspan B．border C．cellpadding D．text-align

（3）无序列表中 type 属性的常用属性值不包括（　　　）。

  A．square B．disc C．circle D．trapezoid

（4）下列不属于表格语义化标签的是（　　　）。

  A．<caption> B．<thead> C．<tbody> D．<tfoot>

3．思考题

（1）简述 3 个语义化标签的含义。

（2）简述 cellpadding 属性与 cellspacing 属性的用途。

4．编程题

（1）利用列表制作嵌套多级列表的教材目录。可以在第一级列表的<li>标签中嵌套第二级列表，在第二级列表的<li>标签中嵌套第三级列表，页面效果如图 3.7 所示。

< 50 >

（2）使用无序列表、<h3>标签、超链接标签和<span>标签制作一个图书购买清单。首先使用 CSS属性设置标题的样式，如背景颜色、行高、对齐方式等；接着取消列表项目标记，使用<span>标签重新为清单添加序号；然后使用 border-radius 属性为序号添加圆角边框，当鼠标指针移到列表项目上时，为序号的圆框设置指定的背景颜色，为超链接文本内容设置指定的颜色；最后使用 CSS 属性对页面进行其他样式的设计。页面效果如图 3.8 所示。

图 3.7　列表多级嵌套　　　　　　　　　　　图 3.8　图书购买清单

（3）利用表格尝试根据"泰晤士高等教育世界大学排名 2022"的数据制作一个 2022 年中国内地大学排行榜。每个大学名称都是一个超链接，单击可跳转到百度百科中对于相应大学的详细介绍；超链接在 4 种不同状态下有不同的颜色变化；排名前三的院校所在的表格行用不同的颜色突出显示文本；再使用 CSS 属性对表格的整体布局进行设计。页面效果如图 3.9 所示。

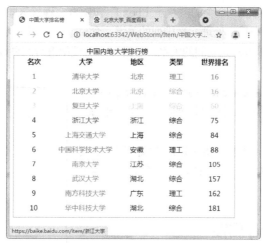

图 3.9　中国大学排名榜

< 51 >

第 **4** 章 设计网页页面

本章学习目标

- 了解盒模型结构与 z-index 属性。
- 理解 CSS 定位的区别与应用场景。
- 熟悉控制显示与隐藏的相关属性。

设计网页页面

一个完整、美观的静态网页，主要由 HTML 标签与具有美化功能的 CSS 构成，HTML 标签创建网页的基本布局，而 CSS 相当于为网页"换上美丽大方的衣服"。CSS 可以提高网页的美观度和加载速度，及更好地控制页面布局。本章将重点介绍盒模型的应用，以及定位、显示与隐藏的使用。这些 CSS 属性的应用可提升网页的页面效果，使其变得更多样化。

4.1 引入盒模型

4.1.1 盒模型内容概述

在 CSS 中，元素都被一个个的"盒子（box）"包围着，理解这些"盒子"的基本原理，是使用 CSS 实现准确布局、处理元素排列的关键。盒模型主要用于 CSS 设计页面布局，它规定网页元素如何显示以及元素间的关系。合理使用盒模型进行网页设计，能在很大程度上提升网页的美观度。

盒模型结构主要由 content（内容）、padding（内边距）、border（边框）和 margin（外边距）4 个部分构成，如图 4.1 所示。

盒模型的 content（内容）指块元素（"盒子"）里面的文字、图片、超链接、音频、视频等，有宽和高两个属性。

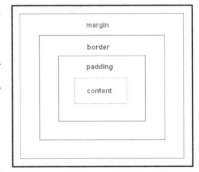

图 4.1　盒模型结构

4.1.2 padding 属性

padding 属性也称为填充属性，它控制元素四条边的内边距区域。一个元素的内边距区域指的是其内容与其边框之间的空间。padding 属性可调整内容在容器中的位置，它的值是额外加在元素原有大小之上的，会把元素撑大。若想使元素保持原有大小，则需要删除额外添加的 padding。

1. 相关属性

padding 属性是其相关属性 padding-top、padding-bottom、padding-left 和 padding-right 的简写。padding 属性如表 4.1 所示。

表 4.1 padding 属性

属性	说明
padding	在一个声明中设置所有内边距的属性，属性值通常为像素值或百分比
padding-top	设置元素的上内边距
padding-bottom	设置元素的下内边距
padding-left	设置元素的左内边距
padding-right	设置元素的右内边距

2．语法格式

padding 属性值可以通过复合写法设置，有多种设置方式。其基本语法格式如下所示。

```
padding:上内边距 右内边距 下内边距 左内边距
padding:上内边距 左右内边距 下内边距
padding:上下内边距 左右内边距
padding:上下左右内边距
```

3．padding 属性的注意事项

padding 属性的注意事项如下。

（1）padding 属性不会出现撑开父元素"盒子"的情况。撑开父元素是指父元素因子元素的 padding 属性值而变大。子元素不设置宽度和高度，而是继承父元素的宽度，当为子元素设置 padding 属性值时，若子元素整体高度未超过父元素，则高度不会超出父元素；若子元素整体高度超过父元素，则高度会超出父元素。总而言之，子元素的 padding 属性永远不会撑开父元素的宽度，但高度可以超出父元素，因此一般情况下不需要为子元素设置宽度，子元素会默认继承父元素的宽度。

（2）padding 属性值只对内容产生效果，而不会对背景图有任何影响。

4.1.3 border 属性

border 属性可定义一个元素的边框宽度、样式和颜色。

1．相关属性

在 CSS 样式中，border 属性是其 3 个相关属性 border-width、border-style 和 border-color 的简写。border 属性如表 4.2 所示。

表 4.2 border 属性

属性	说明
border-width	设置边框宽度，属性值为数值，常用单位为像素（px）
border-style	设置边框线样式，属性值有 none（无边框）、solid（实线）、dashed（虚线）、dotted（点状）和 double（双线）
border-color	设置边框颜色，属性值可以是颜色的英文单词或十六进制值或 RGB 值

2．语法格式

3 个 border 属性可连写，连写顺序依次为边框宽度（border-width）、边框线样式（border-style）和边框颜色（border-color）。在进行边框样式的设置时，使用连写格式编写代码更快捷，代码可读性也更好。其语法格式如下所示。

```
border: 1px solid #aaa;
```

< 53 >

4.1.4　margin 属性

margin 属性定义元素周围的空间，即元素与元素的距离。

1．相关属性

margin 属性是其相关属性 margin-top、margin-bottom、margin-left 和 margin-right 的简写。margin 属性如表 4.3 所示。

表 4.3　margin 属性

属性	说明
margin	在一个声明中设置所有外边距的属性，属性值通常为像素值或百分比，可以取负值
margin-top	设置元素的上外边距
margin-bottom	设置元素的下外边距
margin-left	设置元素的左外边距
margin-right	设置元素的右外边距

margin 属性有一个属性值 auto，即让浏览器自动选择合适的外边距。在一些特殊情况下，该设置可以使元素居中，代码如下所示。

```
margin: auto;或margin:0 auto;　//使元素居中
```

2．语法格式

margin 属性值可以通过复合写法设置，有多种设置方式。其基本语法格式如下所示。

```
margin:上外边距 右外边距 下外边距 左外边距
margin:上外边距 左右外边距 下外边距
margin:上下外边距 左右外边距
margin:上下左右外边距
```

3．margin 属性的注意事项

margin 属性的注意事项如下。

（1）上下重叠问题

两个相邻块元素同时添加上下外边距时，会出现外边距重叠的问题。例如，前一个块元素 div.box1 添加 margin-bottom:50px，后一个块元素 div.box2 添加 margin-top:10px，则这两个块元素的距离为 50px。发生这类情况时，哪个元素设置的 margin 值比较大，就显示哪个元素的 margin 值。

（2）外边距塌陷问题

当父元素没有边框时，子元素添加 margin-top 属性之后，会带着父元素一起下沉，这便是 margin 属性外边距塌陷问题。它只会出现在嵌套结构中，且只有 margin-top 属性会导致这类问题，其他 3 个方向是没有外边距塌陷问题的。以下 3 种方式可解决这个问题。

① 为父元素添加 overflow 属性，将 overflow 属性值设置为 hidden，即可解决外边距塌陷问题，推荐使用。示例代码如下所示。

```
overflow:hidden;
```

② 为父元素添加一个边框，边框颜色推荐使用透明色，这样不会影响已有的整体效果。示例代码如下所示。

```
border:1px solid transparent;
```

< 54 >

③ 为父元素添加 padding-top 属性。这种方式需要重新计算高度值，从而保证父元素"盒子"大小不变，不推荐使用。

4．演示说明

结合盒模型的 content、padding、border 和 margin，演示盒模型的结构。

【例 4.1】盒模型结构。

```
1.   <!DOCTYPE html>
2.   <html lang="en">
3.   <head>
4.       <meta charset="UTF-8">
5.       <title>盒模型结构</title>
6.       <style>
7.           /* 为两个"盒子"统一设置宽高和外边距，上下外边距为10px，auto值使其居中 */
8.           .box1,.box2{
9.               width: 150px;
10.              height: 50px;
11.              margin: 10px auto;
12.          }
13.          /* 设置边框、背景颜色，四边内边距为10px，填充"盒子"宽度 */
14.          .box1{
15.              border: 1px solid #6495ef;
16.              background-color: #CC9999;
17.              padding: 10px;
18.          }
19.          /* 设置边框、背景颜色，四边内边距为30px，填充"盒子"宽度 */
20.          .box2{
21.              border: 1px dashed #2f4f4f;
22.              background-color: #FF9999;
23.              padding: 30px;
24.          }
25.      </style>
26.  </head>
27.  <body>
28.  <div class="box1">有志者事竟成</div>
29.  <div class="box2">学海无涯苦作舟</div>
30.  </body>
31.  </html>
```

运行结果如图 4.2 所示。

图 4.2 例 4.1 运行结果

< 55 >

4.1.5 怪异盒模型

盒模型分为标准盒模型和怪异盒模型（也称为 IE6 盒模型），两者都由 content、padding、border 和 margin 这 4 个部分构成。

1．区别

两种盒模型的区别在于，内容的宽高取值范围不一样。

标准盒模型总宽高的值为"width/height（内容宽高）+padding（内边距）+border（边框）+margin（外边距）"，其中内容宽高为 content 部分的 width/height。

怪异盒模型总宽高的值为"width/height（内容宽高）+margin（外边距）"，其中内容宽高为 content 部分的 width/height+padding（内边距）+border（边框）。

2．盒模型间的转换

可采用 CSS3 的 box-sizing 属性对标准盒模型和怪异盒模型进行转换。box-sizing 属性定义如何计算一个元素的总宽度和总高度，主要设置是否需要加上内边距和边框。box-sizing 属性值如表 4.4 所示。

表 4.4　box-sizing 属性值

属性值	说明
content-box	默认值，计算一个元素的总宽度和总高度，需要加上内边距和边框，即默认采用标准盒模型
border-box	元素内容的宽度和高度已包含内边距和边框，即默认采用怪异盒模型
inherit	指定 box-sizing 属性值从父元素继承

4.1.6 cursor 属性

cursor 属性定义鼠标指针在一个元素边界范围内时呈现的形状。其常用属性值如表 4.5 所示。

表 4.5　cursor 常用属性值

属性值	说明
default	默认鼠标指针样式，通常是一个箭头
pointer	鼠标指针呈现为指示链接的一只手
text	指示文本，呈现为文本光标
help	指示有可用的帮助信息，通常是一个问号或一个气球
wait	指示程序正忙，通常是一块表或沙漏
move	指示某对象可被移动
grab	指示某对象可被抓取，呈现为一个手指
grabbing	指示某对象正在被抓取，呈现为一个抓拳
crosshair	鼠标指针呈现为十字线
zoom-in	指示某对象可被放大，呈现为一个放大镜
zoom-out	指示某对象可被缩小，呈现为一个缩小镜

4.1.7 实例：图书促销活动

1．页面结构简图

只有把理论知识同具体实际相结合，才能正确回答实践提出的问题，扎实提升读者的理论水平与实战能力本实例是利用盒模型仿照图书购物平台制作一个活动专区的页面。页面主要由<div>块元素、无序列表、超链接和图片标签构成。页面结构简图如图 4.3 所示。

< 56 >

图4.3 图书促销活动页面结构简图

2．代码实现

（1）主体结构代码

新建一个 HTML 文件，以外链方式在该文件中引入 CSS 文件。首先在<body>标签中定义父元素块，并添加 id 属性"main"；然后在父元素块中添加 3 个子元素块，并分别为其添加 class 属性，将页面分为 3 个部分。

【例4.2】图书促销活动。

```
1.   <!DOCTYPE html>
2.   <html lang="en">
3.   <head>
4.      <meta charset="UTF-8">
5.      <title>图书活动专区</title>
6.      <link type="text/css" rel="stylesheet" href="box.css">
7.   </head>
8.   <body>
9.   <!-- 为父元素添加名称，分为 3 个部分.left、.banner 和.right -->
10.  <div id="main">
11.     <!-- 左半部分子元素.left 中有 1 个无序列表 -->
12.     <div class="left">
13.        <ul>
14.           <!-- 每个项目列表中有 1 个超链接<a> -->
15.           <li><a href="#">图书、童书</a></li>
16.           <li><a href="#">电子书、网络文学</a></li>
17.           <li><a href="#">创意文具</a></li>
18.           <li><a href="#">手机、数码、电脑办公</a></li>
19.           <li><a href="#">母婴玩具</a></li>
20.           <li><a href="#">食品、茶酒</a></li>
21.           <li><a href="#">美妆、个人护理、清洁</a></li>
22.           <li><a href="#">家用电器</a></li>
23.           <li><a href="#">汽车、配件、用品</a></li>
```

< 57 >

```
24.            <li><a href="#">礼品卡、生活服务</a></li>
25.        </ul>
26.    </div>
27.    <!-- 中间部分子元素.banner中嵌入2张图片 -->
28.    <div class="banner">
29.        <img class="img1" src="../image/book.jpg" width="800" height="330"
    alt="">
30.        <img class="img2" src="../image/shu.png" width="800" height="160" alt="">
31.    </div>
32.    <!-- 右半部分.right中嵌入1张图片 -->
33.    <div class="right">
34.        <img src="../image/tong.png" width="198" height="490" alt>
35.    </div>
36. </div>
37. </body>
38. </html>
```

在例 4.2 的代码中，页面主体主要分为 3 个部分：左半部分是块元素中嵌套无序列表，共有 10 个列表项目，每个列表项目中有 1 个超链接；中间部分是块元素中嵌入 2 张图片；右半部分是块元素中嵌入 1 张图片。

（2）CSS 代码

新建一个 CSS 文件 passlogin.css，在该文件中加入 CSS 代码。使用盒模型的 content、padding、border 和 margin 设计页面基础样式。当鼠标指针移动到超链接上时，改变超链接颜色，并使用 cursor 属性设置鼠标指针样式。具体代码如下所示。

```
1.   /* 清除页面默认边距 */
2.   *{
3.       margin: 0;
4.       padding: 0;
5.   }
6.   #main{
7.       margin: 20px auto;            /* 设置上下外边距为20px，左右居中 */
8.       width: 1198px;
9.       height: 490px;
10.      border: 1px solid rgb(232,232,232);        /* 为父元素设置边框 */
11.  }
12.  /* 为3个部分设置左浮动 */
13.  .left,.banner,.right{
14.      float: left;
15.  }
16.  /* 为左半部分的导航栏设置宽高和背景颜色 */
17.  #main .left{
18.      width:200px ;
19.      height: 490px;
20.      background-color:rgb(115,84,58);
21.  }
22.  .left ul>li{
23.      list-style: none;            /* 取消列表项目样式 */
24.      width: 200px;
25.      height: 40px;
26.      line-height: 40px;            /* 高与行高的值相同，可使文本内容居中 */
```

< 58 >

```
27.        margin-top: 8px;                    /* 为每个列表项目设置上外边距 */
28.    }
29.
30.    .left a{
31.        display: inline-block;              /* 超链接转化为行内块元素 */
32.        width: 180px;
33.        height: 40px;
34.        color: white;
35.        padding-left: 20px;                 /* 为超链接设置左内边距，增加宽度 */
36.        text-decoration: none;              /* 取消超链接的文本修饰 */
37.    }
38.    /* 鼠标指针移动到超链接上时的状态 */
39.    .left  a:hover {
40.        width: 200px;
41.        height: 40px;
42.        background-color: #CC9999;
43.        cursor: pointer;                    /* 设置鼠标指针为指示链接的一只手*/
44.    }
45.    /* 设置中间广告部分的宽高 */
46.    .banner{
47.        width: 800px;
48.        height: 490px;
49.    }
50.    /* 设置广告部分的 2 张图片 */
51.    .img1,.img2{
52.        display: block;                     /* 将<img>转化为块元素 */
53.    }
54.    /* 设置右半部分宽度 */
55.    .right{
56.        width: 198px;
57.    }
```

上述 CSS 代码首先利用通用选择器清除页面默认边距；接着使用 margin 属性为父元素块设置上下外边距，使用 auto 属性值使其处于左右居中位置，并设置宽度、高度和背景颜色，以及添加边框样式；然后将 3 个子元素设置为向左浮动，为左半部分的块元素设置基本样式，将无序列表取消列表项目样式，为每个列表项目设置上外边距，并将里面的超链接转化为行内块元素，设置左内边距，增加宽度，取消超链接的文本修饰，设置鼠标指针移动到超链接上时的样式；最后为中间部分和右半部分的图片设置相应的样式。

4.2 使用 CSS 浮动与定位

CSS 浮动是网页布局中重要的设计手段。"浮"指元素可以脱离文档流，漂浮在网页上面；"动"指元素可以偏离原位，移动到指定位置。

4.2.1 CSS 浮动

CSS 浮动的本质是让块元素的显示脱离文档流，不占用页面位置。文档流是元素在页面中出现的

< 59 >

先后顺序，即元素在窗口中自上而下按行排列，并在每行中按从左到右的顺序排列。

1．float 属性

块元素的浮动是在 CSS 中使用 float 属性进行设置的，设置浮动之后，元素会按一个指定的方向移动，直至到达父元素的边界或碰到另一个浮动元素才停止。float 属性有 none、left 和 right 3 个属性值，如表 4.6 所示。

表 4.6　float 属性值

属性值	说明
none	不浮动（默认值），表示对元素不进行浮动操作，元素处于正常文档流中
left	左浮动，表示对元素进行左浮动操作，元素会沿着父元素靠左排列并脱离文档流
right	右浮动，表示对元素进行右浮动操作，元素会沿着父元素靠右排列并脱离文档流

2．演示说明

通过 float 属性使 6 个带有文字内容的块元素分别实现左右浮动。

【例 4.3】块元素浮动。

```
1.   <!DOCTYPE html>
2.   <html lang="en">
3.   <head>
4.      <meta charset="UTF-8">
5.      <title>块元素的浮动</title>
6.      <style>
7.          /* 清除页面默认边距 */
8.          *{
9.              margin: 0;
10.             padding: 0;
11.         }
12.         /* 为父元素设置宽度为 body 的 100%，由于样式优先级 ID 选择器>标签选择器，父元素宽高
        不受标签选择器影响 */
13.         #box{
14.             width: 100%;
15.         }
16.         /*  为 6 个子元素块分别设置宽高、字体大小和右外边距  */
17.         div{
18.             width: 115px;
19.             height: 50px;
20.             font-size:18px;
21.             margin-right: 10px;
22.         }
23.         /*  为前 3 个块元素设置背景颜色和左浮动  */
24.         .box1,.box2,.box3{
25.             background-color: #acbe45;
26.             float: left;
27.         }
28.         /*  为后 3 个块元素设置背景颜色和右浮动  */
29.         .box4,.box5,.box6{
30.             background-color: #a9b7ce;
31.             float: right;
32.         }
```

< 60 >

```
33.    </style>
34. </head>
35. <body>
36. <div id="box">
37.    <div class="box1">1.北风吹白云</div>
38.    <div class="box2">2.岁暮风动地</div>
39.    <div class="box3">3.君看一叶舟</div>
40.    <div class="box4">4.春风且莫定</div>
41.    <div class="box5">5.细草微风岸</div>
42.    <div class="box6">6.窗外正风雪</div>
43. </div>
44. </body>
45. </html>
```

运行结果如图 4.4 所示。

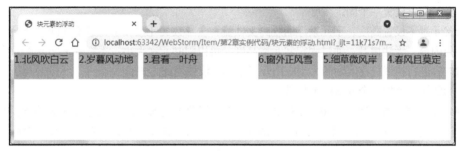

图 4.4　例 4.3 运行结果

4.2.2　清除浮动

通过 float 属性对元素进行浮动操作，不会对此前的元素造成任何影响，但元素浮动脱离正常文档流会影响后面元素的布局，导致发生错位。例如，在一个父元素"盒子"中，2 个子元素自上而下排列，若为第 1 个子元素设置浮动，则第 2 个子元素会移动到第 1 个子元素的原有位置，而第 1 个子元素"浮"在第 2 个子元素上面。父元素未设置宽度和高度时，父元素的宽度和高度是由子元素决定的，因此，此时父元素的高度与第 2 个子元素的高度一样，相当于第 1 个子元素的那部分高度"消失"了，效果如图 4.5 所示。

图 4.5　浮动的影响

< 61 >

考虑到元素浮动之后会脱离正常文档流，影响后面元素的布局，为了解决浮动带来的影响，可在 CSS 中通过 clear 属性来清除浮动。

1．clear 属性

clear 属性用于清除浮动，有 both、left 和 right 这 3 个属性值，如表 4.7 所示。

表 4.7　clear 属性值

属性值	说明
left	清除左浮动
right	清除右浮动
both	同时清除左右浮动

2．清除浮动的方式

清除浮动带来的影响有以下 4 种方式。

（1）为父元素设置一个固定高度

如果父元素不设置高度，子元素浮动脱离文档流，会导致父元素和子元素不在同一个层面，父元素没有任何内容，无法撑开。通过固定父元素高度，可以限制元素大小，不影响下面元素的位置，但不方便对内容进行扩展。在实际的大型应用开发中不建议使用此方式。

（2）为父元素添加一个 overflow 属性

将 overflow 属性值设置为 hidden（对溢出内容进行修剪）或 scroll（对元素设置滚动条）可以清除浮动带来的影响。但 overflow 属性会对溢出的元素进行隐藏或添加滚动条，在实际开发中不推荐使用此方式。

（3）父元素添加一个空标签

在父元素中添加一个空标签 .clear，再利用 clear 属性清除浮动，这种方式使得空标签保持在正常位置，同时父元素和空标签在同一个层面，父元素会被空标签撑开。具体代码如下所示。

```
<style>
.clear{
clear:both;
}
</style>
<body>
<div id=="photo">
    ...
<div class="clear"></div>
</div>
</body>
```

此种方式十分巧妙，但要多添加一个标签元素，使用不方便，不利于后期对代码的维护，因此不建议在实际开发中使用。

（4）使用伪元素（::after）清除浮动

after 伪元素可用于优化空标签方式。在父元素中添加一个类名（如 clearfix），然后通过 CSS 中的 content 属性为 HTML 标签添加空内容，相当于添加一个空标签，使其具有内联元素的特点；再将 display 属性值设置为 block，使其具有块元素的特点，然后通过清除浮动的方式撑开父元素。

伪元素清除浮动的具体代码如下所示。

```
<style>
    .clearfix::after{
```

< 62 >

```
        content: "";
        display: block;
        clear: both;
    }
        /*兼容 IE 浏览器*/
    .clearfix{
        *zoom:1;
    }
</style>
```

此种方式易于后期维护，是实际开发中清除浮动的常用方式。

4.2.3　CSS 定位概述

通过 CSS 定位可以实现网页元素的精确定位。CSS 定位可设置元素所处的位置，使其脱离文档流。CSS 定位和 CSS 浮动类似，也是控制网页布局的操作，区别是，CSS 定位更加灵活，可以用于更多个性化的布局方案。在设计网页时，灵活使用这两种方式，能够创建多种高级而精确的布局。

1. 定位方式

在 CSS 中，position 属性用来定义元素的定位方式，4 个常用属性值为 static、relative、absolute 和 fixed，分别对应 4 种定位方式，即静态定位、相对定位、绝对定位和固定定位。

静态定位是 CSS 定位的默认定位方式，position 属性值为 static，此时元素不能以任何特殊方式定位。静态定位的元素不受 top、bottom、left 和 right 位置属性的影响，只根据页面的文档流进行定位。在默认状态下，任何元素都会以静态定位来确定位置。因此，不设置 position 属性时，元素显示为静态定位。

2. 位置属性

在网页中规定了元素的定位方式之后，还需要配合位置属性来设置元素的具体位置。位置属性共有 4 个，包括 top、bottom、left 和 right。这 4 个位置属性可以取值为不同单位（如 px、mm、rem）的数值或百分比。位置属性如表 4.8 所示。

表 4.8　位置属性

属性	说明
top	顶部偏移量
bottom	底部偏移量
left	左侧偏移量
right	右侧偏移量

4.2.4　相对定位

相对定位即相对于元素初始位置进行定位，position 属性值为 relative。相对定位的元素会以初始位置为基准被设置位置，即根据 left、right、top、bottom 等位置属性在标准文档流中进行位置偏移。相对定位不会对其余内容进行调整来适应元素留下的任何空间。

1. 相对定位的特性

相对定位有以下 3 个特性。

< 63 >

① 相对于自身的初始位置来定位。

② 元素位置发生偏移后，会占用原来的位置，之前的空间会被保留下来。

③ 层级提高，可以覆盖标准文档流中的元素及浮动元素。

2．相对定位的使用场景

相对定位一般情况下很少单独使用，常配合绝对定位使用，相对定位元素通常作为绝对定位元素的父元素，而又不设置偏移量，也就是所谓的"子绝父相"。

3．演示说明

利用3个块元素，对其中1个元素进行相对定位，然后观察它们的位置变化。

【例4.4】相对定位。

```
1.   <!DOCTYPE html>
2.   <html lang="en">
3.   <head>
4.       <meta charset="UTF-8">
5.       <title>相对定位</title>
6.   <style>
7.       /* 为3个块元素统一设置宽高 */
8.       div{
9.         width: 200px;
10.        height: 50px;
11.       }
12.      /* 为每个块元素分别设置背景颜色 */
13.      .box1{
14.        background-color: #FFA07A;
15.       }
16.      .box2{
17.        background-color: #CC99CC;
18.        position: relative;    /* 为第2个块元素设置相对定位 */
19.        left: 100px;     /* 根据左上角位置距离左侧偏移100px，往右移动 */
20.        top: 80px;      /* 根据左上角位置距离顶部偏移80px，往下移动 */
21.       }
22.      .box3{
23.        background-color: #6699FF;
24.       }
25.   </style>
26.  </head>
27.  <body>
28.  <div class="box1">1.少年强，则国强</div>
29.  <div class="box2">2.天下兴亡，匹夫有责</div>
30.  <div class="box3">3.为中华之崛起而读书</div>
31.  </body>
32.  </html>
```

运行结果如图4.6所示。

相对定位的元素仍然在标准文档流中占据原有的位置空间。为元素设置相对定位时，位置属性是根据元素左上角。例如，在例4.4中，元素首先根据左上角位置距离左侧偏移100px（往右移动），然后距离顶部偏移80px（往下移动）。

< 64 >

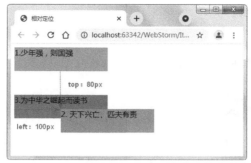

图 4.6 例 4.4 运行结果

4.2.5 绝对定位

绝对定位即相对于最近的已定位的祖先元素进行定位，若祖先元素都没有定位，则会基于文档主体（body）的左上角进行定位，并随页面滚动而移动。绝对定位的 position 属性值为 absolute。绝对定位的元素会以最近的已定位的祖先元素为基准被设置位置，即根据 left、right、top、bottom 等位置属性相对于祖先元素进行位置偏移，类似于坐标值定位。被设置了绝对定位的元素，在标准文档流中的位置会被删除，是不占据空间的。

1. 绝对定位的特性

绝对定位有以下 4 个特性。

① 绝对定位是相对于最近的已定位的祖先元素位置进行定位，如果祖先元素没有设置定位，则基于文档主体（body）的左上角来定位。

② 元素位置发生偏移后，不再占用原来的位置。

③ 元素层级提高，可以覆盖标准文档流中的元素及浮动元素。

④ 设置绝对定位的元素脱离标准文档流。

2. 绝对定位的使用场景

绝对定位可用于下拉菜单、弹出数字气泡、焦点图轮播、信息内容显示等场景。

绝对定位可将元素定位到网页的正中心，具体实现代码如下所示。

```
#box{
        position: absolute;      /* 为该元素设置绝对定位方式 */
        left: 0;    /* 设置上下左右 4 个位置属性的值为 0 */
        right: 0;
        top: 0;
        bottom: 0;
        margin: auto;    /* 设置外边距值为 auto */
    }
```

3. 演示说明

1 个父元素块中有 3 个子元素块，父元素块用于设置相对定位，为其中 1 个子元素块设置绝对定位，然后观察它们的位置变化。

【例 4.5】绝对定位。

```
1.  <!DOCTYPE html>
2.  <html lang="en">
3.  <head>
```

< 65 >

```
4.        <meta charset="UTF-8">
5.        <title>绝对定位</title>
6.        <style>
7.            /* 为 3 个子元素块统一设置宽高 */
8.            div{
9.                width: 150px;
10.               height: 50px;
11.           }
12.           /* 设置父元素块 */
13.           #box{
14.               width: 400px;
15.               height: 200px;
16.               border: 1px solid #666;
17.               background-color: #f5f6fa ;
18.               position: relative;    /* 为父元素块设置相对定位 */
19.           }
20.           /* 为子元素块分别设置背景颜色 */
21.           .box1{
22.               background-color: #cc9966;
23.           }
24.           .box2{
25.               background-color: #99cccc;
26.               position: absolute;    /* 为第 2 个元素块设置绝对定位 */
27.               right: 120px ;   /* 根据父元素块位置距离右侧偏移 120px */
28.               bottom: 50px;   /* 根据父元素块位置距离底部偏移 50px */
29.           }
30.           .box3{
31.               background-color: #99cc66;
32.           }
33.       </style>
34.   </head>
35.   <body>
36.   <div id="box">
37.   <div class="box1">1.位卑未敢忘忧国</div>
38.   <div class="box2">2.先天下之忧而忧</div>
39.   <div class="box3">3.以国家之务为己任</div>
40.   </div>
41.   </body>
42.   </html>
```

运行结果如图 4.7 所示。

绝对定位的元素不在标准文档流中，不占据原有的位置空间。为元素设置绝对定位时，位置属性是根据已定位的祖先元素进行位置偏移的。例如，在例 4.5 中，类似于坐标值定位，元素首先偏移到距离父元素右侧 120px 的位置，然后偏移到距离父元素底部 50px 的位置。

图 4.7　例 4.5 运行结果

4.2.6　固定定位

固定定位即相对于浏览器窗口进行定位。固定定位的 position 属性值为 fixed。固定定位的元素会

< 66 >

以浏览器窗口为基准被设置位置，即根据 left、right、top、bottom 等位置属性相对于浏览器窗口进行位置偏移，即使滚动页面，元素也始终在同一位置。但是，一旦被定位到浏览器窗口的可见视图之外，元素就不能被看见了。

1．固定定位的特性

固定定位有以下 3 个特性。

① 相对于浏览器窗口来定位。

② 元素不会随页面滚动而移动。

③ 元素不占用原来的位置空间。

2．固定定位的使用场景

固定定位在网页中可用于窗口左右两边的固定广告、返回顶部图标、固定顶部导航栏等。

3．演示说明

1 个父元素块中有 2 个子元素块，为父元素块设置相对定位，为其中 1 个子元素块设置固定定位，然后观察它们的位置变化。

【例 4.6】固定定位。

```
1.   <!DOCTYPE html>
2.   <html lang="en">
3.   <head>
4.       <meta charset="UTF-8">
5.       <title>固定定位</title>
6.       <style>
7.           /* 设置父元素 */
8.           #box{
9.               width: 300px;
10.              height: 130px;
11.              background-color: #fof6fa; /* 设置背景颜色 */
12.              border: 1px solid #999;   /* 设置边框 */
13.          }
14.          /* 统一设置 2 个子元素的宽高 */
15.          .box1,.box2{
16.              width: 200px;
17.              height: 50px;
18.          }
19.          .box1{
20.              background-color: #daaaf0;
21.              position: fixed;    /* 为第 1 个子元素设置固定定位 */
22.              right: 10px;        /* 距离浏览器窗口右侧 10px */
23.              bottom: 5px;        /* 距离浏览器窗口底部 5px */
24.          }
25.          .box2{
26.              background-color: #f0afc1;
27.          }
28.      </style>
29.  </head>
30.  <body>
31.  <div id="box">
32.      <div class="box1">1.乐以天下，忧以天下</div>
```

< 67 >

```
33.      <div class="box2">2.砥砺前行，繁荣昌盛</div>
34.  </div>
35.  </body>
36.  </html>
```

运行结果如图 4.8 所示。

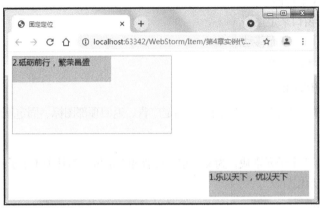

图 4.8   例 4.6 运行结果

固定定位的元素不会占据原有的位置空间。为元素设置固定定位时，位置属性是根据浏览器窗口进行位置偏移的。例如，在例 4.6 中，不论浏览器窗口大小如何变化，元素始终在距离浏览器窗口右侧 10px、距离浏览器窗口底部 5px 的位置。

4.2.7　z-index 属性

z-index 属性是用于网页显示的一个特殊属性。计算机显示器通常显示二维平面图形，用 x 轴和 y 轴来度量位置。为了表示三维立体的概念，显示元素的上下层堆叠顺序，引入 z-index 属性来定义 z 轴（显示屏垂直方向），从而表示元素的堆叠顺序和上下立体关系。

z-index 属性用于设置元素的堆叠顺序。拥有更高堆叠顺序的元素总是处于堆叠顺序较低的元素的前面。z-index 属性适用于元素定位模式。当对多个元素进行定位操作时，可能会出现堆叠情况，此时可以使用 z-index 属性来确定被定位元素在 z 轴方向上的堆叠顺序。z-index 属性值如表 4.9 所示。

表 4.9　z-index 属性值

属性值	说明
auto	默认值，堆叠顺序与父元素相等
number（数值）	设置元素的堆叠顺序，数值可为负数。该值较大的元素将叠加在该值较小的元素之上

如果某些对象未指定 z-index 属性，则 number 为正数的对象会在其之上，number 为负数的对象在其之下。

4.2.8　实例：祖国风光推荐

1.页面结构简图

本实例是利用 CSS 浮动与定位制作一个祖国风光推荐文案页面。页面主要由<div>块元素、段落标签、图片标签和超链接构成，页面结构简图如图 4.9 所示。

< 68 >

图 4.9 祖国风光推荐页面结构简图

2. 代码实现

（1）主体结构代码

新建一个 HTML 文件，以外链方式在该文件中引入 CSS 文件。首先在\<body\>标签中定义父元素块，并添加 id 属性 "view"；然后在父元素块中添加子元素块，并分别为其添加 class 属性，将页面分为 2 个部分。

【例 4.7】祖国风光推荐。

```
1.  <!DOCTYPE html>
2.  <html lang="en">
3.  <head>
4.      <meta charset="UTF-8">
5.      <title>祖国风光推荐</title>
6.      <link type="text/css" rel="stylesheet" href="view.css">
7.  </head>
8.
9.  <body>
10. <div id="view">
11.     <div class="header">
12.         <h3>走进祖国壮美风光</h3>
13.     </div>
14.     <div class="content">
15.         <p class="word">中国大地幅员辽阔，历史文化悠久，拥有无限风光。让我们一起领略祖国
        壮丽山河！</p>
```

```
16.         <p class="word">自古以来，国人就尊崇泰山，有"泰安，四海皆安"的说法。泰山气势雄伟
   磅礴，有"五岳之首""天下第一山"的称号，是中华民族的精神象征。</p>
17.         <p class="word">西湖之景，正如苏轼所吟"欲把西湖比西子，淡妆浓抹总相宜"。湖中有岛，
   岛中有湖，令人流连忘返，宛若一位温婉娴静的江南女子，欣赏之余心中倍感宁静。</p>
18.         <p class="word">黄山以其奇伟俏丽、灵秀多姿著称于世。黄山上的迎客松，傲立挺拔，一侧
   的枝桠伸出，像一只臂膀欢迎远道而来的客人，雍容大度，姿态优美。</p>
19.         <p class="word">居庸关长城像一条长龙盘旋在连绵起伏的崇山峻岭之间，随着山势，时而曲
   折逶迤，时而若隐若现，令人心胸畅然开阔。</p>
20.      </div>
21.      <!-- 在风景展示模块的父元素中添加一个类名，以便使用伪元素清除浮动  -->
22.      <div id="photo" class="clearfix">
23.         <!-- 4 个块级子元素里分别是图片标签嵌入的图像和段落标签包含的超链接  -->
24.         <div class="view1">
25.            <img src="../image/tai.png" alt="">
26.            <p class="link">
27.         <!-- <p>标签里面嵌套一个超链接，target 属性值为"_blank"，打开一个新窗口 -->
28.               <a href="https://image.baidu.com/" target="_blank">东岳泰山</a>
29.            </p>
30.         </div>
31.         <div class="view2">
32.            <img src="../image/hu.png" alt="">
33.            <p class="link">
34.               <a href="https://image.baidu.com/" target="_blank">杭州西湖</a>
35.            </p>
36.         </div>
37.         <!-- 在风景 1 和风景 2 下方添加一个空标签，以便清除浮动带来的影响  -->
38.         <div class="clear"></div>
39.         <div class="view3">
40.            <img src="../image/huang.png" alt="">
41.            <p class="link">
42.               <a href="https://image.baidu.com/" target="_blank">黄山迎客</a>
43.            </p>
44.         </div>
45.         <div class="view4">
46.            <img src="../image/cheng.png" alt="">
47.            <p class="link">
48.               <a href="https://image.baidu.com/" target="_blank">居庸关长城</a>
49.            </p>
50.         </div>
51.      </div>
52. </div>
53. </body>
54. </html>
```

在例 4.7 的代码中，页面主要分为 2 个部分，上半部分是标题和 5 段文字，下半部分是风景展示模块，4 个块级子元素里分别有 1 个图片标签和 1 个段落标签，且段落标签包含 1 个超链接。

（2）CSS 代码

新建一个 CSS 文件 view.css，在该文件中加入 CSS 代码，设置页面样式具体代码如下所示。

```
1.  /* 清除页面默认边距 */
2.  *{
```

< 70 >

```
3.      margin: 0;
4.      padding: 0;
5.    }
6.    /* 设置整篇祖国风光推荐文案 */
7.    #view{
8.      width: 800px;
9.      height: 732px;
10.     background-color: #fcfaed;
11.     margin: 0 auto;
12.   }
13.   /* 设置标题父元素 */
14.   .header{
15.     width: 100%;
16.     height: 50px;
17.     position: relative;    /* 为标题父元素添加相对定位 */
18.   }
19.   /* 设置标题子元素 */
20.   .header h3{
21.     width: 155px;
22.     height: 30px;
23.       /* 为标题子元素添加绝对定位，将子元素定位到父元素正中心 */
24.     position: absolute;
25.     top: 0;
26.     bottom: 0;
27.     left: 0;
28.     right: 0;
29.     margin: auto;
30.   }
31.   /* 设置正文文字 */
32.   .word{
33.     line-height: 26px;   /* 设置行高 */
34.     font-size: 16px;     /* 设置文字大小，一个字符16px */
35.     text-indent: 32px;    /* 设置段落首行缩进，缩进2个字符 */
36.   }
37.   /* 设置风景展示模块的父元素 */
38.   #photo{
39.     width: 100%;
40.     margin-top: 10px;
41.   }
42.   /* 使用伪元素清除浮动 */
43.   .clearfix::after{
44.     content: "";
45.     display: block;
46.     clear: both;
47.   }
48.   /* 为风景展示模块中的图片设置宽度和高度 */
49.   .view1 img,.view2 img,.view3 img,.view4 img{
50.     width: 300px;
51.     height: 175px;
52.   }
53.   /* 为风景展示模块中的风景1和风景2设置左浮动 */
54.   .view1,.view2{
```

< 71 >

```
55.        float: left;
56.    }
57. /* 使用空标签，清除风景 1 和风景 2 左浮动带来的影响 */
58. .clear{
59.        clear: both;
60.    }
61. /* 为风景展示模块中的风景 3 和风景 4 设置左浮动 */
62. .view3,.view4{
63.        float: left;
64.    }
65. /* 为风景展示模块中的风景 1 和风景 3 设置左右外边距 */
66. .view1,.view3{
67.        margin-left: 90px;
68.        margin-right: 20px;
69.    }
70. /* 为每一个超链接父元素设置宽度、高度和相对定位 */
71. .link{
72.        width: 100%;
73.        height: 40px;
74.        position: relative;
75.    }
76. /* 为每一个超链接设置相对定位，以及设置精确位置 */
77. .link a{
78.        position: absolute;
79.        left: 118px;
80.        top: 6px;
81.    }
82. /* <a>超链接去掉文本修饰下画线 */
83. .link a{
84.        text-decoration: none;
85.    }
86. /* 鼠标指针放到<a>标签上时，文字变颜色 */
87. .link a:hover{
88.        color:#5588bb;
89.    }
```

在上述 CSS 代码中，为了使标题居中显示，可以使用定位方式将其定位到父元素正中心。首先，为标题父元素添加相对定位，再为标题子元素添加绝对定位，使用位置属性和 margin 属性将子元素定位到父元素正中心；然后，使用 text-indent 属性将段落文字首行缩进 2 个字符。在下半部分的风景展示模块中，可使用伪元素清除整个模块浮动带来的影响。由于风景展示模块中的风景 1 和风景 2 设置左浮动会影响到后面即将浮动的块元素，因此在其后添加一个空标签，清除浮动带来的影响，避免影响后面的元素浮动。

4.3 设置显示与隐藏

用户在浏览视频网站时，可能会发现有些视频上有一个播放盒子，用于控制视频的暂停与播放，但这个播放盒子大部分时间是处于隐藏状态的，这就使用到了显示与隐藏效果。显示与隐藏可用于控制元素存在的状态，主要目的是控制一个元素在页面中显示或消失。用于控制元素显示与隐藏的

< 72 >

有 display 属性、visibility 属性、overflow 属性等，用于控制颜色透明度的主要有 opacity 属性和 rgba()
函数。

4.3.1 display 属性

display 属性用于设置元素如何被显示，常用的属性值有 none、block、inline、inline-block 等。

1. 属性值 none

display 属性不仅可以用于设置元素如何被显示，还可用于定义建立布局时元素生成的显示框类型，
当属性值为 none 时，元素对象可隐藏，并脱离标准文档流，不占用位置。其语法格式如下所示。

```
display:none;     //隐藏元素，不占用位置
```

2. 属性值 block

当 display 属性的属性值为 block 时，不仅可以将元素转化为块元素，还可以显示元素。其语法格
式如下所示。

```
display:block;     //转化为块元素，还可显示元素
```

3. display 其他常用属性值

display 其他常用属性值如表 4.10 所示。

表 4.10　display 其他常用属性值

属性值	说明
inline	表示将元素转化为内联元素（行内元素）
inline-block	表示将元素转化为内联块元素（行内块元素）
list-item	表示将元素作为列表显示
run-in	表示将元素根据上下文作为块元素或内联元素显示
table	表示将元素作为块级表格显示
inline-table	表示将元素作为内联表格显示
table-column	表示将元素作为一个单元格列显示
flex	表示将元素作为弹性盒显示
inherit	规定应该从父元素继承 display 属性的值

4.3.2 visibility 属性

visibility 属性规定元素是否可见，不论元素是显示还是隐藏，都会占据其本来的位置。visibility 属
性可应用于商品的提示信息，鼠标指针移入或移出时，会显示提示信息。

1. 语法格式

visibility 属性的属性值有 visibile、hidden、collapse 等。其语法格式如下所示。

```
visibility:visibile|hidden|collapse|inherit;
```

2. visibility 属性值

visibility 属性值如表 4.11 所示。

< 73 >

表 4.11　visibility 属性值

属性值	说明
visible	默认值，表示元素是可见的
hidden	表示元素是不可见的，元素布局不会被改变，会占用原有的位置，不会脱离标准文档流
collapse	可用于表格中的行、列、列组和行组，隐藏表格的行或列，并且不占用任何空间。此值允许从表中快速删除行或列，而不强制重新计算整个表的宽度和高度

4.3.3　overflow 属性

overflow 属性指定在元素的内容太大而无法放入指定区域时是修剪内容还是添加滚动条。

1. 语法格式

overflow 属性的属性值有 visibile、hidden、scroll、auto 等。其语法格式如下所示。

```
overflow:visibile|hidden|scroll|auto|inherit;
```

2. overflow 属性值

overflow 属性值如表 4.12 所示。

表 4.12　overflow 属性值

属性值	说明
visible	默认值，内容不会被修剪，会呈现在元素框之外
hidden	内容会被修剪，并且其余内容是不可见的
scroll	内容会被修剪，但是浏览器会显示滚动条以便查看其余的内容（不论内容是否溢出，元素框都会添加滚动条）
auto	如果内容被修剪，则浏览器会显示滚动条以便查看其余的内容（按情况决定是否添加滚动条，若内容不溢出，则元素框不会添加滚动条）

值得注意的是，overflow 属性仅适用于具有指定高度的块元素。

4.3.4　透明度

控制元素透明度的有 opacity 属性和 rgba() 函数。

1. opacity 属性

opacity 属性指定的是元素的不透明度，取值范围为 0.0～1.0，值越低，越透明。它的最小值为 0，元素完全透明；最大值为 1，元素不透明。

（1）语法格式

opacity 属性语法格式如下所示。

```
opacity:value|inherit;
```

（2）演示说明

opacity 属性可用于实现元素的透明悬停效果，通常与:hover 选择器一同使用，这样就可以在鼠标指针悬停时更改不透明度。具体代码如例 4.7 所示。

【例 4.8】元素透明悬停。

```
1.  <!DOCTYPE html>
```

< 74 >

```
2.   <html lang="en">
3.   <head>
4.       <meta charset="UTF-8">
5.       <title>opacity 元素透明悬停</title>
6.       <style>
7.          .flower img{
8.              width: 394px;          /* 设置图片宽高 */
9.              height: 270px;
10.         }
11.         /* 当鼠标指针悬停在图片上时 */
12.         .flower img:hover{
13.             opacity: 0.4;          /* 设置图片不透明度为 0.4 */
14.             cursor: pointer;    /* 鼠标指针悬停在图片上时，形状为手指 */
15.         }
16.     </style>
17. </head>
18. <body>
19. <!-- 在块元素中嵌入 1 张图片 -->
20. <div class="flower">
21.     <img src="../image/ju.jpg" alt="">
22. </div>
23. </body>
24. </html>
```

运行结果如图 4.10 所示。

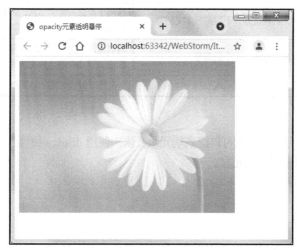

图 4.10　例 4.8 运行结果

值得注意的是，使用 opacity 属性为元素的背景添加透明度时，其所有子元素都继承相同的透明度，这可能会使完全透明的元素内的文本难以阅读，这时可使用 rgba() 函数解决此问题。

2. rgba() 函数

"rgba" 代表 red（红色）、green（绿色）、blue（蓝色）和 alpha（不透明度）。

（1）语法格式

rgba() 函数需要搭配颜色属性使用，语法格式如下所示。

```
color:rgba(red,green,blue,alpha);
```

< 75 >

各个值的用法如下。

① 红色（red）：0 到 255 的整数，代表颜色中的红色成分。

② 绿色（green）：0 到 255 的整数，代表颜色中的绿色成分。

③ 蓝色（blue）：0 到 255 的整数，代表颜色中的蓝色成分。

④ 不透明度（alpha）：取值 0~1，代表不透明的程度。

（2）opacity 属性与 rgba()函数的区别

opacity 属性作用于元素和元素的内容，内容会继承元素的透明度，取值 0~1。它会使元素及其所有内容一起变透明。

rgba()函数一般作为背景色 background-color 或者颜色 color 的属性值，不透明度由其中的 alpha 值决定，取值 0~1。它只会对当前设置的元素进行透明变换，不会使其内容变透明。

4.3.5 显示与隐藏的总结

1. 显示与隐藏 4 个属性的区分

通过比较 display、visibility、overflow 和 opacity 这 4 个属性的区别与用途对其进行总结，如表 4.13 所示。

表 4.13　显示与隐藏 4 个属性的区分

属性	区别	用途
display	隐藏元素，不占用位置，脱离标准文档流	隐藏不占位的元素，例如，制作下拉菜单，鼠标指针移入显示下拉菜单，应用十分广泛
visibility	隐藏元素，占用位置，不脱离标准文档流	常用于商品的提示信息，鼠标指针移入或移出有提示信息显示
overflow	只隐藏超出"盒子"大小的部分	可以保证"盒子"里的内容不会超出该"盒子"范围。可以清除浮动和解决外边距塌陷问题
opacity	使元素完全透明，达到隐藏元素的效果	一般用于设置元素的透明度，隐藏元素的用途较少

2. 演示说明

输入 3 个块元素，有 4 种方式可以隐藏块元素，依次使用 display 属性、visibility 属性、overflow 属性和 opacity 属性隐藏中间的块元素。

【例 4.9】元素的隐藏。

```
1.   <!DOCTYPE html>
2.   <html lang="en">
3.   <head>
4.       <meta charset="UTF-8">
5.       <title>块元素隐藏</title>
6.       <style>
7.           /* 为 3 个块元素统一设置宽高 */
8.           div{
9.               width: 200px;
10.              height: 50px;
11.          }
12.          /* 为每个块元素分别设置背景颜色 */
13.          .box1{
14.              background-color: #FFA07A;
15.          }
```

< 76 >

```
16.        .box2{
17.            background-color: #EEE8AA;
18.            /* 第 1 种：使用 display 属性隐藏第 2 个块元素，使其脱离文档流，不占用位置 */
19.            display: none;
20.        }
21.        .box3{
22.            background-color: #40E0D0;
23.        }
24.    </style>
25. </head>
26. <body>
27. <div class="box1">1.严于己，而后勤于学生</div>
28. <div class="box2">2.宽严适度，和谐永远</div>
29. <div class="box3">3.习于智长，优与心成</div>
30. </body>
31. </html>
```

第 1 种方式，使用 display 属性隐藏第 2 个块元素，使其脱离文档流，不占用位置，运行结果如图 4.11 所示。

第 2 种方式，使用 visibility 属性隐藏第 2 个块元素，块元素不脱离标准文档流，占用位置。将例 4.8 的第 18~19 行代码替换为如下代码。

```
/* 第 2 种：使用 visibility 属性隐藏第 2 个块元素，块元素不脱离标准文档流,占用位置 */
visibility: hidden;
```

运行结果如图 4.12 所示。

图 4.11　display 属性隐藏块元素　　　图 4.12　visibility 属性隐藏块元素

第 3 种方式，使用 overflow 属性隐藏第 2 个块元素，只隐藏超出"盒子"大小的内容部分。将例 4.8 的第 18~19 行代码替换为如下代码。

```
/* 第 3 种：使用 overflow 属性隐藏第 2 个块元素，只隐藏超出"盒子"大小的内容部分 */
overflow: hidden;
```

运行结果如图 4.13 所示。

第 4 种方式，使用 opacity 属性隐藏第 2 个块元素，使元素完全透明，达到隐藏元素的效果。将例 4.8 的第 18~19 行代码替换为如下代码。

```
/*第 4 种：使用 opacity 属性隐藏第 2 个块元素，使元素完全透明，达到隐藏元素的效果*/
opacity: 0;
```

运行结果如图 4.14 所示。

< 77 >

图 4.13 overflow 属性隐藏块元素　　　　　　图 4.14 opacity 属性隐藏块元素

4.3.6 实例：健康知识科普

1. 页面结构简图

本实例是一篇关于防疫健康知识的小短文。短文中有一个防疫知识小科普的视频，当鼠标指针移入视频范围时，显示一个半透明视频播放盒子；当鼠标指针不在视频范围内时，隐藏视频播放盒子。页面由<div>块元素、标题标签、段落标签、内联元素、水平线标签、换行标签构成，健康知识科普页面结构简图如图 4.15 所示。

图 4.15 健康知识科普页面结构简图

2. 代码实现

（1）主体结构代码

新建一个 HTML 文件，以外链方式在该文件中引入 CSS 文件。首先在<body>标签中定义一个父

< 78 >

元素块，并添加 id 属性"defend"；然后在父元素块中添加 2 个子元素块，并分别为其添加 class 属性，将页面分为标题和正文 2 个部分。

【例 4.10】显示隐藏视频播放盒子。

```
1.   <!DOCTYPE html>
2.   <html lang="en">
3.   <head>
4.       <meta charset="UTF-8">
5.       <title>显示隐藏视频播放盒子</title>
6.       <link type="text/css" rel="stylesheet" href="play.css">
7.   </head>
8.
9.   <body>
10.  <div id="defend">
11.      <h3>防疫知识宣传</h3>
12.      <div class="message">
13.          <span class="writer">2021.09.16    防疫小战士</span>
14.      </div>
15.      <hr align="left" color="#aaa"  >
16.      <div class="texts">
17.          <p>戴口罩，测体温<br>
18.              少扎堆，不聚集<br>
19.              面对疫情，我们不要恐慌，出门做好个人防护，谨防病毒传染，以下是防疫知识小科普，大家
     共同学习。</p>
20.          <div class="photo">
21.              <div class="cover"><span class="play"></span></div>
22.          </div>
23.          <p>一起行动起来，学习防疫知识，注重日常防护，严防严控不要懈怠，战胜疫情！</p>
24.      </div>
25.  </div>
26.  </body>
27.  </html>
```

在例 4.10 的代码中，页面主要分为上下 2 部分，中间以水平线分隔。上半部分首先定义标题，然后在.message 子元素块中插入内联元素，展示写作日期和作者名。下半部分为正文内容，主要是文字内容和视频（背景为视频图片）。正文部分是一个.texts 子元素块，前 2 行文字使用换行标签，再添加一个子元素块，用以展示一个半透明盒子与视频开启按钮，最后添加一段文字内容。

（2）CSS 代码

新建一个 CSS 文件 play.css，在该文件中加入 CSS 代码，设置页面样式，具体代码如下所示。

```
1.   <!DOCTYPE html>
2.   <html lang="en">
3.   <head>
4.       <meta charset="UTF-8">
5.       <title>显示隐藏视频播放盒子</title>
6.       <style>
7.       /* 清除页面默认边距 */
8.       *{
9.           margin: 0;
10.          padding: 0;
11.      }
```

< 79 >

```
12.        /* 标题、作者栏和正文居中显示，并设置四边内边距 */
13.        h3,.message,.texts{
14.            text-align: center;
15.            padding: 8px;
16.        }
17.        /* 设置正文行高 */
18.        .texts{
19.            line-height: 35px;
20.        }
21.        /* 作者一栏设置文字大小与颜色 */
22.        .writer{
23.            font-size: 13px;
24.            color: #2f4f4f;
25.        }
26.        /* 为正文设置文字大小与颜色 */
27.        .texts{
28.            font-size: 18px;
29.            color: #333366;
30.        }
31.        /* 视频播放的父元素块 */
32.        .photo{
33.            width: 666px;        /* 为视频图片所在的位置设定宽高*/
34.            height: 416px;
35.            background-image: url("../image/fangyi.jpg");      /* 添加背景图片 */
36.            background-size: 666px 416px;        /* 设置背景的尺寸 */
37.            margin:12px auto;        /* 设置上下外边距，左右居中对齐*/
38.        }
39.        /* 控制显示或隐藏的半透明子元素块 */
40.        .cover{
41.            background-color: rgba(255,255,255,0.5);   /* 背景颜色为白色半透明 */
42.            display: none;        /* 隐藏元素块 */
43.            overflow: hidden;        /* 清除异常的显示效果 */
44.        }
45.        /* 播放按钮 */
46.        .play{
47.            width: 34px;        /* 设置宽高 */
48.            height: 34px;
49.            display: block;        /* 行内元素转化为块元素 */
50.            /* 设置背景，添加背景图片并且不重复 */
51.            background: url("../image/play.png") no-repeat;
52.            /* 相对于其父元素设置外边距，计算上下居中的值为（父元素高度-自身高度）/2，auto
    使其左右居中 */
53.            margin: 191px auto;
54.        }
55.        /* 当鼠标指针移至视频播放的父元素块时，设置半透明子元素块 */
56.        .photo:hover .cover{
57.            display: block;        /* 块元素显示 */
58.            cursor: pointer;        /* 鼠标指针形状为手指 */
59.        }
```

< 80 >

```
60.        </style>
61. </head>
```

上述 CSS 代码主要设置视频播放模块的 CSS 样式。首先为视频播放模块的.photo 父元素块添加视频图片作为背景，以及设置背景尺寸和外边距；然后使用 rgba()函数为控制显示或隐藏的.cover 子元素块设置背景颜色为白色半透明，再使用 display 属性隐藏块元素，以及利用 overflow 属性清除异常的显示效果；最后使用 display 属性将视频按钮从内联元素转化为块元素，并添加背景图片和设置外边距，当鼠标指针移至视频播放的父元素块时，半透明子元素块为显示状态，鼠标指针形状为手指。

4.4 本章小结

本章重点讲述如何使用 CSS 样式提升网页设计效果，主要介绍了盒模型的相关结构和属性、CSS 浮动与定位的使用方法，以及控制显示与隐藏的相关属性。

通过本章内容的学习，读者能够掌握盒模型的相关应用方法，并配合 CSS 样式设计出更加美观的网页页面，为后面的深入学习奠定基础。

4.5 习题

1. 填空题

（1）盒模型结构主要由_____、_____、_____和_____4 个部分构成。

（2）border 属性是_____、_____和_____属性的简写。

（3）opacity 属性的取值范围为_____。

（4）_____属性可隐藏元素对象，并脱离标准文档流，不占用位置。

（5）定位属性有_____、_____、_____和_____4 种定位方式。

2. 选择题

（1）以自身位置为基准设置位置的是（　　）。

    A. 静态定位　　　　B. 固定定位　　　　C. 相对定位　　　　D. 绝对定位

（2）下列不属于 overflow 属性的属性值是（　　）。

    A. visibile　　　　B. none　　　　C. auto　　　　D. scroll

（3）没有简写属性的是（　　）。

    A. border　　　　B. margin　　　　C. padding　　　　D. cursor

（4）可以提高元素层级的属性是（　　）。

    A. opacity　　　　B. z-index　　　　C. cursor　　　　D. display

3. 思考题

（1）简述解决 margin 属性外边距塌陷问题的方式。

（2）简述相对定位、绝对定位和固定定位的不同特性。

（3）简述标准盒模型和怪异盒模型的区别。

< 81 >

4．编程题

（1）使用相对定位、绝对定位、z-index 属性和无序列表制作一个定位展示知识点视图。中央图标是 1 张背景图片，使用相对定位的方式。3 个知识点框架使用绝对定位的方式，嵌套无序列表列出各部分的知识点。使用 CSS 属性设计页面样式。具体效果如图 4.16 所示。

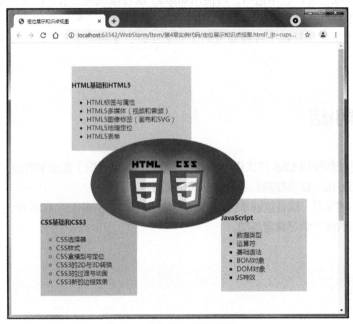

图 4.16　定位展示知识点视图

（2）使用<div>标签、<p>标签、<img>标签、<hr>标签、<h4>标签和<a>标签，利用盒模型制作一个新闻资讯网页。标题与新闻资讯内容以水平线分隔，新闻资讯内容主要分为左右两个部分：左半部分有 3 篇新闻，每个新闻由 1 个标题、2 张图片和作者栏的信息构成；右半部分是相关热文推荐，有 3 篇热点新闻，每个新闻由 1 个超链接标题和 1 张图片构成。使用 CSS 属性对网页的整体布局进行设计。具体效果如图 4.17 所示。

图 4.17　新闻资讯网页

< 82 >

表单与表单效果
设计

第 5 章 表单与表单效果设计

本章学习目标

- 了解表单各标签与属性。
- 掌握\<input>标签的 type 属性值及含义。
- 掌握表单的基本使用方法。

进入一个新的网站后，用户通常需要进行注册或登录验证，这就会用到表单。网站中的用户登录、注册页面，以及一些收集用户反馈信息的调查表，就是通过表单制作的。表单是用户与网页之间重要的交互工具，了解和掌握表单的应用方法是十分重要的。

5.1 添加表单

5.1.1 表单概述

表单是网页中常用的一种展示效果，例如，登录页面中的用户名和密码的输入、登录按钮等都是用表单的相关标签定义的。表单是 HTML 中获取用户输入的手段，它的主要功能是收集用户的信息，并将这些信息传递给后台服务器，实现用户与 Web 服务器的交互。

HTML 中，一个完整的表单通常由表单元素、提示信息和表单域 3 个部分组成。下面将详细介绍这 3 个部分。

表单元素：包含表单的具体功能项，如文本框、下拉列表框、复选框、登录按钮等。

提示信息：表单通常还需包含一些说明性的文字，提示用户要进行的操作。

表单域：用来容纳表单控件和提示信息，可以通过它定义处理表单数据所用程序的 URL，以及数据提交到服务器的方法。如果未定义表单域，表单中的数据就无法传送到后台服务器。

表单元素是表单的核心。常用表单元素如表 5.1 所示。

表 5.1 常用表单元素

表单元素	含义
\<input>	表单输入框，可定义多种控件类型，如 text（单行文本框）、password（密码文本框）、radio（单选框）、checkbox（复选框）、button（按钮）、submit（提交按钮）、reset（重置按钮）、hidden（隐藏域）、image（图像域）、file（文件域）等
\<select>	定义一个下拉列表（必须包含列表项）
\<textarea>	定义多行文本框
\<label>	定义表单辅助项

5.1.2 <form>标签

为了实现用户与 Web 服务器的交互，需要将表单中的数据传送给服务器，这就必须定义表单域。定义表单域与用<table>标签定义表格类似，HTML 的<form>标签用于定义表单域，即创建一个表单，用来实现用户信息的收集和传递，<form></form>标签中的所有内容都会提交给服务器。

1. 语法格式

<form>标签的语法格式如下所示。

```
<form action="URL 地址" method="数据提交方式">
    表单元素和提示信息
</form>
```

2. 标签属性

<form>标签常用的属性包括 action 属性和 method 属性，以及简单了解即可的 enctype 属性和 target 属性。接下来将具体介绍这几种属性。

（1）action 属性

action 属性可定义表单数据的提交地址，即 URL。HTML 表单要想和服务器连接，就需要在 action 属性上设置一个 URL。例如，两个人要打电话就必须知道对方的电话号码，URL 就相当于电话号码。action 属性用于指定接收并处理表单数据的服务器的 URL。

（2）method 属性

method 属性规定如何发送表单数据（表单数据发送到 action 属性所规定的页面）。表单数据有常用的 get（默认）和 post 两种提交方式，表单数据可以作为 URL 变量（method="get"）或以 HTTP post（method="post"）的方式来发送。使用 get 提交方式传输数据的效果如图 5.1 所示。

图 5.1　get 提交方式

一般浏览器通过上述任何一种方法都可以传输表单信息，而有些服务器只接收其中一种方法提供的数据。可以在<form>标签的 method 属性中指明表单处理服务器要使用 get 方式还是 post 方式来处理数据。get 方式与 post 方式的区别如表 5.2 所示。

表 5.2　get 方式与 post 方式的区别

方式	get 方式	post 方式
传输途径	通过地址栏传输	通过报文传输
传送长度	参数有长度限制（受限于 URL 长度）	参数无长度限制
数据包	产生 1 个 TCP 数据包	产生 2 个 TCP 数据包
信息安全度	参数会直接暴露在 URL 中，信息安全度不高，不能用来传递敏感信息	信息安全度相对较高
两种方式都是向服务器提交数据，并从服务器获取数据		

（3）enctype 属性

enctype 属性规定在发送到服务器之前应该如何对表单数据进行编码。enctype 属性可取值为 application/x-www-form-urlencoded、multipart/form-data 和 text/plain，如表 5.3 所示。

< 84 >

表 5.3　enctype 属性值

属性值	说明
application/x-www-form-urlencoded	在发送到服务器之前，所有字符都会进行编码（空格转换为加号，特殊符号转换为 ASCII HEX 值）
multipart/form-data	不对字符编码。在使用包含文件上传控件的表单时，必须使用该值
text/plain	空格转换为加号，但不对特殊字符编码

（4）target 属性

target 属性定义提交地址的打开方式，常用的打开方式有_self（默认）和_blank。_self 在当前页打开，_blank 在新页面打开。<form>标签中的 target 属性与<a>标签中的 target 属性一样，这里不再赘述。

5.1.3　<input>标签

<input>标签用于搜集用户信息，是一个单标签。网页中经常会有单行文本框、密码文本框、单选框、提交按钮等，定义这些表单元素需要使用<input>标签。其基本语法格式如下所示。

```
<input type="控件类型">
```

（1）type 属性

<input>标签通过 type 属性的取值不同，可以展现出不同的表单控件类型，如 text 对应单行文本框、password 对应密码文本框、submit 对应重置按钮等。在网页中收集用户信息时，部分信息通常会受到严格的限制，不能由用户自行输入，而只能进行选择，这就需要使用到 radio 对应的单选框或 checkbox 对应的复选框。表单控件说明如表 5.4 所示。

表 5.4　表单控件说明

属性值	说明
text	单行文本框。可以输入任何类型的文本，如文字、数字等，输入的内容以单行显示。语法格式为<input type="text" name="" value="">
password	密码文本框。定义密码字段，该字段中的字符被掩码。语法格式为<input type="password" name="" value="">
button	普通按钮。定义可单击的按钮。语法格式为<input type="button" name="" value="">
submit	提交按钮。单击提交按钮会把表单数据发送到服务器。语法格式为<input type="submit" name="" value="">
reset	重置按钮。单击重置按钮会清除表单中的所有数据。语法格式为<input type="reset" name="" value="">
radio	单选框。多个 name 属性值相同的单选框控件可组合在一起，让用户进行选择。单选框只能选择 1 个选项，不能多选。语法格式为<input type="radio" name="" value="">
checkbox	复选框。多个 name 属性值相同的复选框控件可组合在一起，让用户进行选择。复选框允许选择多个选项。值得注意的是，一组单选框或复选框中，name 属性值必须相同。语法格式为<input type="checkbox" name="" value="">
hidden	隐藏域。可用于隐藏往后台服务器发送的一些数据，如正在被请求或编辑的内容的 id 属性。隐藏域是一种不影响页面布局的表单控件。值得注意的是，尽量不要将重要信息上传至隐藏域，以免信息泄露。语法格式为<input type="hidden" name="">
file	文件域。可用于上传文件，用户可以选择 1 个或多个元素，以提交表单的方式上传到服务器，如文档文件上传和图片文件上传。语法格式为<input type="file" name="">

值得注意的是，使用文件域时，<form>标签的 method 属性值必须设置成 post，enctype 属性值必须设置成 multipart/form-data。

< 85 >

文件域不仅支持<input>元素共享的公共属性，还支持自身的一些特定属性，如 accept、capture、multiple 和 files。文件域的特定属性如表 5.5 所示。

表 5.5　文件域的特定属性

属性	说明
accept	文件域允许接受的文件类型，多种文件类型以逗号（,）分隔
capture	捕获图像或视频数据源
multiple	允许用户选择多个文件
files	列出已选择的文件

（2）其他常用属性

<input>标签除了 type 属性之外，还有一些常用属性，如 name 属性、placeholder 属性、disabled 属性、readonly 属性、checked 属性等。<input>标签其他常用属性如表 5.6 所示。

表 5.6　<input>标签其他常用属性

属性	说明
name	规定<input>元素的名称，提交给服务器。name 属性值通常与 value 属性值成对使用，后台服务器可通过 name 属性值找到对应的 value 属性值
value	规定<input>元素的值，提交给服务器
placeholder	输入框提示文本
readonly	定义元素内容为只读（不能修改编辑）
disabled	禁用。定义该元素不可用（显示为灰色），提交表单时不会被提交给服务器
checked	默认选择项。定义被默认选中的项，适用于单选框和复选框
required	必填项。若提交时写有该属性的<input>标签没有填写内容，则会提示此为必填项
size	宽度。设置输入框的宽度
maxlength	最大长度。设置输入框的最大长度

（3）<label>标签

<label>标签是定义<input>元素的标记，可用来辅助表单元素，提升用户体验。当用户单击<label>标签内的文本时，焦点会自动转到和标签相关的表单控件上。<label>标签中的 for 属性指出当前文本与哪个元素关联，其属性值一定要与<input>标签中的 id 属性值相同才能指向相应控件。

（4）演示说明

创建一个基本的表单，在表单域中添加单行文本框、密码文本框、单选框和提交按钮控件。

【例 5.1】创建表单。

```
1.   <!DOCTYPE html>
2.   <html lang="en">
3.   <head>
4.       <meta charset="UTF-8">
5.       <title>创建表单</title>
6.   </head>
7.   <body>
8.   <!-- 添加表单域，并在<form>标签中添加相关属性 -->
9.   <form action=" " method="get" target="_self">
10.      <!-- 为表单添加标记，for 属性关联单行文本框 -->
11.      <label for="use">姓名：</label>
```

<86>

```
12.    <!-- 添加单行文本框控件, 设置相关属性, 如输入框提示文本、必填项等 -->
13.    <input type="text" name="user" value="" id="use" placeholder="输入用户名"
       required>
14.    <br>
15.    <label for="word">密码: </label>
16.    <!-- 添加密码文本框控件, 设置相关属性, 如输入框提示文本、必填项、输入框长度等 -->
17.    <input type="password" name="pass" value="" id="word" placeholder="输入密码"
       size="15" required>
18.    <br>
19.    <!-- 添加单选框控件, name 属性值必须一致。为了避免发生漏选, 可添加 checked 属性, 即默认选
       择项 -->
20.    性别: <input type="radio" name="gender" value="" id="man" checked>
21.    <label for="man">男</label>
22.    <input type="radio" name="gender" value="" id="woman" >
23.    <label for="woman">女</label>
24.    <br>
25.    <!-- 添加提交按钮控件, 将数据提交给服务器 -->
26.    <input type="submit" name="but" value="提交" >
27. </form>
28. </body>
29. </html>
```

运行结果如图 5.2 所示。

图 5.2　例 5.1 运行结果

由于单行文本框和密码文本框设置了 required 属性, 为必填项, 因此当密码文本框未填写内容时, 单击提交按钮, 会出现提示文字要求填写内容, 此时数据不会传输至服务器。

5.1.4　实例: 用户登录表单

1. 页面结构简图

本实例是一个用户登录表单页面。该页面由<input>标签中的文本框 (包括密码文本框) 和提交按钮控件, 以及<div>块元素、无序列表、超链接、图片标签、段落标签和内联元素构成。页面结构简图如图 5.3 所示。

2. 代码实现

（1）主体结构代码

新建一个 HTML 文件, 以外链方式在该文件中引入 CSS 文件。首先在<body>标签中定义一个父元素块, 并添加 id 属性 "login"; 然后在父元素块中添加 3 个子元素块, 并分别为其添加 class 属性 "header" "main" 和 "footer", 将页面分为头部、主体和底部 3 个部分。

< 87 >

图 5.3　用户登录表单页面结构简图

【例 5.2】密码登录页面。

```
1.   <!DOCTYPE html>
2.   <html lang="en">
3.   <head>
4.       <meta charset="UTF-8">
5.       <title>用户登录表单</title>
6.       <link type="text/css" rel="stylesheet" href="login.css">
7.   </head>
8.   <body>
9.   <!-- 制作一个登录页面 -->
10.  <div id="login">
11.      <!-- 页面头部 -->
12.      <div class="header">
13.         <ul class="pass">
14.            <li><a  href="#">密码登录</a> <span class="line">|</span></li>
15.            <li><a href="#">验证码登录</a></li>
16.         </ul>
17.      </div>
18.
19.      <!-- 页面主体 -->
20.      <div class="main">
21.         <!-- 表单部分 -->
22.         <div class="form">
23.            <!-- 添加一个单行文本框和密码文本框 -->
24.            <input type="text" name="user"  placeholder="手机号/昵称/邮箱">
25.            <input type="password" name="pass"  placeholder="密码">
26.         </div>
27.         <!-- 登录协议 -->
```

< 88 >

```
28.        <p class="agree">登录即同意<a href="#">用户协议、隐私政策</a></p>
29.        <!-- 添加一个登录按钮 -->
30.        <div class="but">
31.            <input type="submit" value="登录">
32.        </div>
33.        <!-- 注册和忘记密码选项 -->
34.        <ul class="register">
35.            <li><a href="#">立即注册</a></li>
36.            <li><a href="#">忘记密码</a></li>
37.        </ul>
38.    </div>
39.
40.    <!-- 页面底部 -->
41.    <div class="footer">
42.        <!-- 其他方式登录 -->
43.        <ul>
44.            <li><img src="../image/wechat.png" alt></li>
45.            <li><img src="../image/alipay.png" alt></li>
46.            <li><img src="../image/qq.png" alt></li>
47.            <li><img src="../image/weibo.png" alt></li>
48.            <li><img src="../image/du.png" alt></li>
49.        </ul>
50.    </div>
51. </div>
52. </body>
53. </html>
```

例 5.2 的代码为页面的 3 个部分分别添加内容。页面头部为登录方式提示，在块元素中嵌套无序列表，2 个列表项目中各有 1 个超链接。页面主体部分分为 4 个子模块，表单部分有 1 个单行文本框和 1 个密码文本框，登录协议部分的段落标签中嵌入超链接，登录按钮部分是 1 个提交按钮控件，注册和忘记密码部分是 1 个无序列表中嵌入超链接。页面底部是其他登录方式，无序列表中有 5 个项目列表，每个项目列表中嵌入 1 张图片。

（2）CSS 代码

新建一个 CSS 文件 login.css，在该文件中加入 CSS 代码，设置页面样式。具体代码如下所示。

```
1.  /* 清除页面默认边距 */
2.  *{
3.      margin: 0;
4.      padding: 0;
5.  }
6.  /* 为整个页面中的项目列表、超链接和<input>控件设置统一样式 */
7.  li{
8.      list-style: none;    /* 取消项目列表样式 */
9.  }
10. a{
11.     text-decoration: none;     /* 取消超链接的文本修饰 */
12. }
13. input{
14.     border: none;    /* 去除控件边框 */
15.     margin-top: 20px;
```

< 89 >

```
16.      outline: none;    /* 当获取文本框焦点时，去掉边框效果 */
17.  }
18.  /* 设置登录页面 */
19.  #login{
20.      width: 420px;
21.      height: 423px;
22.      background-color: #fff;
23.      border: 1px solid #aaa;    /* 设置边框 */
24.      margin: 30px auto;    /* 上、下外边距设置30px，左右居中 */
25.  }
26.  /* 设置页面头部 */
27.  .header{
28.      width: 340px;
29.      height: 50px;
30.      margin: 5px auto;
31.  }
32.  /* 设置2个登录标题的父元素块 */
33.  .pass{
34.      width: 255px;
35.      margin: 0 auto;
36.      overflow: hidden;    /* 清除浮动影响 */
37.  }
38.  .pass>li{
39.      width: 125px;
40.      height: 50px;
41.      line-height: 50px;    /* 设置行高，行高与高相等，可使内容居中 */
42.      float: left;    /* 设置左浮动 */
43.  }
44.  .pass>li a{
45.      color: #333;
46.      font-size: 20px;
47.  }
48.  /* 选取第一个列表项目中的超链接 */
49.  .pass>li:first-child a{
50.      font-weight: 700;    /* 字体加粗 */
51.  }
52.  .pass>li .line{
53.      margin-left: 15px;
54.  }
55.  /* 设置页面主体 */
56.  .main{
57.      width: 340px;
58.      margin: 0 auto;
59.  }
60.  /* 设置单行文本框和密码文本框 */
61.  .form input{
62.      display: block;    /* 转化为块元素 */
63.      width: 100%;
64.      height: 45px;
65.      background-color: #f6f6f6;
66.
67.  }
```

< 90 >

```
68.  /* 设置输入框提示文本的样式 */
69.  .form input::placeholder{
70.      color: #666;
71.      font-size: 15px;
72.  }
73.  /* 设置登录协议部分 */
74.  .agree{
75.      color: #888;
76.      font-size: 13px;
77.      margin-top: 20px;
78.      text-align: center;
79.  }
80.  .agree a{
81.      color: #000;
82.      margin-left: 5px;
83.  }
84.  /* 设置登录按钮 */
85.  .but input{
86.      display: block;
87.      width: 340px;
88.      height: 50px;
89.      background-color: #fc4e48;
90.      color: #fff;
91.      font-size: 18px;
92.  }
93.  /* 设置立即注册和忘记密码部分 */
94.  .register{
95.      width: 250px;
96.      margin: 20px auto 0;
97.      overflow: hidden;   /* 清除浮动 */
98.  }
99.  .register li{
100.      float: left;   /* 设置左浮动 */
101.      padding: 5px 30px;   /* 设置内边距*/
102.      }
103.      .register li a{
104.          color: #000;
105.      }
106.      /* 设置页脚部分的其他登录方式 */
107.      .footer{
108.          width: 420px;
109.          height: 60px;
110.          background-color: #f5f6fa;
111.          margin-top: 20px;
112.      }
113.      /* 设置页脚部分的无序列表 */
114.      .footer ul{
115.          width: 290px;
116.          margin: 0 auto;
117.          overflow: hidden;   /* 清除浮动 */
118.      }
119.      /* 设置无序列表中的列表项目*/
```

< 91 >

```
120.    .footer li {
121.        float: left;
122.        margin: 15px 15px;
123.    }
124.    /* 统一设置列表项目和列表项目中的图片宽高 */
125.    .footer li,.footer img {
126.        width: 28px;
127.        height: 28px;
128.    }
```

上述 CSS 代码主要设计登录页面的整体样式，以及对表单控件进行美化。首先，为整个页面中的项目列表、超链接和<input>控件设置统一样式，取消<input>控件的边框和边框效果；然后，利用:first-child 结构伪类选择器选取标题里的第 1 个列表项目中的超链接，使用 font-weight 属性加粗标题；最后利用 input::placeholder 选取输入框提示文本，改变提示文本样式。

5.2 表单标签

5.2.1 <select>标签

<select>标签可定义表单中的下拉列表。网页中经常出现有多个选择项的下拉列表，如选择城市、日期、科目等。<select>标签可包含一个或多个<option>标签，<option>标签可创建选择项。<select>标签需要与<option>标签配合使用，这个特点与列表一样，例如，无序列表中<ul>标签和<li>标签配合使用。为了更好地理解，可将下拉列表看作一个特殊的无序列表。

1. 语法格式

<select>标签的基本语法格式如下所示。

```
<select name="下拉列表的名称" >
    <option value="选择项 1">选择项 1</option>
    ...
    <option value="选择项 n">选择项 n</option>
</select>
```

值得注意的是，<select>标签中设置 name 属性，每个<option>标签中设置 value 属性，这样方便服务器获取下拉列表框，以及用户获取选择项的值。如果在<option>标签里省略 value 值，则包含的文本就是选择项的值。

2. <select>标签属性

<select>标签可通过定义属性改变下拉列表的外观。<select>标签的常用属性有 multiple 属性和 size 属性，如表 5.7 所示。

表 5.7　<select>标签常用属性

属性	说明
multiple	设置多选下拉列表。默认下拉列表只能选择一项，而设置 multiple 属性后下拉列表可选择多项（按住 Ctrl 键即可选择多项）。多选下拉列表在因选择项过多而超过列表框的高度时，会显示滚动条，通过拖动滚动条可查看并选择多项
size	设置下拉列表可见选择项的数目，取值为正整数

< 92 >

3．<option>标签属性

<option>标签的常用属性有 value 属性、selected 属性和 disabled 属性，可用于设置下拉列表中的各个选择项，如表 5.8 所示。

表 5.8　<option>标签常用属性

属性	说明
value	定义送往服务器的选择项值
selected	默认此选择项（首次显示在列表中时）表现为选中状态
disabled	规定此选择项应在首次加载时被禁用

在<select>标签和<option>标签之间，可以使用<optgroup>标签对选择项进行分组操作，即把相关选择项组合在一起。<optgroup>标签的 label 属性可以用来设置分组的标题。

4．演示说明

制作一个下拉列表，在表单中定义单选下拉列表和多选下拉列表，在单选下拉列表中使用 selected 属性设置默认选择项，在多选下拉列表中使用<optgroup>标签对选择项进行分组操作，并设置高度。

【例 5.3】下拉列表。

```html
1.   <!DOCTYPE html>
2.   <html lang="en">
3.   <head>
4.       <meta charset="UTF-8">
5.       <title>下拉列表</title>
6.       <style>
7.           /* 设置多选下拉列表的高度 */
8.           #subject{
9.               height: 110px;
10.          }
11.      </style>
12.  </head>
13.  <body>
14.  <form>
15.      <p>您目前所在的年级是
16.          <label for="clas">
17.              <!-- 定义单选下拉列表 -->
18.              <select name="grade" id="clas">
19.                  <option value="one">大一</option>
20.                  <option value="two">大二</option>
21.                  <!-- selected 属性将"大三"设置为默认选择项 -->
22.                  <option value="third" selected>大三</option>
23.                  <option value="four">大四</option>
24.              </select>
25.          </label>
26.      </p>
27.      <p>您目前所学科目有
28.          <label for="subject">
29.              <!-- 定义多选下拉列表 -->
30.              <select name="course" id="subject" multiple>
31.                  <!-- 利用<optgroup>标签对选择项进行分组操作 -->
```

< 93 >

```
32.                <optgroup label="前端">
33.                    <option value="html">HTML</option>
34.                    <option value="css">CSS</option>
35.                </optgroup>
36.                <optgroup label="后端">
37.                    <option value="java">Java</option>
38.                    <option value="php">PHP</option>
39.                </optgroup>
40.            </select>
41.        </label>
42.    </p>
43. </form>
44. </body>
45. </html>
```

运行结果如图 5.4 所示。

图 5.4　例 5.3 运行结果

5.2.2　<textarea>标签

<textarea>标签定义多行文本框，用户可在多行文本框内输入多行文本。文本区域内可容纳无限数量的文本，文本的默认字体是等宽字体（通常是 Courier）。可以通过 cols 属性和 rows 属性来规定多行文本框的尺寸，不过更好的办法是使用 CSS 的 height 属性和 width 属性。

1．语法格式

多行文本框的语法格式如下所示。

```
<textarea name="文本框名称" rows="文本框行数" cols="文本框列数"></textarea>
```

2．标签属性

<textarea>标签属性如表 5.9 所示。

表 5.9　<textarea>标签属性

属性	说明
name	定义多行文本框的名称，这项必不可省，因为存储文本的时候必须用到
rows	定义多行文本框的水平行，表示可显示的行数
cols	定义多行文本框的垂直列，表示可显示的列数，即一行中可容纳下的字节数
autofocus	规定在页面加载后文本区域自动获得焦点

< 94 >

5.2.3 <fieldest>标签

<fieldset>标签可将表单内的相关元素分组，并绘制边框。<legend>标签包含于<fieldset>标签内，用于定义分组的标题。<fieldset>标签可以使表单域变得层次清晰，更易于用户理解。

下面通过账号注册和邮箱注册分组对<fieldset>标签进行演示说明。

【例 5.4】表单分组。

```
1.   <html lang="en">
2.   <head>
3.       <meta charset="UTF-8">
4.       <title>表单分组</title>
5.   </head>
6.   <body>
7.   <form action="#" method="post">
8.       <fieldset>
9.           <legend>账号注册</legend>
10.          <label for="ming">账户名</label>
11.          <input type="text" name="ming" id="ming"><br>
12.          <label for="word">密码</label>
13.          <input type="password" name="pass" id="word">
14.      </fieldset>
15.      <fieldset>
16.          <legend>邮箱注册</legend>
17.          <label for="mail">邮箱账号</label>
18.          <input type="email" name="mail" id="mail"><br>
19.          <label for="tell">电话</label>
20.          <input type="tel" name="tell" id="tell">
21.      </fieldset>
22.  </form>
23.  </body>
24.  </html>
```

运行结果如图 5.5 所示。

图 5.5　例 5.4 运行结果

5.2.4 实例：登录页满意度调查

1. 页面结构简图

本实例是一个登录页满意度调查的页面。该页面主要由表单中的下拉列表和多行文本框、<input>

< 95 >

标签中的单选框和复选框，以及<div>块元素、图片标签、水平线标签、段落标签、内联元素、<label>标签和标题标签构成。页面结构简图如图5.6所示。

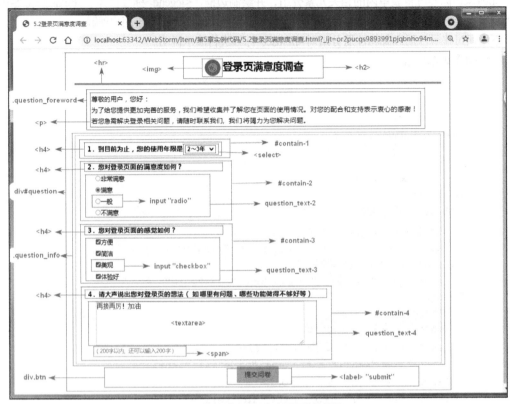

图5.6 登录页满意度调查表页面结构简图

2．代码实现

（1）主体结构代码

新建一个 HTML 文件，以外链方式在该文件中引入 CSS 文件。在<body>标签中定义一个父元素块，并添加 id 属性"question"。页面分为头部、主体和底部 3 个部分。

【例 5.5】登录页满意度调查。

```
1.   <!DOCTYPE html>
2.   <html lang="en">
3.   <head>
4.     <meta charset="UTF-8">
5.     <title>5.2 登录页满意度调查</title>
6.     <link type="text/css" rel="stylesheet" href="satisfaction.css">
7.   </head>
8.   <body>
9.   <div id="question">
10.   <!-- 定义页面标题 -->
11.   <h2><img src="../image/xing.jpg" alt>登录页满意度调查</h2>
12.   <!-- 添加水平线 -->
13.   <hr  color="#f07801" size="4" >
14.   <!-- 页面的说明文字 -->
15.   <div class="question_foreword">
```

<96>

```
16.        <p>尊敬的用户，您好：<br>
17.            为了给您提供更加完善的服务，我们希望收集并了解您在页面的使用情况。对您的配合和支持表示衷
    心的感谢！<br>
18.            若您急需解决登录相关问题，请随时联系我们，我们将竭力为您解决问题。
19.        </p>
20.    </div>
21.    <!-- 页面问题信息 -->
22.    <div class="question_info">
23.        <div id="contain-1">
24.            <h4>1. 到目前为止，您的使用年限是
25.                <!-- 定义下拉列表 -->
26.                <select name="time">
27.                    <option value="first">1 年以内</option>
28.                    <option value="second" selected>1～2 年</option>
29.                    <option value="third">2～3 年</option>
30.                    <option value="fourth">3 年以上</option>
31.                </select>
32.            </h4>
33.        </div>
34.        <div id="contain-2">
35.            <h4>2. 您对登录页面的满意度如何？</h4>
36.            <div class="question_text-2">
37.                <!-- 定义单选框 -->
38.                <p><input type="radio" name="degree">非常满意</p>
39.                <p><input type="radio" name="degree">满意</p>
40.                <p><input type="radio" name="degree">一般</p>
41.                <p><input type="radio" name="degree">不满意</p>
42.            </div>
43.        </div>
44.        <div id="contain-3">
45.            <h4>3. 您对登录页面的感觉如何？</h4>
46.            <div class="question_text-3">
47.                <!-- 定义复选框 -->
48.                <p><input type="checkbox" name="feel">方便</p>
49.                <p><input type="checkbox" name="feel">简洁</p>
50.                <p><input type="checkbox" name="feel">美观</p>
51.                <p><input type="checkbox" name="feel">体验好</p>
52.            </div>
53.        </div>
54.        <div id="contain-4">
55.            <h4>4. 请大声说出您对登录页的想法（如哪里有问题、哪些功能做得不够好等）</h4>
56.            <div class="question_text-4">
57.                <!-- 定义多行文本框 -->
58.                <textarea name="idea" placeholder="请说出您的想法"></textarea>
59.                <span class="tips">(200 字以内，还可以输入 200 字)</span>
60.            </div>
61.        </div>
62.    </div>
```

< 97 >

```
63.    <div class="btn">
64.       <!-- 定义提交按钮 -->
65.       <label><input type="submit" value="提交问卷"></label>
66.    </div>
67.  </div>
68.  </body>
69.  </html>
```

在例 5.5 的代码中，头部部分定义页面标题，以及页面说明文字，标题包括图标和文本；接下来是页面的主体部分——页面问题信息，有 4 个模块，分别是下拉列表、单选框、复选框和多行文本框，为这 4 个问题模块分别定义标题和问题内容；最后为底部部分添加页面的提交按钮。

（2）CSS 代码

新建一个 CSS 文件 satisfaction.css，在该文件中加入 CSS 代码，设置页面样式。具体代码如下所示。

```
1.   /* 清除页面默认边距 */
2.   *{
3.       margin: 0;
4.       padding: 0;
5.   }
6.   /* 设置整个调查页面 */
7.   #question{
8.       width: 880px;
9.       height: 771px;
10.      margin: 20px auto;    /* 设置上下外边距为 20px，左右居中 */
11.  }
12.  /* 设置页面标题 */
13.  #question h2{
14.      width: 260px;
15.      margin: 10px auto;
16.  }
17.  /* 设置页面标题前的图标 */
18.  #question h2 img{
19.      width: 50px;
20.      height: 50px;
21.      vertical-align: middle;   /* 图文混排时，文字与图片中间对齐 */
22.  }
23.  /* 设置页面说明文字 */
24.  .question_foreword{
25.      width: 800px;
26.      margin: 20px auto;
27.      font-size: 16px;    /* 设置文字大小 */
28.      line-height: 26px;   /* 设置行高 */
29.  }
30.  /* 设置 4 个问题信息的父元素块 */
31.  .question_info{
32.      width: 874px;
33.      height: 533px;
34.      background-color: #fefcf5;    /* 设置背景颜色 */
35.      border: 3px solid #e9d3be;    /* 设置边框效果 */
36.  }
```

< 98 >

```
37.  /* 设置 4 个问题模块的统一样式 */
38.  #contain-1,#contain-2,#contain-3,#contain-4{
39.      width: 820px;
40.      margin: 20px auto;
41.  }
42.  /* 设置下拉列表 */
43.  #contain-1 h4 select{
44.      border-width: 2px;   /* 设置边框宽度 */
45.      font-weight: 700;   /* 设置文字加粗 */
46.  }
47.  /* 设置单选框和复选框的样式 */
48.  .question_text-2 p,.question_text-3 p{
49.      width: 780px;
50.      margin: 7px auto;   /* 设置上下外边距为 7px，左右自适应，处于居中位置 */
51.      font-size: 15px;   /* 设置文字大小*/
52.  }
53.  /* 设置多行文本框 */
54.  .question_text-4 textarea{
55.      width: 500px;   /* 利用 width 属性和 height 属性，设置多行文本框的尺寸 */
56.      height: 100px;
57.      color:#404040;   /* 设置文字颜色 */
58.      font-size:15px;
59.      border:1px solid #ccc;   /* 设置边框样式*/
60.      margin: 8px 0 0 20px;   /* 设置上、右、下、左外边距 */
61.  }
62.  /* 设置多行文本框外部提示文字 */
63.  .tips{
64.      display: block;   /* 将内联元素转化为块元素 */
65.      font-size: 13px;
66.      color:#878787;
67.      padding-left: 20px;   /* 设置左内边距 */
68.  }
69.  /* 设置提交按钮的父元素块 */
70.  .btn{
71.      width: 100%;
72.      height: 50px;
73.      position: relative;   /* 设置相对定位 */
74.  }
75.  /* 统一设置<label>标签和<input>标签 */
76.  .btn label,.btn input{
77.      display: block;   /* 转化为块元素 */
78.      width: 100px;
79.      height: 38px;
80.      line-height: 38px;   /* 行高与高相等，文本居中 */
81.      position: absolute;   /* 设置绝对定位，将元素定位到正中心*/
82.      left: 0;
83.      right: 0;
84.      top: 0;
85.      bottom: 0;
86.      margin: auto;
```

< 99 >

```
87.  }
88.  /* 设置提交按钮 */
89.  .btn input{
90.      background-color: #f89815;
91.      border: none;  /* 取消边框 */
92.      font-size: 16px;
93.      color: #303040;
94.  }
```

上述 CSS 代码首先设置整个调查页面，规定宽度、高度和外边距，再设置标题居中，利用 vertical-align 属性使文字与图片中间对齐；然后为页面说明文字设置外边距、字号和行高；接下来是 4 个问题模块的样式设置，先为 4 个问题的父元素块设置宽度、高度、背景颜色和边框效果，再统一设置 4 个问题模块的宽度和外边距，这是为了统一它们之间的距离，让页面更规整与美观，然后分别设置下拉列表、单选框、复选框和多行文本框的样式，以及多行文本框外部提示文字的样式；最后一步是设置底部的提交按钮，先为提交按钮的父元素添加相对定位，然后为\<label\>标签与\<input\>标签中的提交按钮控件添加绝对定位，并将它们定位到父元素的正中心，取消按钮的边框，再使用 CSS 属性设置其他样式，完成整个页面的样式设置。

5.3 美化表单

5.3.1 新增表单控件

在 HTML5 中，表单新增了多个输入类型，如图像、邮箱、电话、日期等。这些新增的表单控件可以更好地实现输入控制以及验证。\<input\>标签 type 属性新增的属性值，即新增表单控件说明如表 5.10 所示。

表 5.10　新增表单控件说明

属性值	说明
image	可定义图像形式的提交按钮。需要结合 src 属性和 alt 属性使用，src 属性定义图片的来源，alt 属性定义当图片无法显示时的提示文字。语法格式为\<input type="image" src="图片地址" alt="提示文字"\>
email	限制用户输入必须为邮箱类型。语法格式为\<input type="email" name="" value=""\>
number	限制用户输入必须为数字类型。语法格式为\<input type="number" name="" value=""\>
url	限制用户输入必须为 URL。语法格式为\<input type="url" name="" value=""\>
tel	限制用户输入必须为电话号码类型。语法格式为\<input type="tel" name="" value=""\>
search	限制用户输入必须为搜索框关键词。语法格式为\<input type="search" name="" value=""\>
color	定义拾色器，规定颜色。语法格式为\<input type="color" name="" value="颜色值（初始值）"\>
date	限制用户输入必须为日期类型，选取日、月、年。语法格式为\<input type="date" name="" value=""\>
month	限制用户输入必须为月类型，选取月、年。语法格式为\<input type="month" name="" value=""\>。
week	限制用户输入必须为周类型，选取周、年。语法格式为\<input type="week" name="" value=""\>
time	限制用户输入必须为时间类型，选取小时、分钟。语法格式为\<input type="time" name="" value=""\>

在制作表单时，可以使用 CSS3 的新属性对表单进行美化，使页面效果更美观。

< 100 >

5.3.2　border-radius 属性

border-radius 属性是 CSS3 的一个新属性，可为元素添加圆角效果，属性值可以是百分比，也可以以 px、em 为单位。border-radius 属性中的数值代表一个圆的半径，这个圆与元素相切就形成了圆角，属性值越大，圆角越明显。例如，一个宽 100px、高 100px 的正方形块元素，将 border-radius 属性值设为 50px（border-radius:50px），则块元素转变成圆形。

与 margin 属性、padding 属性相似，border-radius 属性是其相关属性 border--top-left-radius（对应左上角）、border--top-right-radius（对应右上角）、border--bottom-right-radius（对应右下角）和 border--bottom-left-radius（对应左下角）的简写。border-radius 属性通过复合写法有多种设置方式，其基本语法格式如下所示。

```
border-radius:左上角 右上角 右下角 左下角
border-radius:左上角 右上角和左下角 右下角
border-radius:左上角和右下角 右上角和左下角
border-radius:四个角
```

5.3.3　box-shadow 属性

box-shadow 属性是 CSS3 的一个新特性，可为元素添加一个或多个阴影效果。box-shadow 属性的语法格式如下所示。

```
box-shadow: h-shadow v-shadow blur spread color inset;
```

box-shadow 属性值如表 5.11 所示。

表 5.11　box-shadow 属性值

属性值	说明
h-shadow	必需。设置水平阴影的位置，允许负值
v-shadow	必需。设置垂直阴影的位置，允许负值
blur	可选。设置阴影模糊距离。在原有的阴影长度上增加模糊度，数值越大越模糊，模糊范围也越大，如同吹气球的效果
spread	可选。设置阴影的尺寸。可对设置好的阴影进行局部放大
color	可选。设置阴影的颜色
inset	可选。将外部阴影改为内部阴影

5.3.4　background-size 属性

background-size 属性是 CSS3 的一个新特性，用于设置背景图像的尺寸，这使得在不同环境中重复使用背景图片成为可能。background-size 属性值可设置为长度值、百分比、cover、contain 等，如表 5.12 所示。

表 5.12　background-size 属性值

属性值	说明
长度值	可设置图像的宽度和高度，常用单位为 px
百分比	以父元素的百分比来设置背景图像的宽度和高度
cover	把背景图像扩展至足够大，以使背景图像完全覆盖背景区域，背景图像的某些部分也许无法显示在背景定位区域中
contain	把背景图像扩展至最大尺寸，以使其宽度和高度完全适应内容区域

< 101 >

5.3.5 实例：退款申请表单

1. 页面结构简图

本实例是一个退款申请表单的页面。该页面主要由表单中的下拉列表和多行文本框、<input>标签中的单选框、数字输入框、隐藏域、单行文本框、文件域、日期输入框和图像按钮，以及<div>块元素、无序列表、图片标签、段落标签、内联元素、<label>标签和超链接构成。退款申请表单页面结构简图如图 5.7 所示。

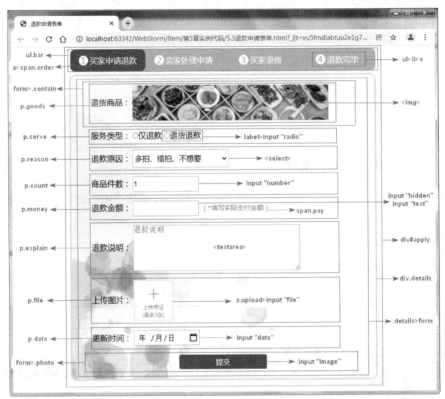

图 5.7　退款申请表单页面结构简图

2. 代码实现

（1）主体结构代码

新建一个 HTML 文件，以外链方式在该文件中引入 CSS 文件。首先在<body>标签中定义一个父元素块，并添加 id 属性 apply；然后在父元素块中分别添加 1 个无序列表和 1 个子元素块，并分别为其添加 class 属性，将页面分为顶部和主体部分。

【例 5.6】退款申请表单。

```
1.  <!DOCTYPE html>
2.  <html lang="en">
3.  <head>
4.    <meta charset="UTF-8">
5.    <title>退款申请表单</title>
6.    <link type="text/css" rel="stylesheet" href="refund.css">
7.  </head>
8.  <body>
```

< 102 >

```
9.    <!-- 整个退款申请表单 -->
10.   <div id="apply">
11.       <!-- 退款进度列 -->
12.       <ul class="bar">
13.           <li><a href="#"><span class="order">1</span>买家申请退款</a></li>
14.           <li><a href="#"><span class="order">2</span>卖家处理申请</a></li>
15.           <li><a href="#"><span class="order">3</span>买家退货</a></li>
16.           <li><a href="#"><span class="order">4</span>退款完毕</a></li>
17.       </ul>
18.       <!-- 退款详情主体部分 -->
19.       <div class="details">
20.           <!-- 表单域 -->
21.           <form action="#" method="post" enctype="multipart/form-data">
22.               <!-- 退款商品 -->
23.               <div class="contain">
24.                   <p class="goods">退货商品:
25.                       <img src="../image/goods.png" alt>
26.                   </p>
27.               </div>
28.               <!-- 单选框, 选择退款服务类型 -->
29.               <div class="contain">
30.                   <p class="serve">服务类型:
31.                       <label><input type="radio" name="refund" id="allow">仅退款
     </label>
32.                       <label><input type="radio" name="refund" id="full">退货退款
     </label>
33.                   </p>
34.               </div>
35.               <!-- 单选下拉列表, 选择退款原因 -->
36.               <div class="contain">
37.                   <p class="reason">退款原因:
38.                       <select name="item" required>
39.                           <option>多拍、错拍、不想要</option>
40.                           <option>不喜欢、效果不好</option>
41.                           <option>商品描述不符</option>
42.                           <option>质量问题</option>
43.                           <option>其他</option>
44.                       </select>
45.                   </p>
46.               </div>
47.               <!-- 数字输入框, 输入退款商品件数, 初始值为 1 -->
48.               <div class="contain">
49.                   <p class="count">商品件数:
50.                       <input type="number" name="nub" value="1">
51.                   </p>
52.               </div>
53.               <!-- 隐藏域, 文本框, 隐藏域向服务器发送金额数据, 文本框输入退款金额 -->
54.               <div class="contain">
```

< 103 >

```
55.                <p class="money">退款金额：
56.                    <input type="hidden" name="cash" value="317.00">
57.                    <input type="text" name="num" required>
58.                    <span class="pay">（*填写实际支付金额）</span>
59.                </p>
60.            </div>
61.            <!-- 多行文本框，输入退款说明 -->
62.            <div class="contain">
63.                <p class="explain">退款说明：
64.                    <textarea name="content" placeholder="退款说明"></textarea>
65.                </p>
66.            </div>
67.            <!-- 文件域，上传退货商品图片 -->
68.            <div class="contain">
69.                <p class="file">上传图片：
70.                    <a class="upload">
71.                        <input type="file" name="up" accept="image/*" multiple>
72.                    </a>
73.                </p>
74.            </div>
75.            <!-- 日期输入框，选择时间，年/月/日 -->
76.            <div class="contain">
77.                <p class="data">更新时间：
78.                    <input type="date" name="time">
79.                </p>
80.            </div>
81.            <!-- 图像按钮，定义图像形式的提交按钮 -->
82.            <div class="photo">
83.                <input type="image" src="../image/btn.png" alt="submit">
84.            </div>
85.        </form>
86.    </div>
87. </div>
88. </body>
89. </html>
```

在例 5.6 的代码中，页面主要分为 2 个部分：头部是退款进度列，无序列表中有 4 个列表项目，每个列表项目中分别是超链接中嵌套 1 个<span>元素；主体部分是退款详情表单域，主要分为 9 个模块，分别是退货商品图片、服务类型单选框、退款原因下拉列表、商品件数数字输入框、退款金额单行文本框与隐藏域、退款说明多行文本框、上传图片文件域、更新时间日期输入框，以及图像提交按钮。

（2）CSS 代码

新建一个 CSS 文件 refund.css，在该文件中加入 CSS 代码，设置页面样式。具体代码如下所示。

```
1.  /* 清除页面默认边距 */
2.  *{
3.      margin: 0;
4.      padding: 0;
5.  }
6.  /* 设置整个退款申请表单 */
7.  #apply{
```

< 104 >

```
8.      width: 700px;
9.      margin: 5px auto;     /* 设置上下外边距为5px，左右居中 */
10. }
11. /* 设置退款进度条 */
12. .bar{
13.     width: 700px;
14.     height: 48px;
15.     background-color: #bbb;
16.     overflow: hidden;    /* 为父元素添加overflow属性，清除浮动 */
17.     border-radius: 10px;    /* CSS3新特性，设置边框圆角 */
18. }
19. /* 设置退款进度条中的列表项目 */
20. .bar li{
21.     width: 175px;
22.     list-style: none;    /* 取消列表项目标记 */
23.     float: left;     /* 为列表项目添加左浮动 */
24.     border-radius: 10px;    /* CSS3新特性，设置边框圆角 */
25. }
26. /* 选取第一个列表项目 */
27. .bar li:first-child {
28.     background-color: #dd2727;   /* 设置背景颜色 */
29. }
30. /* 设置退款进度条中的超链接 */
31. .bar a{
32.     display: inline-block;    /* 转化为内联块元素 */
33.     width: 100%;
34.     height: 100%;
35.     line-height: 48px;    /* 设置行高，使其垂直居中 */
36.     text-decoration: none;    /* 取消超链接的下画线 */
37.     color: #fff;
38.     font-size: 18px;
39.     text-align: center;    /* 设置水平对齐方式，使其水平居中 */
40. }
41. /* 设置列表项目的序号 */
42. .order{
43.     display: inline-block;
44.     width: 22px;
45.     height: 22px;
46.     line-height: 22px;    /* 设置行高，使其垂直居中 */
47.     color: #aaa;
48.     background-color: #fff;
49.     border-radius: 50%;    /* CSS3新特性，设置边框圆角 */
50.     margin-right: 4px;    /* 设置右外边距 */
51. }
52. /* 设置退款详情主体部分 */
53. .details{
54.     width: 696px;
55.     /*height: 680px; */
56.     background-image:url("../image/1.jpg");
```

< 105 >

```
57.      background-size: cover;      /* 设置背景图像尺寸，把背景图像扩展至足够大，以使背景图像
            完全覆盖背景区域 */
58.      border: 1px solid #eee;      /* 添加边框 */
59.      border-radius: 10px;      /* CSS3 新特性，设置边框圆角 */
60.      box-shadow: 0 0 5px 1px #aaa;      /* CSS3 新特性，向块元素添加阴影 */
61.      margin-top: 10px;      /* 设置上外边距 */
62.  }
63.  /* 设置表单域 */
64.  .details form{
65.      width: 600px;
66.      margin: 20px auto;
67.  }
68.  /* 统一设置表单域中的各模块的下外边距  */
69.  .contain{
70.      margin-bottom: 20px;
71.  }
72.  /* 统一设置表单域各模块说明文本的字体大小 */
73.  .contain p{
74.      font-size: 18px;
75.  }
76.  /* 统一设置表单域中退货商品件数、退款金额和更新时间日期输入框的宽度、高度和字体大小 */
77.  .count [type="number"],.money [type="text"],.data [type="date"]{
78.      width: 150px;
79.      height: 32px;
80.      font-size: 17px;
81.      border: 1px solid #cb9999;      /* 为输入框改变边框样式 */
82.      outline: none;      /* 当获取文本框焦点时，去掉边框效果 */
83.  }
84.  /* 设置退货商品图片 */
85.  .goods img{
86.      width: 448px;
87.      height: 80px;
88.      vertical-align: middle;      /* 垂直居中 */
89.  }
90.  /* 设置退款原因下拉列表 */
91.  .reason select{
92.      width: 220px;
93.      height: 40px;
94.      border: 1px solid #cb9999;      /* 为下拉列表改变边框样式 */
95.      outline: none;      /* 当获取文本框焦点时，去掉边框效果 */
96.      font-size: 17px;      /* 设置字体大小 */
97.  }
98.  /* 设置退款金额后的提示文字 */
99.  .pay{
100.        font-size: 15px;
101.        color: #888;
102.    }
103.    /* 设置退款说明多行文本框 */
104.    textarea{
105.        width: 380px;
```

< 106 >

```
106.        height: 100px;
107.        border: 1px solid #cb9999;      /* 为多行文本框改变边框样式 */
108.        outline: none;     /* 当获取文本框焦点时, 去掉边框效果 */
109.        font-size: 17px;     /* 设置输入字体的大小 */
110.        vertical-align: middle;     /* 垂直居中*/
111.    }
112.    /* 设置多行文本框中提示文字的字体大小 */
113.    textarea::placeholder{
114.        font-size: 17px;
115.    }
116.    /* 设置文件域的父元素超链接 */
117.    .upload{
118.        width: 92px;
119.        height: 92px;
120.        vertical-align: middle;   /* 垂直居中 */
121.        display: inline-block;     /* 转化为行内块元素 */
122.        text-decoration: none;     /* 取消文本修饰 */
123.        position: relative;   /* 父元素设置相对定位 */
124.        overflow: hidden;     /* 清除异常效果 */
125.        background-image: url("../image/upload.png");     /* 添加背景图片 */
126.    }
127.    /* 设置文件域 */
128.    .upload [type="file"]{
129.        width: 100%;
130.        height: 100%;
131.        position: absolute;     /* 设置绝对定位 */
132.        top: 0;     /* 距离父元素顶部 0px */
133.        left: 0;     /* 距离父元素左侧 0px */
134.        background-color: transparent;       /* 背景颜色透明 */
135.        opacity: 0;     /* 透明度为 0 */
136.    }
137.    /* 设置图像按钮 */
138.    .photo [type="image"]{
139.        display: block;   /* 转化为块元素 */
140.        margin: 0 auto;     /* 处于父元素的居中位置 */
141.    }
```

　　上述 CSS 代码首先使用 border-radius 属性为无序列表退款进度列添加边框圆角, 然后为 4 个列表项目设置左浮动, 并为其添加边框圆角, 再将列表项目中的<span>元素设置为圆形, 即设置序号样式。接下来是主体部分的退款详情表单域: 首先为整个表单域添加背景图片, 并使用 background-size 属性设置背景图像尺寸, 再添加边框以及边框圆角, 并使用 box-shadow 属性添加阴影; 然后统一设置表单域各模块说明文本的字体大小, 以及表单域中退货商品件数、退款金额和更新时间日期输入框的宽度、高度和字号, 再使用 CSS 属性设置各模块的样式。重点是文件域模块的样式设置: 首先为父元素超链接添加相对定位, 以及要显示在页面上的背景图片; 然后为子元素文件域添加绝对定位, 再使用位置属性将文件域与父元素定位到相同位置; 最后将文件域设置为透明, 即可实现页面所显示的效果。

< 107 >

5.4 本章小结

本章重点讲述如何创建表单以及对表单进行效果设计，主要介绍了表单的<form>标签、表单控件、下拉列表、多行文本框，以及 HTML5 新增的表单控件。

通过对本章实例的学习，读者能够了解表单的各标签与属性，掌握<input>标签的表单控件用法，并配合 CSS 样式设计出更加规整美观的表单页面，为后面的深入学习奠定基础。

5.5 习题

1．填空题

（1）一个完整的表单通常由_____、_____和_____3 个部分构成。

（2）_____标签可用来辅助表单元素。

（3）单选框和复选框的 type 属性值分别为_____和_____。

（4）可用于设置多行文本框的行数和列数的属性分别是_____和_____。

（5）<form>标签常用的属性有_____、_____、_____和_____。

2．选择题

（1）能为元素添加圆角效果的属性是（　　）。

    A．background-size B．border-radius   C．box-shadow   D．linear-gradient

（2）能使下拉列表可选择多项的属性是（　　）。

    A．selected   B．disabled   C．multiple   D．size

（3）<input>标签中用于上传文件的 type 属性值是（　　）。

    A．image   B．reset   C．hidden   D．file

（4）<input>标签中限制用户输入必须为日期类型的 type 属性值是（　　）。

    A．data   B．time   C．month   D．week

3．思考题

（1）简述表单的 3 个构成部分。

（2）简述 get 方式和 post 方式的区别。

（3）列举<input>标签的表单控件。

4．编程题

使用表单标签和各属性以及表单控件制作一个信息登记表。登记表以<fieldset>标签对表单进行分组，表单中有单行文本框、数字输入框、单选框、电话输入框、邮箱输入框、日期输入框、单选下拉列表、文件域、多行文本框、提交按钮和重置按钮。然后使用 CSS 属性对表单内容进行布局，使用 text-align-last 属性将文字末尾对齐，再为各输入框添加内边距，属性值以 em（相对单位）为单位。具体效果如图 5.8 所示。

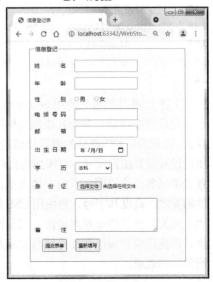

图 5.8　信息登记表

< 108 >

第6章 实现 CSS3 动画

本章学习目标

实现 CSS3 动画

- 了解 CSS3 动画。
- 掌握 CSS3 中的 2D 转换和 3D 转换。
- 掌握 CSS3 中的过渡。
- 掌握 CSS3 中的动画。

早期的 Web 设计通常依赖 Flash 或 JavaScript 脚本来实现网页中的动画或特效。CSS3 提供了对动画的强大支持。CSS3 动画包括 transform、animation 和 transition 三大模块：transform 模块可对网页元素进行转换操作；animation 模块可实现帧动画的效果；transition 模块可实现 CSS 属性的过渡变化。CSS3 动画的应用极大地提高了网页设计的灵活性。

6.1 实现 2D 转换

在 CSS3 中，2D 转换是使用 transform 属性来实现文字或图像的各种转换效果，如位移、旋转、缩放、倾斜等。这些转换方法的使用让网页效果更丰富，提升了用户体验。

6.1.1 transform-origin 属性

CSS3 中位移、旋转、缩放和倾斜都默认以元素的中心为原点进行转换，可通过 transform-origin 属性设置原点的位置，一旦原点改变，转换的效果就会不一样。

1. 语法格式

transform-origin 属性可用来设置 transform 转换的原点位置。默认情况下，原点位置为元素的中心。transform-origin 属性的语法格式如下所示。

```
transform-origin: x-axis y-axis z-axis;
```

2. 属性值

transform-origin 属性值可取位置、百分比或像素值，如表 6.1 所示。

表 6.1 transform-origin 属性值

名称	说明	值
x-axis	x 轴原点坐标	位置（left、center、right）/百分比/像素值
y-axis	y 轴原点坐标	位置（top、center、bottom）/百分比/像素值
z-axis	z 轴原点坐标	数值
示例：transform-origin:left bottom;/transform-origin:50% 30%;/transform-origin:20px 40px;		

由于 2D 转换不涉及 z 轴，transform-origin 属性可不设置 z 轴原点坐标。

6.1.2　位移方法

translate()方法是 2D 转换的一种位移方法。translate()方法用于元素位移操作，在 CSS3 中，可以使用 translate()方法将元素沿水平方向（x 轴）和垂直方向（y 轴）移动。translate()方法与 relative（相对定位）相似，元素位置的改变不会影响其他元素。

1. 语法格式

translate()方法的语法格式如下所示。

```
transform:translate(x,y);
```

或

```
transform:translateX(n);
transform:translateY(n);
```

2. 方法说明

translate()方法可以改变元素的位置，元素以自身位置为基准进行移动，其参数可为正数或负数。translate()方法如表 6.2 所示。

表 6.2　translate()方法

translate()方法	说明
translate(x,y)	元素在水平方向（x 轴）和垂直方向（y 轴）上同时移动
translateX(n)	元素在水平方向（x 轴）上移动，n 为正数时，以自身位置为基准向右移动
translateY(n)	元素在垂直方向（y 轴）上移动，n 为正数时，以自身位置为基准向下移动

原点的改变不影响位移效果。

6.1.3　旋转方法

rotate()方法是 2D 转换的一种旋转方法。rotate()方法用于元素旋转操作，在 CSS3 中，可以使用 rotate()方法使元素基于原点进行旋转。

1. 语法格式

rotate()方法的语法格式如下所示。

```
transform:rotate(度数);
```

2. 方法说明

rotate()方法可根据给定的角度顺时针或逆时针旋转元素，度数可为正数或负数，单位是 deg（角度单位），取值范围为-360～360。当度数为正数时，顺时针（默认）旋转；当度数为负数时，逆时针旋转。

rotate()方法采用就近旋转目标角度的原则，当度数大于或等于 180 时，会逆时针旋转，例如，设置度数为 200，元素会逆时针旋转 160 度。

原点的改变会影响旋转效果，默认以元素中心为原点进行旋转。

< 110 >

3．演示说明

在使用位移与旋转实现 2D 转换效果时，要注意两者的先后顺序，顺序不一样效果也会不一样。如果先进行位移，那么元素会在位移后的位置原地旋转；如果先进行旋转，则会改变原点的位置，元素基于旋转后的原心进行位移。

下面制作 4 个宽度和高度相同、自上而下排列的"盒子"。第 1 个和第 3 个"盒子"保持原始状态，第 2 个和第 4 个"盒子"分别进行不同顺序的位移和旋转。

【例 6.1】位移和旋转。

```
1.   <!DOCTYPE html>
2.   <html lang="en">
3.   <head>
4.       <meta charset="UTF-8">
5.       <title>位移和旋转</title>
6.       <style>
7.           /* 统一设置块元素的宽高 */
8.           div{
9.               width: 120px;
10.              height: 60px;
11.          }
12.          /* 分别设置第 1 个和第 3 个元素的背景颜色 */
13.          #late{
14.              background-color: #c2aee1;
15.          }
16.          #rotate{
17.              background-color: #e9b2c7;
18.          }
19.          /* 分别设置第 2 个和第 4 个元素 */
20.          .late-1{
21.              background-color: #b39cd2;
22.            transform: translateX(150px) rotate(50deg);    /* 先位移再旋转 */
23.            -webkit-transform: translateX(150px) rotate(50deg);    /* 添加浏览器前缀，
     兼容浏览器 */
24.          }
25.          .rotate-1{
26.              background-color: #dda2b6;
27.            transform: rotate(50deg) translateX(150px);    /* 先旋转再位移 */
28.            -webkit-transform: rotate(50deg) translateX(150px);
29.          }
30.      </style>
31.  </head>
32.  <body>
33.  <div id="late">参照元素 1</div>
34.  <div class="late-1">先位移再旋转</div>
35.  <div id="rotate">参照元素 2</div>
36.  <div class="rotate-1">先旋转后位移</div>
37.  </body>
38.  </html>
```

运行结果如图 6.1 所示。

< 111 >

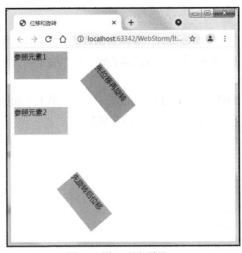

图 6.1　例 6.1 运行结果

6.1.4　缩放方法

scale()方法是 2D 转换的一种缩放方法。scale()方法用于元素缩放操作，缩放指的是缩小和放大。在 CSS3 中，可以使用 scale()方法将元素基于原点进行缩放。

1. 语法格式

scale()缩放的语法格式如下所示。

```
transform:scale(w,h);
```

或

```
transform:scaleX(w);
transform:scaleY(h);
```

2. 方法说明

scale()方法根据给定的宽度和高度放大或缩小元素，其参数可为正数或负数，单位是 deg（角度单位）。scale()方法可分为 3 种情况，如表 6.3 所示。

表 6.3　scale()方法

scale()方法	说明
scale(w,h)	元素在水平方向（x 轴）和垂直方向（y 轴）上同时缩放。当两个参数值一样时，可以只写一个
scaleX(w)	元素在水平方向（x 轴）上缩放，w 为宽度缩放的比例值
scaleY(h)	元素在垂直方向（y 轴）上缩放，h 为高度缩放的比例值

比例值为 0～1 时，元素缩小。比例值大于 1 时，元素放大。比例值为 1 是默认状态，元素既不放大，也不缩小。比例值为负数时，元素翻转后再缩放。

原点的改变会影响缩放的效果，默认以元素中心为原点进行缩放。利用 scale()方法进行缩放的元素不影响网页的布局。

6.1.5　倾斜方法

skew()方法是 2D 转换的一种倾斜方法。skew()方法用于元素倾斜操作，在 CSS3 中，可以使用

< 112 >

skew()方法使元素倾斜显示。

1. 语法格式

skew()方法的语法格式如下所示。

```
transform:skew(x,y);
```

或

```
transform:skewX(x);
transform:skewY(y);
```

2. 方法说明

skew()方法使元素朝指定方向倾斜给定角度，其参数表示元素的倾斜角度，可为正数或负数，单位是 deg（角度单位）。skew()方法可分为 3 种情况，如表 6.4 所示。

表 6.4　skew()方法

skew()方法	说明
skew(x,y)	元素在水平方向（x 轴）和垂直方向（y 轴）上同时倾斜，即元素沿水平方向（x 轴）和垂直方向（y 轴）倾斜给定角度
skewX(x)	元素在水平方向（x 轴）上倾斜，即元素沿水平方向（x 轴）倾斜给定角度
skewY(y)	元素在垂直方向（y 轴）上倾斜，即元素沿垂直方向（y 轴）倾斜给定角度

x 和 y 的取值范围为 -360～360。其值为正数时，顺时针（默认）倾斜；为负数时，逆时针倾斜。原点的改变会影响倾斜的效果，默认以元素中心为原点进行倾斜。

3. 演示说明

制作 4 个宽度和高度相同、自上而下排列的"盒子"。第 1 个和第 3 个"盒子"保持原始状态，第 2 个"盒子"改变原点的位置进行缩放，第 4 个"盒子"改变原点的位置进行倾斜。

【例 6.2】缩放和倾斜。

```
1.  <!DOCTYPE html>
2.  <html lang="en">
3.  <head>
4.      <meta charset="UTF-8">
5.      <title>缩放和倾斜</title>
6.      <style>
7.          /* 统一设置块元素的宽高 */
8.          div{
9.              width: 120px;
10.             height: 60px;
11.         }
12.         /* 设置父元素 */
13.         #form{
14.             width: 200px;
15.             height: 300px;
16.             background-color: #e9dcf6;
17.             border: 1px solid #aaa;    /* 添加边框 */
18.             margin: 20px auto;    /* 设置外边距 */
19.         }
20.         /* 分别设置第 1 个和第 3 个元素的背景颜色 */
```

< 113 >

```
21.        #scale{
22.            background-color: #f5cfab;
23.        }
24.        #skew{
25.            background-color: #b998b3;
26.        }
27.        /* 分别设置第 2 个和第 4 个元素 */
28.        .scale-1{
29.            transform-origin: right bottom;     /* 改变元素原点位置 */
30.            background-color: #ffe4c6;
31.            transform:scale(0.8);     /* 缩小元素 */
32.            -webkit-transform:scale(0.8);     /* 添加浏览器前缀，兼容浏览器 */
33.        }
34.        .skew-1{
35.            transform-origin: right bottom;   /* 改变元素原点位置 */
36.            background-color: #dda2b6;
37.            transform:skewX(50deg);     /* 倾斜元素 */
38.            -webkit-transform:skewX(50deg);
39.        }
40.    </style>
41. </head>
42. <body>
43. <div id="form">
44.    <div id="scale">缩放参照元素 1</div>
45.    <div class="scale-1">缩放元素</div>
46.    <div id="skew">倾斜参照元素 2</div>
47.    <div class="skew-1">倾斜元素</div>
48. </div>
49. </body>
50. </html>
```

运行结果如图 6.2 所示。

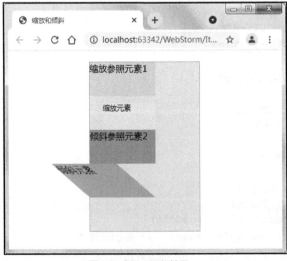

图 6.2　例 6.2 运行结果

< 114 >

6.1.6 实例：清凉夏日主题宣传

1. 页面结构简图

本实例是一个关于清凉夏日的主题宣传页面。该页面主要由<div>块元素、图片标签、标题标签和段落标签构成。清凉夏日主题宣传页面结构简图如图 6.3 所示。

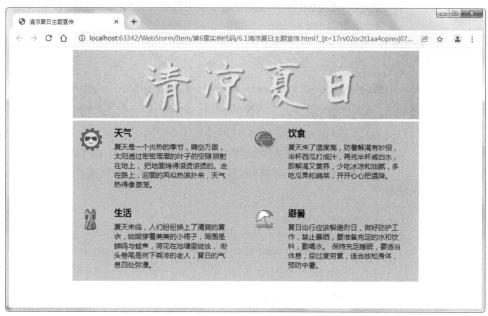

图6.3 清凉夏日主题宣传页面结构简图

2. 代码实现

（1）主体结构代码

新建一个 HTML 文件，以外链方式在该文件中引入 CSS 文件。首先在<body>标签中定义父元素块，并添加 id 属性 "summer"；然后在父元素块中添加子元素块，并分别为其添加 class 属性，将页面分为头部和主体部分。

【例6.3】清凉夏日主题宣传。

```
1.   <!DOCTYPE html>
2.   <html lang="en">
3.   <head>
4.       <meta charset="UTF-8">
5.       <title>清凉夏日主题宣传</title>
6.       <link type="text/css" rel="stylesheet" href="theme.css">
7.   </head>
8.   <body>
9.   <!-- 夏日主题 -->
10.  <div id="summer">
11.      <!-- 头部 -->
12.      <div class="header"><img class="bg" src="../image/theme.jpg" alt> </div>
13.      <!-- 主体 -->
14.      <div id="main" class="clearfix">
15.          <!-- 特色模块 1 -->
```

< 115 >

```
16.        <div id="feature-1">
17.            <!-- 左部图标 -->
18.            <div class="ficon-1"><img class="img1" src="../image/sun.png" alt> </div>
19.            <!-- 特色详情 -->
20.            <div class="details-1">
21.                <h3 class="t1">天气</h3>
22.                <p>夏天是一个炎热的季节，晴空万里，太阳透过密密层层的叶子的空隙照射在地上，
23.                    把地面烤得滚烫滚烫的。走在路上，迎面的风似热浪扑来，天气热得像蒸笼。</p>
24.            </div>
25.        </div>
26.        <div id="feature-2">
27.            <div class="ficon-2"><img class="img2" src="../image/water.png" alt>
    </div>
28.            <div class="details-2">
29.                <h3 class="t2">饮食</h3>
30.                <p>夏天来了温度高，防暑解渴有妙招，半杯西瓜打成汁，再兑半杯咸白水，
31.                    即解渴又营养，少吃冰凉和油腻，多吃瓜果和蔬菜，开开心心把温降。</p>
32.            </div>
33.        </div>
34.        <div class="clear"></div>
35.        <div id="feature-3">
36.            <div class="ficon-3"><img class="img3" src="../image/skirt.png" alt>
    </div>
37.            <div class="details-3">
38.                <h3 class="t3">生活</h3>
39.                <p>夏天来临，人们纷纷换上了清爽的夏衣，姑娘穿着美美的小裙子，周围是蝉鸣与蛙声，
    荷花在池塘里绽放，街头巷尾是树下乘凉的老人，夏日的气息四处弥漫。</p>
40.            </div>
41.        </div>
42.        <div id="feature-4">
43.            <div class="ficon-4"><img class="img4" src="../image/san.png"> </div>
44.            <div class="details-4">
45.                <h3 class="t4">避暑</h3>
46.                <p>夏日出行应该躲避烈日，做好防护工作，禁止暴晒，要准备充足的水和饮料，勤喝水。
    保持充足睡眠，要适当休息，忌过度劳累，适当放松身体，预防中暑。</p>
47.            </div>
48.        </div>
49.    </div>
50. </div>
51. </body>
52. </html>
```

在例 6.3 的代码中，页面主要分为 2 个部分：头部是 1 张背景图片；主体部分是 4 个特色模块，在每个特色模块中，左部是 1 个图标，右部是特色详情，由标题和段落文字构成。

（2）CSS 代码

新建一个 CSS 文件 theme.css，在该文件中加入 CSS 代码，设置页面样式。具体代码如下所示。

```
1.  /* 清除页面默认边距 */
2.  *{
3.      margin: 0;
4.      padding: 0;
```

< 116 >

```
5.    }
6.    /* 设置夏日主题页面 */
7.    #summer{
8.        width: 750px;
9.        margin: 5px auto;
10.   }
11.   /* 设置头部以及头部图片大小 */
12.   .header,.bg{
13.       width: 750px;
14.       height: 146px;
15.   }
16.   /* 设置页面主体部分 */
17.   #main{
18.       width: 750px;
19.       background-color: #c5d599;
20.       margin-top: 5px;
21.   }
22.   /* 使用伪元素清除浮动 */
23.   .clearfix::after{
24.       content: "";
25.       display: block;
26.       clear: both;
27.   }
28.   /* 设置特色模块 1 和特色模块 2 左浮动 */
29.   #feature-1,#feature-2{
30.       float: left;
31.   }
32.   /* 使用空标签，清除特色模块 1 和特色模块 2 左浮动带来的影响 */
33.   .clear{
34.       clear: both;
35.   }
36.   /* 设置特色模块 3 和特色模块 4 左浮动 */
37.   #feature-3,#feature-4{
38.       float: left;
39.   }
40.   /* 统一设置 4 个特色模块 */
41.   #feature-1,#feature-2,#feature-3,#feature-4{
42.       width: 375px;
43.       height: 170px;
44.       position: relative;  /* 设置相对定位 */
45.   }
46.   /* 统一设置 4 个特色模块中的左部图标 */
47.   .ficon-1 img,.ficon-2 img,.ficon-3 img,.ficon-4 img{
48.       width: 50px;
49.       height: 50px;
50.       position: absolute;   /* 设置绝对定位 */
51.       left: 15px;      /* 设置偏移位置 */
52.       top: 15px;
53.   }
54.   /* 统一设置 4 个特色模块中的特色详情部分 */
55.   .details-1,.details-2,.details-3,.details-4{
56.       width: 250px;
```

< 117 >

```
57.        /* 设置左外边距和上外边距 */
58.        margin-left: 90px;
59.        margin-top: 12px;
60.    }
61.    /* 统一设置 4 个特色详情部分中的文字标题 */
62.    .t1,.t2,.t3,.t4{
63.        width: 45px;
64.    }
65.    /* 统一设置 4 个特色详情部分中的段落文字 */
66.    p{
67.        font-size: 15px;
68.        padding-top: 8px;    /* 设置上内边距 */
69.    }
70.    /* 鼠标指针放至头部标签内容上时的背景图片 */
71.    .header:hover .bg{
72.        transform: scale(0.95);  /* 背景图片缩小至原来的 0.95 */
73.    }
74.    /* 鼠标指针放至 "ficon-1" <div>块元素标签内容上时的内部图片 */
75.    .ficon-1:hover .img1{
76.        transform-origin:left top; /* 以左上角为原点进行转换 */
77.        transform: scale(1.1) rotate(30deg); /* 图片先放大至原来的 1.1 倍，再顺时针旋转 30 度 */
78.    }
79.    /* 鼠标指针放至 "ficon-2" <div>块元素标签内容上时的内部图片 */
80.    .ficon-2:hover .img2{
81.        transform-origin:right bottom; /* 以右下角为原点进行转换 */
82.        transform: scale(1.1) rotate(-30deg); /* 图片先放大至原来的 1.1 倍，再逆时针旋转 30 度 */
83.    }
84.    /* 鼠标指针放至 "ficon-3" <div>块元素标签内容上时的内部图片 */
85.    .ficon-3:hover .img3{
86.        transform-origin:20% 30%; /* 以距离左侧 20%和距离顶部 30%的点为原点进行转换 */
87.        transform: scale(1.1) rotate(30deg); /* 图片先放大至原来的 1.1 倍，再顺时针旋转 30 度 */
88.    }
89.    /* 鼠标指针放至 "ficon-4" <div>块元素标签内容上时的内部图片 */
90.    .ficon-4:hover .img4{
91.        transform: scale(1.1) rotate(-30deg); /* 图片先放大至原来的 1.1 倍，再逆时针旋转 30 度 */
92.    }
93.    /* 鼠标指针放至 "details-1" <div>块元素标签内容上时的内部文字标题 */
94.    #feature-1:hover .t1{
95.        transform: translate(102px); /* 文字标题向右位移 102px */
96.    }
97.    /* 鼠标指针放至 "details-2" <div>块元素标签内容上时的内部文字标题 */
98.    #feature-2:hover .t2{
99.        transform: translate(102px); /* 文字标题向右位移 102px */
100.    }
101.    /* 鼠标指针放至 "details-3" <div>块元素标签内容上时的内部文字标题 */
102.    #feature-3:hover .t3{
103.        transform: translate(102px); /* 文字标题向右位移 102px */
104.    }
105.    /* 鼠标指针放至 "details-4" <div>块元素标签内容上时的内部文字标题 */
```

< 118 >

```
106.        #feature-4:hover .t4{
107.            transform: translate(102px); /* 文字标题向右位移 102px */
108.        }
```

上述 CSS 代码在设置页面主体部分的转换效果时，首先统一为 4 个特色详情模块设置相对定位，再统一为 4 个特色详情模块中的左部图标设置绝对定位，使用位置属性设置图标的具体位置；然后统一设置右部的特色详情介绍，并具体实现元素转换效果。当鼠标指针放至头部标签内容上时，设置背景图片缩小为原来的 0.95；当鼠标指针分别放至 4 个特色模块中的左部图标上时，改变原点位置，设置图片先放大为原来的 1.1 倍，再朝不同方向旋转 30 度；当鼠标指针放至特色详情介绍的内容上时，设置文字标题向右位移 102px。

6.2　动画效果

随着前端技术的不断升级，在网页上实现动画效果的方式也越来越丰富。其中，CSS3 的 animation 属性可直接实现动画效果，取代许多网页的动画图像和 Flash 动画，以及 JavaScript 实现的效果。animation 动画效果不需要触发任何事件，就可以显式地随时间变化来改变元素的 CSS 属性。animation 动画效果主要由 keyframes（关键帧）、animation 属性和 CSS 属性 3 个部分组成，资源占用少，不仅节省内存空间，还使网页更具有灵动性。

6.2.1　@keyframes 规则

@keyframes 规则用于创建动画。在@keyframes 规则中规定 CSS 样式，就能实现由当前样式逐渐变为新样式的动画效果。

1. 设置方式

在动画过程中，CSS 样式可以多次更改。动画过程有两种设置方式，一种是使用关键字 from 和 to，另一种是使用百分比。

在创建动画时，我们通常以百分比来规定变化发生的时间，0%是开头动画，100%是结束动画，0%对应的是 from，100%对应的是 to。

2. 语法格式

@keyframes 规则的语法格式如下所示。

```
@keyframes 动画名称{
    from {CSS 样式}
    to {CSS 样式}
}
```

    或

```
@keyframes 动画名称{
    0%{CSS 样式}
    ...
    100%{CSS 样式}
}
```

< 119 >

一个@keyframes 规则可以由多个百分比构成，即 0%和 100%之间可以有多个百分比，为每个百分比设置不同的 CSS 样式，可实现更具细节的样式变化，使动画效果更细腻。

6.2.2　animation 属性

animation 属性通过定义多个关键帧以及定义每个关键帧中的元素属性来实现复杂的动画效果。animation 属性是一个简写属性，主要包含 animation-name、animation-duration、animation-timing-function、animation-delay、animation-iteration-count、animation-direction、animation-fill-mode 和 animation-play-state 这 8 个子属性。接下来将具体介绍这 8 个子属性。

1．animation-name 属性

animation-name 属性表示动画的名称，也是需要绑定到选择器的 keyframes 名称，可以通过关键帧样式来找到对应的动画名称。animation-name 属性的语法格式如下所示。

```
animation-name: keyframename | none;
```

2．animation-duration 属性

animation-duration 属性表示动画的持续时间，单位可以设置成 s（秒）或 ms（毫秒）。animation-duration 属性的语法格式如下所示。

```
animation-duration: time;
```

animation-duration 属性的默认值是 0，这意味着没有动画效果，因此要创建动画必须设置动画的持续时间。

3．animation-timing-function 属性

animation-timing-function 属性表示动画的速度曲线，指定动画将如何完成一个周期。animation-timing-function 属性的语法格式如下所示。

```
animation-timing-function: value;
```

animation-timing-function 属性值如表 6.5 所示。

表 6.5　animation-timing-function 属性值

属性值	说明
ease	默认值。动画以低速开始，然后加快，在结束前变慢
linear	匀速。动画从头到尾的速度是相同的
ease-in	动画以低速开始
ease-out	动画以低速结束
ease-in-out	动画以低速开始和结束
cubic-bezier(n,n,n,n)	cubic-bezier()函数实现贝塞尔曲线。n 的取值范围是 0～1
step-start	在变化过程中，都是以下一帧的显示效果来填充间隔动画
step-end	在变化过程中，都是以上一帧的显示效果来填充间隔动画
steps()	可传入两个参数，第一个是大于 0 的整数，将动画等分成指定数目的小间隔动画，根据第二个参数来决定显示效果。第二个参数设置后和 step-start、step-end 同义，用于指定小间隔动画中的显示效果

< 120 >

animation 属性提供了 cubic-bezier() 函数，可实现贝塞尔曲线。贝塞尔曲线是应用于二维图形应用程序的数学曲线，可以通过贝塞尔官网来获取想要设置的样式。

4．animation-delay 属性

animation-delay 属性表示动画的延迟时间，默认值为 0，单位是 s（秒）或 ms（毫秒）。animation-delay 属性的语法格式如下所示。

```
animation-delay: time;
```

动画延迟时间可以是负数，动画效果会从相应时间点开始，之前的动作不执行。例如，将 animation-delay 属性值设置为-2 时，动画会马上开始，并直接跳过前 2 秒，即前 2 秒的动画不执行。

5．animation-iteration-count 属性

animation-iteration-count 属性表示动画的执行次数。animation-iteration-count 属性的语法格式如下所示。

```
animation-iteration-count: number | infinite;
```

animation-iteration-count 属性值如表 6.6 所示。

表 6.6　animation-iteration-count 属性值

属性值	说明
number	一个数值，定义应该播放多少次动画
infinite	指定动画应该播放无限次，即动画执行无限次

6．animation-direction 属性

animation-direction 属性表示是否轮流反向播放动画。animation-direction 属性的语法格式如下所示。

```
animation-direction: normal | reverse | alternate | alternate-reverse ;
```

animation-direction 属性值如表 6.7 所示。

表 6.7　animation-direction 属性值

属性值	说明
normal	默认值。动画正常播放
reverse	动画反向播放
alternate	动画在第奇数次（1,3,5…）正向播放，在第偶数次（2,4,6…）反向播放
alternate-reverse	动画在第奇数次（1,3,5…）反向播放，在第偶数次（2,4,6…）正向播放

值得注意的是，如果动画被设置为只播放 1 次，则该属性将不起作用。动画循环播放时，每次都是从结束状态跳回初始状态，再开始播放，而 animation-direction 属性可以重写该行为。

7．animation-fill-mode 属性

animation-fill-mode 属性控制动画停止位置。在正常情况下，动画结束后会回到初始状态，可通过 animation-fill-mode 属性设置动画结束时的停止位置。animation-fill-mode 属性的语法格式如下所示。

```
animation-fill-mode : none | forwards | backwards | both;
```

animation-fill-mode 属性值如表 6.8 所示。

< 121 >

表 6.8　animation-fill-mode 属性值

属性值	说明
none	默认值。动画在执行之前和执行之后不会应用任何样式
forwards	动画停止在结束状态，即停止在最后一帧
backwards	动画回到初始状态

animation-fill-mode 属性值设置为 backwards 时，要参考 animation-direction 属性值。当 animation-direction 属性值为 normal 或 alternate 时，动画回到初始状态；当 animation-direction 属性值为 reverse 或 alternate-reverse 时，动画停止在最后一帧。

8．animation-play-state 属性

animation-play-state 属性定义动画的播放状态。animation-play-state 属性的语法格式如下所示。

```
animation-play-state: paused | running ;
```

animation-play-state 属性值如表 6.9 所示。

表 6.9　animation-play-state 属性值

属性值	说明
paused	表示暂停动画
running	默认值。表示播放动画

一般情况下通过 JavaScript 方式控制动画的暂停和播放。

animation 属性的简写语法格式如下所示。

```
animation: name duration timing-function delay iteration-count direction fill-mode
play-state;
```

值得注意的是，定义动画时，必须定义动画的名称和动画的持续时间。如果省略持续时间，则 animation-duration 属性值默认为 0，动画将无法执行。

6.2.3　浏览器前缀

由于浏览器厂商众多，一些新出现的 CSS3 属性在不同的浏览器上会遇到兼容问题。为了解决这一问题，可在这些 CSS3 属性上添加浏览器前缀，来确保该属性只在特定的浏览器渲染引擎下被识别和生效。常见的浏览前缀如表 6.10 所示。

表 6.10　常见的浏览器前缀

浏览器	内核	前缀
Chrome 和 Safari	WebKit 内核	-webkit-
Firefox	Gecko 内核	-moz-
IE	Trident 内核	-ms-
Opera	Presto 内核	-o-

浏览器内核就是浏览器所采用的渲染引擎，渲染引擎决定了浏览器如何显示网页的内容以及格式信息。不同的浏览器内核对网页编写语法的解释会有不同，因此同一网页在不同内核的浏览器里的渲染（显示）效果也可能不同，这是网页编写者需要在不同内核的浏览器中测试网页显示效果的

< 122 >

原因。

　　IE10 和 Firefox 16 及以上版本支持没有前缀的 animation 属性，Firefox 16 以下版本使用-moz-前缀。由于现在 Firefox 浏览器的版本通常不低，因此 Firefox 浏览器可以直接使用没有前缀的 animation 属性，但是 Chrome、Safari 和 Opera 浏览器不支持没有前缀的 animation 属性，因此 animation 属性需使用-webkit-前缀。使用浏览器前缀示例如下所示。

```
@-webkit-keyframes myAnim{
  0% { background: #f00; }
  50% { background: #0f0; }
  100% { background: yellowgreen; }
}
```

6.2.4　实例：无缝轮播图动画

1. 页面结构简图

　　本实例是一个关于清凉夏日主题背景的浏览动画页面。该页面主要由<div>块元素、无序列表、内联元素、图片标签和标题标签构成。其页面结构简图如图 6.4 所示。

图 6.4　无缝轮播图动画页面结构简图

2. 代码实现

（1）主体结构代码

　　新建一个 HTML 文件，以外链方式在该文件中引入 CSS 文件。首先在<body>标签中定义父元素块，并添加 id 属性 "cartoon"；然后在父元素块中添加无序列表。

　　【例 6.4】无缝轮播图动画。

```
1.  <!DOCTYPE html>
2.  <html lang="en">
3.  <head>
4.      <meta charset="UTF-8">
5.      <title>无缝轮播图动画</title>
6.      <link type="text/css" rel="stylesheet" href="animation.css">
7.  </head>
8.  <body>
```

< 123 >

```
9.    <h3>清凉夏日主题浏览</h3>
10.  <div id="cartoon">
11.      <ul class="picture">
12.          <li><span>1</span><img src="../image/summer-1.jpg" alt=""></li>
13.          <li><span>2</span><img src="../image/summer-2.jpg" alt=""></li>
14.          <li><span>3</span><img src="../image/summer-3.jpg" alt=""></li>
15.          <li><span>4</span><img src="../image/summer-4.jpg" alt=""></li>
16.          <li><span>5</span><img src="../image/summer-5.jpg" alt=""></li>
17.          <li><span>6</span><img src="../image/summer-6.jpg" alt=""></li>
18.      </ul>
19.  </div>
20.  </body>
21.  </html>
```

在例 6.4 的代码中，无序列表共有 6 个列表项目，每个列表项目中有 1 个内联元素，用以设置图片的圆角序号，以及插入 1 张主题背景图片。

（2）CSS 代码

新建一个 CSS 文件 animation.css，在该文件中加入 CSS 代码，设置页面样式。具体代码如下所示。

```
1.   /* 清除页面默认边距 */
2.   *{
3.       margin: 0;
4.       padding: 0;
5.   }
6.   /* 设置页面标题 */
7.   h3{
8.       text-align: center;    /* 文本居中 */
9.       padding: 10px 0;    /* 设置上下内边距 */
10.  }
11.  /* 设置外层容器 */
12.  #box{
13.      width: 650px;
14.      height: 300px;
15.      margin: 10px auto;
16.      overflow: hidden;    /* 隐藏溢出的内容部分 */
17.  }
18.  /* 设置内层容器 */
19.  .picture{
20.      width: 3900px;
21.      height: 300px;
22.      list-style: none;    /* 取消项目标记 */
23.  }
24.  /* 设置列表项目与图片的宽度和高度相同 */
25.  .picture>li,img{
26.      width: 650px;
27.      height: 300px;
28.  }
29.  /* 设置列表项目 */
30.  .picture>li{
31.      float: left;    /* 向左浮动 */
32.      position: relative;    /* 设置相对定位 */
```

< 124 >

```
33.        animation: summer 22s ease 2s infinite alternate;    /* 设置动画效果 */
34.        -webkit-animation: summer 22s ease 2s infinite alternate;    /* 添加浏览器前缀，
       兼容浏览器 */
35.    }
36.    /* 设置图片中右下角的序号 */
37.    span{
38.        width: 18px;
39.        height: 18px;
40.        line-height: 18px;
41.        text-align: center;
42.        font-size: 16px;
43.        color: #FF3300;
44.        display: inline-block;    /* 转化为内联块元素 */
45.        border: 1px solid #FF3300;    /* 设置边框样式 */
46.        border-radius: 50%;    /* 设置圆角 */
47.        position: absolute;    /* 设置绝对定位 */
48.        right: 70px;    /* 设置偏移位置 */
49.        bottom: 20px;
50.    }
51.    /* 使用@keyframes 规则创建动画 */
52.    @keyframes summer {
53.        0%{left: 0}
54.        20%{left: -650px}
55.        45%{left: -1300px}
56.        60%{left: -1950px}
57.        80%{left: -2600px}
58.        100%{left: -3250px}
59.    }
60.    @-webkit-keyframes summer {
61.        0%{left: 0}
62.        20%{left: -650px}
63.        45%{left: -1300px}
64.        60%{left: -1950px}
65.        80%{left: -2600px}
66.        100%{left: -3250px}
67.    }
```

上述 CSS 代码首先使用 overflow 属性隐藏外层容器溢出的内容部分，再设置内层容器中的无序列表，使用 float 属性将 6 个列表项目设置为向左浮动，并添加相对定位，以及使用 animation 属性设置动画效果；然后设置背景图片中的右下角序号，为内联元素添加绝对定位，使用位置属性设置图标的具体位置；最后使用@keyframes 规则创建动画，配合 animation 属性实现动画效果。

6.3 实现过渡和 3D 转换

6.3.1 transition 属性

CSS3 的 transition 属性允许 CSS 的属性值在一定的时间区间内平滑地过渡。这种效果可以在鼠标单击、鼠标移过、获得焦点或对元素的任何改变中触发，即平滑地以动画效果改变 CSS 的属性值。

< 125 >

transition 属性是一个简写属性，主要包含 transition-property、transition-duration、transition-timing-function 和 transition-delay 这 4 个子属性。接下来将具体介绍这 4 个子属性。

1．transition-property 属性

transition-property 属性规定设置过渡效果的 CSS 属性的名称，也就是表明需要对元素的哪一个属性进行过渡操作。transition-property 属性的语法格式如下所示。

```
transition-property: none | all | property ;
```

transition-property 属性值如表 6.11 所示。

表 6.11　transition-property 属性值

属性值	说明
none	表示没有属性获得过渡效果
all	表示所有属性获得过渡效果
property	定义应用过渡效果的 CSS 属性的名称列表，名称以 "," （逗号）分隔

2．transition-duration 属性

transition-duration 属性表示过渡的持续时间，单位可以设置成 s（秒）或 ms（毫秒）。transition-duration 属性的语法格式如下所示。

```
transition-duration: time;
```

3．transition-timing-function 属性

transition-ziming-function 属性表示过渡的速度曲线，指定过渡将如何完成一个周期。transition-timing-function 属性的语法格式如下所示。

```
transition-timing-function: value;
```

transition-timing-function 属性与 animation-timing-function 属性的动画形式完全一样，属性取值相同，默认值为 ease。

4．transition-delay 属性

transition-delay 属性表示过渡的延迟时间，默认值为 0，单位是 s（秒）或 ms（毫秒）。transition-delay 属性的语法格式如下所示。

```
transition-delay: time;
```

过渡延迟时间可以是正数或负数，transition-delay 属性与 animation-delay 属性的效果完全一样。

5．过渡效果与动画效果的区别

transition 属性和 animation 属性都能在网页上实现动态效果，但它们之间是存在差异的，具体有以下 4 点。

（1）transition 属性实现过渡需要事件触发，无法在网页加载时自动发生。animation 属性实现动画不需要事件触发。

（2）transition 属性实现过渡是一次性的，不能重复发生，除非再次触发。animation 属性实现动画能执行无限次。

（3）transition 属性实现过渡只有两个状态，即初始状态和结束状态，不能定义中间状态。animation 属性实现动画可定义多个状态。

< 126 >

（4）transition 属性实现过渡只能定义一个属性的变化，不能涉及多个属性。animation 属性实现动画能定义多个属性的变化。

了解过渡效果和动画效果之间的区别，在设计网页的过程中就可以选择更合适的方式来实现动画效果。

6.3.2　3D 转换属性

CSS3 的 3D 转换与 2D 转换类似，2D 转换元素可以在平面内进行位置或形状的转换，而 3D 转换元素可以在三维空间（也就是立体空间）内进行位置或形状的转换，具有更丰富的视觉效果。3D 对应坐标轴的 3 个轴，即 x 轴、y 轴、z 轴，其中 x 表示左右，y 表示上下，z 表示前后，这样就形成了视觉立体感。

3D 转换主要有 perspective、transform-style、perspective-origin 和 backface-visibility 这 4 个属性。接下来将具体介绍这 4 个属性。

1．perspective 属性

perspective 属性规定 3D 元素的透视效果。perspective 属性可以简单理解为视距，用来设置视点和元素所在的三维空间 z 平面之间的距离。属性值越小，用户与该平面距离越近，透视效果越令人印象深刻；反之，属性值越大，用户与该平面距离越远，透视效果越不明显。

perspective 属性的语法格式如下所示。

```
perspective: number | none ;
```

perspective 属性值如表 6.12 所示。

表 6.12　perspective 属性值

属性值	说明
none	默认值。不设置透视
number	视点和 $z=0$ 平面之间的距离，单位为 px

当为元素定义 perspective 属性时，其子元素会获得透视效果，而不是元素本身。值得注意的是，perspective 属性只影响 3D 转换元素。

2．transform-style 属性

transform-style 属性规定被嵌套元素如何在三维空间中显示。transform-style 属性的语法格式如下所示。

```
transform-style: flat | preserve-3d ;
```

transform-style 属性值为 flat 和 preserve-3d，如表 6.13 所示。

表 6.13　transform-style 属性值

属性值	说明
flat	表示所有子元素在平面内呈现
preserve-3d	表示所有子元素在三维空间中呈现

transform-style 属性需要设置在父元素中，并且高于任何嵌套的变形元素。

< 127 >

3．perspective-origin 属性

perspective-origin 属性定义 3D 元素所基于的 x 轴和 y 轴，即设置 3D 元素的基点位置，允许改变 3D 元素的底部位置。perspective-origin 属性的语法格式如下所示。

```
perspective-origin: x-axis y-axis;
```

perspective-origin 属性与 transform-origin 属性的取值相似，可参考 transform-origin 属性值。值得注意的是，perspective-origin 属性必须定义在父元素上，需要与 perspective 属性一同使用，以便将视点移至元素的中心以外位置。

4．backface-visibility 属性

backface-visibility 属性定义元素不面向屏幕时是否可见，即元素旋转后背面是否可见。backface-visibility 属性的语法格式如下所示。

```
backface-visibility: visible | hidden
```

backface-visibility 属性值如表 6.14 所示。

表 6.14　backface-visibility 属性值

属性值	说明
visible	表示背面是可见的
hidden	表示背面是不可见的

6.3.3　3D 旋转方法

3D 转换使用基于 2D 转换的方法。首先介绍 3D 旋转的 rotate() 方法。CSS3 中的 3D 旋转主要使用 rotateX()、rotateY()、rotateZ() 和 rotate3d() 这 4 个功能函数，如表 6.15 所示。

表 6.15　3D rotate() 方法

3D rotate() 方法	说明
rotateX(a)	元素以 x 轴为旋转轴，从下往上旋转。rotateX(a) 函数功能等同于 rotate3d(1,0,0,a)
rotateY(a)	元素以 y 轴为旋转轴，从左往右旋转。rotateY(a) 函数功能等同于 rotate3d(0,1,0,a)
rotateZ(a)	元素以 z 轴为旋转轴，顺时针旋转。rotateZ(a) 函数功能等同于 rotate3d(0,0,1,a)
rotate3d(x,y,z,a)	表示围绕自定义旋转轴进行旋转

rotate3d(x,y,z,a) 中的参数说明如下。

x 是一个 0～1 的数值，主要用来描述元素围绕 x 轴旋转的矢量值。

y 是一个 0～1 的数值，主要用来描述元素围绕 y 轴旋转的矢量值。

z 是一个 0～1 的数值，主要用来描述元素围绕 z 轴旋转的矢量值。

a 是一个角度值，主要用来指定元素在三维空间旋转的角度。其值为正值，元素顺时针旋转；其值为负值，元素逆时针旋转。

6.3.4　3D 其他转换方法

在 CSS3 中，3D 位移主要使用 translateZ() 和 translate3d() 这 2 个功能函数，3D 缩放主要使用 scaleZ()

< 128 >

和 scale3d()这 2 个功能函数。接下来具体介绍。

1．3D 位移方法

3D 位移可使元素在三维空间里进行移动，3D translate()方法如表 6.16 所示。

表 6.16　3D translate()方法

3D translate()方法	说明
translateZ()	元素在 z 轴上进行位移，其效果等同于缩放
translate3d(x,y,z)	元素在三维空间里移动，使用三维向量坐标定义元素在每个方向的位移

translate3d(x,y,z)中的参数说明如下。

x 通常为像素值，表示元素在三维空间里沿 x 轴进行位移。

y 通常为像素值，表示元素在三维空间里沿 y 轴进行位移。

z 通常为像素值，表示元素在三维空间里沿 z 轴进行位移，视觉效果如同以坐标轴原点为基准放大或缩小。

2．3D 缩放方法

3D 缩放主要使用 scaleZ()和 scale3d()这 2 个功能函数。3D scale()方法如表 6.17 所示。

表 6.17　3D scale()方法

3D scale()方法	说明
scaleZ()	元素在 z 轴上按比例缩放。默认值为 1，没有任何效果
scale3d(x,y,z)	元素在三维空间里按比例在坐标轴各方向上进行缩放

scale3d(x,y,z)中的参数说明如下。

x 为数值，表示元素在三维空间里以 y 轴为基准，在 x 轴方向上放大或缩小，即左右放大或缩小。

y 为数值，表示元素在三维空间里以 x 轴为基准，在 y 轴方向上放大或缩小，即上下放大或缩小。

z 为数值，没有效果，看不出变化。

scaleZ()和 scale3d()单独使用时没有任何效果，需要配合其他转换方法使用才会有效果。

6.3.5　实例：旋转夏日主题背景

1．页面结构简图

本实例是一个关于清凉夏日主题背景的 3D 旋转页面。该页面主要由<div>块元素、无序列表和标题标签构成。旋转夏日主题背景的页面结构简图如图 6.5 所示。

2．代码实现

（1）主体结构代码

新建一个 HTML 文件，以外链方式在该文件中引入 CSS 文件。首先在<body>标签中定义父元素块，并添加 id 属性"rotate"；然后在父元素块中添加无序列表。

< 129 >

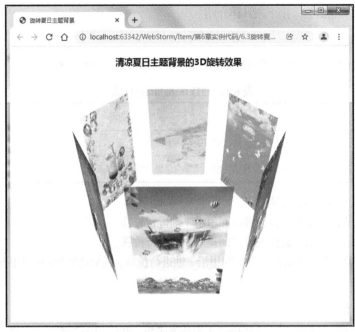

图 6.5　旋转夏日主题背景页面结构简图

【例 6.5】旋转夏日主题背景。

```
1.    <!DOCTYPE html>
2.    <html lang="en">
3.    <head>
4.        <meta charset="UTF-8">
5.        <title>旋转夏日主题背景</title>
6.        <link type="text/css" rel="stylesheet" href="transition.css">
7.    </head>
8.    <body>
9.    <div id="rotate">
10.       <h3>清凉夏日主题背景的 3D 旋转效果</h3>
11.       <ul class="photo">
12.           <li><img src="../image/theme-1.jpg" alt=""></li>
13.           <li><img src="../image/theme-2.jpg" alt=""></li>
14.           <li><img src="../image/theme-3.jpg" alt=""></li>
15.           <li><img src="../image/theme-4.jpg" alt=""></li>
16.           <li><img src="../image/theme-5.jpg" alt=""></li>
17.           <li><img src="../image/theme-6.jpg" alt=""></li>
18.       </ul>
19.   </div>
20.   </body>
21.   </html>
```

在例 6.5 的代码中，无序列表共有 6 个列表项目，每个列表项目中插入 1 张主题背景图片，用以设置旋转效果。

（2）CSS 代码

新建一个 CSS 文件 transition.css，在该文件中加入 CSS 代码，设置页面样式。具体代码如下所示。

```
1.    /* 清除页面默认边距 */
```

< 130 >

```
2.    *{
3.        margin: 0;
4.        padding: 0;
5.    }
6.    /* 设置整个页面 */
7.    #rotate{
8.        perspective: 600px;    /* 为页面添加视距 */
9.        margin: 10px auto;
10.   }
11.   /* 设置页面标题 */
12.   h3{
13.       text-align: center;    /* 文本居中 */
14.       padding: 10px 0;    /* 设置上下内边距 */
15.   }
16.   /* 设置整个图片背景 */
17.   .photo{
18.       width: 580px;
19.       height: 420px;
20.       list-style: none;    /* 取消列表项目标记 */
21.       margin: 10px auto;
22.       position: relative;    /* 添加相对定位 */
23.       transform: rotateX(-35deg) rotateY(0deg);    /* 转换整个图片背景 */
24.       -webkit-transform: rotateX(-35deg) rotateY(0deg);
25.       /* 使用 transform-style 属性使其子元素也具有 3D 效果 */
26.       transform-style: preserve-3d;
27.       -webkit-transform-style: preserve-3d;
28.       /* 添加过渡监听 */
29.       transition: all 25s linear;
30.       -webkit-transition: all 25s linear 1s;
31.   }
32.   .photo>li,img{
33.       width: 150px;
34.       height: 250px;
35.   }
36.   /* 统一设置每个列表项目 */
37.   .photo>li{
38.       /* 绝对定位到正中心 */
39.       position:absolute;
40.       left: 0;
41.       right: 0;
42.       top: 0;
43.       bottom: 0;
44.       margin:auto ;
45.   }
46.   /* 依次设置每个背景图片（列表项目）*/
47.   .photo>li:nth-child(1){
48.       /* 6 张图片先在原位置（正中心）旋转再依次进行位移，实现旋转效果 */
49.       transform: rotateY(0) translateZ(180px);
50.   }
51.   .photo>li:nth-child(2){
52.       transform: rotateY(60deg) translateZ(180px);
```

< 131 >

```
53.  }
54.  .photo>li:nth-child(3){
55.      transform: rotateY(120deg) translateZ(180px);
56.  }
57.  .photo>li:nth-child(4){
58.      transform: rotateY(180deg) translateZ(180px);
59.  }
60.  .photo>li:nth-child(5){
61.      transform: rotateY(240deg) translateZ(180px);
62.  }
63.  .photo>li:nth-child(6){
64.      transform: rotateY(300deg) translateZ(180px);
65.  }
66.  /* 当鼠标指针放至整个背景上时，旋转背景图片 */
67.  .photo:hover{
68.      transform: rotateX(-35deg) rotateY(3000deg);
69.  }
```

上述 CSS 代码首先设置整个图片背景（无序列表块），为其添加相对定位，并使用 transform 属性对整个图片背景进行 3D 旋转，再使用 transform-style 属性使其子元素也具有 3D 效果，接着添加 transition 属性，实现过渡效果；然后统一为每个图片背景（列表项目）添加绝对定位，使用位置属性和 margin 属性将其定位到正中心；最后依次设置 6 张图片，先在原位置（正中心）旋转，再依次进行位移，实现 3D 旋转效果。

6.4 本章小结

本章重点讲述如何使用 CSS3 的属性和方法在网页中实现 CSS3 动画，主要介绍了 2D 转换、动画效果、过渡和 3D 转换等。

通过本章内容的学习，读者能够掌握 CSS3 动画的制作，灵活选用不同的动画实现方法，在网页中呈现多元化的动画效果。

6.5 习题

1. 填空题

（1）2D 转换主要有_____、_____、_____和_____4 种转换方法。

（2）原点的改变对于位移_____。

（3）当角度值为正数时，元素朝_____方向倾斜；当角度值为负数时，元素朝_____方向倾斜。

（4）动画过程有两种设置方式，一种是使用_____，另一种是使用_____。

（5）animation 属性通过定义_____以及定义_____来实现复杂的动画效果。

2. 选择题

（1）能使动画匀速的属性值是（　　）。

    A. ease-in   B. linear   C. ease-out   D. ease

< 132 >

（2）能使动画结束后回到初始状态的属性值是（　　）。

    A．backwards　　　　B．both　　　　　　C．forwards　　　　D．none

（3）IE 浏览器的浏览器前缀是（　　）。

    A．-webkit-　　　　B．-ms-　　　　　　C．-moz-　　　　　D．-o-

（4）控制 3D 元素的透视效果的属性是（　　）。

    A．perspective　　　　　　　　　　B．perspective-origin

    C．transform-style　　　　　　　　D．backface-visibilitydata

3．思考题

（1）简述浏览器前缀的作用。

（2）简述过渡效果与动画效果的区别。

4．编程题

使用 transform 属性的缩放和旋转方法以及 transition 属性改变图标的样式效果。当鼠标指针移动到图标位置上时，改变图标的背景颜色，图标放大并旋转一定的角度，具体效果如图 6.6 所示。

图 6.6　图标动态效果

< 133 >

第7章 JavaScript 基础应用

本章学习目标

- 熟悉 JavaScript 基础语法。
- 了解定时器的使用。
- 掌握 DOM 基本操作方法。
- 掌握 JavaScript 的基础应用方法。

JavaScript 基础应用

JavaScript 在网页开发中的应用是十分广泛的，网页中的许多动态功能都可以通过 JavaScript 来实现，为用户呈现出简洁美观的网页效果，提升用户体验。

7.1 JavaScript 基础语法

7.1.1 创建对象

JavaScript 是一个无序集合，集合中的所有事物都是对象，如字符串、数值、数组、函数等。每个对象带有属性和方法。对象的属性反映事物的特征，如年龄、身高等。对象的方法反映事物的行为，如吃饭、睡觉等。

对象有 4 种创建方式，分别为字面量方式创建对象、new Object()创建对象、工厂函数创建对象和自定义构造函数创建对象。接下来将介绍这 4 种方式。

1. 字面量方式创建对象

字面量方式创建对象是一种简便的方式。具体用法如下所示。

```
var student = {
    name: '张三',
    age: 15,
    play: function(){
        console.log('篮球，排球，足球');
    }
}
```

值得注意的是，以字面量方式创建对象，属性名和属性值（键值对）之间用冒号（:）进行分隔，而属性与属性之间用逗号（,）进行分隔，最后一个属性末尾不需要逗号。

2. new Object()创建对象

new Object()创建对象是先通过 object 构造器新建一个对象，再丰富成员信息。具体用法如下所示。

```
var student = new Object();
  student.name = '张三';
  student.age = 15;
  student.play = function(){
  console.log('篮球, 排球, 足球');
}
```

字面量方式和 new Object()创建对象本质上没有任何区别，都是在内存中创建出一个对象，并能够绑定属性和方法。它们的不足之处是，每创建一个对象，属性和方法都需要重新绑定一份，会产生大量重复的代码。

3. 工厂函数创建对象

工厂函数创建对象是使用函数来创建对象，类似于"工厂模式"，可以大批量地创建同类型的对象。具体用法如下所示。

```
function createStudent(name, age) {
  var student = new Object();
  student.name = nane;
  student.age = age;
  student.play = function(){
  console.log('篮球, 排球, 足球');
}
  return student;
}
var stu1 = createStudent('张三', 15);
var stu2 = createStudent('李四', 16);
stu1.play();
```

工厂函数创建对象虽然解决了重复实例化多个对象的问题，减少了重复代码，但没有解决对象识别的问题，导致对象类型不明确。

4. 自定义构造函数创建对象

自定义构造函数创建对象是通过给构造函数传递不同的参数，调用构造函数来创建不同对象。具体用法如下所示。

```
function Student(name,age){
  this.name = name;
  this.age = age;
  this.play = function(){
    console.log('篮球, 排球, 足球');
  }
}
var stu1 = createStudent('张三', 15);
```

任何函数，只要通过 new 操作符来调用，就可以作为构造函数；如果不用 new 操作符来调用，它就是一个普通函数。构造函数是一种特殊的函数，主要用来初始化对象，即为对象成员变量赋初始值。构造函数要和 new 操作符一同使用才有意义。构造函数用于创建一类对象，为与普通函数进行区分，首字母需要大写。

new 操作符的 4 个作用说明如下。

（1）开辟内存空间，存储新创建的对象。

（2）让 this 指向这个新的对象。

< 135 >

（3）执行构造函数，为新对象添加属性和方法。

（4）返回新创建的对象。

构造函数中 this 的 4 个特点说明如下。

（1）在定义函数的时候 this 是不确定的，只有在调用函数的时候才能明确其指向。

（2）一般函数直接执行，内部 this 指向全局 window 对象。

（3）函数作为一个对象的方法被该对象所调用时，this 指向的是该对象。

（4）构造函数中的 this 其实是一个隐式对象，类似一个初始化的模型，所有方法和属性都挂载到了这个隐式对象上，后续通过 new 操作符来调用，从而实现实例化对象的使用。

7.1.2　JavaScript 函数

函数是指处理某一逻辑的代码集合，当被调用时可以重复执行，是计算机编程中非常重要的语法结构。

定义函数的基本语法格式如下所示。

```
function 函数名(参数1,参数2,…){
    函数体
}  //定义函数
函数名(参数1,参数2,…)  //调用函数
```

在上述语法中，function 为固定写法，函数名为自定义字符，中间用逗号隔开。小括号与大括号也为固定写法，小括号中的是参数，大括号中的是函数体，即一个代码集合，是用于实现函数功能的语句。

通常在函数中可以不添加参数，也可以添加多个参数，一个函数最多可以有 255 个参数。在定义函数时添加的参数称为形式参数，简称形参；而在调用函数时添加的参数称为实际参数，简称实参。函数调用就是实参赋值给形参的过程。

7.1.3　DOM 获取元素节点

在 JavaScript 中，DOM 获取元素节点的方法有 6 种，分别为通过 id 属性获取元素（getElementById）、通过 name 属性获取元素（getElementsByName）、通过标签名获取元素（getElementsByTagName）、通过类名获取元素（getElementsByClassName）、通过选择器获取一个元素（querySelector）、通过选择器获取一组元素（querySelectorAll）。接下来将具体介绍这 6 种方法。

1．通过 id 获取元素

通过元素的 id 属性，使用 getElementById()方法可以获取指定元素，语法格式如下所示。

```
document.getElementById("ID名")
```

具体用法如下所示。

```
var box=document.getElementById("main")
```

2．通过 name 属性获取元素

通过元素的 name 属性，使用 getElementsByName()方法可以获取指定元素数组，语法格式如下所示。

< 136 >

```
document.getElementsByName("name 属性名")
```

具体用法如下所示。

```
var input1=document.getElementsByName("user")
```

getElementsByName()方法仅用于 Input、Radio、Checkbox 等元素对象。

3．通过标签名获取元素

通过元素的标签名，使用 getElementsByTagName()方法可以获取指定标签名的所有元素，语法格式如下所示。

```
document.getElementsByTagName("标签名")
```

具体用法如下所示。

```
var box1=document.getElementsByTagName("p")
```

4．通过类名获取元素

通过元素的类名，使用 getElementsByClassName()方法可以获取指定类名的所有元素，语法格式如下所示。

```
document.getElementsByClassName("class 类名")
```

具体用法如下所示。

```
var box2=document.getElementsByClassName("info")
```

5．通过选择器获取一个元素

通过元素的选择器，使用 querySelector()方法可以获取指定选择器的一个元素，语法格式如下所示。

```
document.querySelector("选择器")
```

具体用法如下所示。

```
var box3=document.querySelector("#main")
```

6．通过选择器获取一组元素

通过元素的选择器，使用 querySelectorAll()方法可以获取指定选择器的一组元素，语法格式如下所示。

```
document.querySelector("选择器")
```

具体用法如下所示。

```
var box3=document.querySelector(".info")
```

除了上述获取元素节点的 6 种方法，DOM 还有获取 HTML 元素和 body 元素的方法。

DOM 获取 HTML 元素的语法格式如下所示。

```
document.documentElement
```

具体用法如下所示。

```
var h1=document.documentElement
```

< 137 >

DOM 获取 body 元素的语法格式如下所示。

```
document.body
```

具体用法如下所示。

```
var b1=document.body
```

7.1.4 流程控制

JavaScript 中的流程控制语句与其他语言相似，一般可分为顺序结构、选择结构和循环结构 3 种。顺序结构是程序从上到下、从左到右依次执行。选择结构是按照给定的逻辑条件决定执行顺序，如 if 语句和 switch 语句。循环结构是根据代码的逻辑条件来判断是否重复执行某一段程序，如 for 循环、while 循环和 do…while 循环。接下来将介绍常用的 if 语句和 for 循环。

1. if 语句

if 语句是选择结构中运用最广泛的语句，一般可分为单向选择、双向选择和多向选择 3 种形式。

（1）单向选择

单向选择只有 1 条选择语句，符合条件即选择，不符合条件即不选择。其语法格式如下所示。

```
if（逻辑条件）{
语句1;
}
语句2;
```

在上述语法格式中，如果 if 语句的逻辑条件返回 true，则执行语句 1 和语句 2；如果 if 语句的逻辑条件返回 false，则只执行语句 2。

（2）双向选择

双向选择有 2 条选择语句，符合条件选择 1 条语句，不符合条件即选择另 1 条语句。其语法格式如下所示。

```
if（逻辑条件）{
语句1;
}
else{
语句2;
}
```

在上述语法格式中，如果 if 语句的逻辑条件返回 true，则执行语句 1；如果 if 语句的逻辑条件返回 false，则执行 else 后的语句 2。

（3）多向选择

多向选择有多条选择语句，进行多条判断，根据判断结果执行相应的语句。其语法格式如下所示。

```
if（逻辑条件1）{
语句1;
}
else if（逻辑条件2）{
```

< 138 >

```
语句 2;
}
...
else{
语句 n;
}
```

在上述语法格式中，如果 if 语句的逻辑条件 1 返回 true，则执行语句 1；如果 if 语句的逻辑条件 1 返回 false，则判断 else if 中的逻辑条件 2，如果逻辑条件 2 返回 true，则执行语句 2。依此类推，如果上面的所有逻辑条件都返回 false，则执行 else 后的语句 n。

2．for 循环

for 循环是循环结构中常见的语句，同时也是使用最为广泛的循环语句，能够反复执行一段代码，提高代码的复用率。其语法格式如下所示。

```
for（初始化语句;循环条件;控制条件）{
循环体语句;
}
```

在上述语法格式中，for 循环先执行初始化语句，再判断循环条件，如果循环条件返回 true，则执行循环体语句，否则直接退出循环，然后执行迭代语句，改变循环变量的值，完成 1 次循环。接着又进入下一次循环，直到循环条件返回 false，结束循环。

（1）break 语句

break 语句用于跳出整体循环，停止后续循环操作。

下面用 break 语句计算 1～10 能被 7 整除的整数之前所有整数的和。

【例 7.1】break 语句。

```
1.  <!DOCTYPE html>
2.  <html lang="en">
3.  <head>
4.      <meta charset="UTF-8">
5.      <title>break 与 continue</title>
6.  </head>
7.  <body>
8.  <script>
9.     var s=0;
10.    for(var i=1;i<10;i++){
11.        if(i%7==0){   //判断条件为能被 7 整除
12.            break;   //终止当前循环，顺序执行循环后面的语句
13.        }
14.        s+=i;   //循环累加
15.        console.log("本次循环数值为"+i);   //依次列出执行哪一个循环
16.    }
17.    console.log(s);   //计算整数的和
18. </script>
19. </body>
20. </html>
```

运行结果如图 7.1 所示。

< 139 >

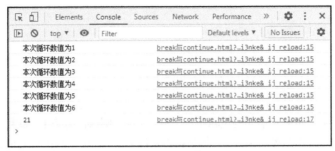

图7.1　例7.1运行结果

（2）continue 语句

continue 语句与 break 语句类似，但 continue 语句只跳出本次循环，不影响后续循环。

下面计算1～10所有不能被7整除的整数的和。

【例7.2】continue 语句。

```
1.  <!DOCTYPE html>
2.  <html lang="en">
3.  <head>
4.      <meta charset="UTF-8">
5.      <title>break与continue</title>
6.  </head>
7.  <body>
8.  <script>
9.      var s=0;
10.     for(var i=1;i<10;i++){
11.         if(i%7==0){  //判断条件为能被7整除
12.             continue;  //跳出本次循环，进入下一次循环
13.         }
14.         s+=i;  //循环累加
15.         console.log("本次循环数值为"+i);  //依次列出执行哪一个循环
16.     }
17.     console.log(s);  //计算整数的和
18. </script>
19. </body>
20. </html>
```

运行结果如图 7.2 所示。

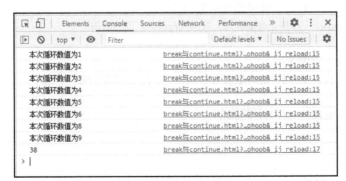

图7.2　例7.2运行结果

由例 7.1 和例 7.2 可知，相似的循环体系中，break 语句和 continue 语句的不同运用会导致不同的

< 140 >

结果。break 语句可用于终止后面不必要的循环，continue 语句可用于筛选出不需要的循环，根据实际情况进行合理选择，才能达到好的效果。

7.1.5　实例：选取图书列表

1. 页面结构简图

本实例是一个选取图书列表的页面。该页面主要由表格的<table>标签、<th>标签、<tr>标签、<td>标签以及标题标签构成。选取图书列表页面结构简图如图 7.3 所示。

图 7.3　选取图书列表页面结构简图

2. 代码实现

（1）主体结构代码

新建一个 HTML 文件，以外链方式在该文件中引入 CSS 文件和 JavaScript 文件。首先在<body>标签中使用<table>标签创建表格；然后使用<th>标签定义表格的表头，使用<tr>标签和<td>标签定义表格的行和单元格。

【例 7.3】选取图书列表。

```
1.  <!DOCTYPE html>
2.  <html lang="en">
3.  <head>
4.      <meta charset="UTF-8">
5.      <title>选取图书列表</title>
6.      <link type="text/css" rel="stylesheet" href="choose.css">
7.  </head>
8.  <body>
9.  <h3>选取图书列表</h3>
10. <table>
11.     <thead>
12.     <tr>
13.         <th><input type="checkbox" id="all">(全选)</th>
14.         <th>书名</th>
15.         <th>作者</th>
16.         <th>写作时间</th>
17.         <th>出版社</th>
```

< 141 >

```
18.        </tr>
19.      </thead>
20.      <tbody id="main">
21.        <tr>
22.          <td><input type="checkbox"></td>
23.          <td>基督山伯爵</td>
24.          <td>大仲马</td>
25.          <td>1844 年</td>
26.          <td>译林出版社</td>
27.        </tr>
28.        <tr>
29.          <td><input type="checkbox"></td>
30.          <td>围城</td>
31.          <td>钱钟书</td>
32.          <td>1945 年</td>
33.          <td>人民文学出版社</td>
34.        </tr>
35.        <tr>
36.          <td><input type="checkbox"></td>
37.          <td>飞鸟集</td>
38.          <td>泰戈尔</td>
39.          <td>1913 年</td>
40.          <td>云南人民出版社</td>
41.        </tr>
42.        <tr>
43.          <td><input type="checkbox"></td>
44.          <td>追风筝的人</td>
45.          <td>卡勒德·胡赛尼</td>
46.          <td>2003 年</td>
47.          <td>上海人民出版社</td>
48.        </tr>
49.        <tr>
50.          <td><input type="checkbox"></td>
51.          <td>三国演义</td>
52.          <td>罗贯中</td>
53.          <td>元末明初</td>
54.          <td>商务印书馆</td>
55.        </tr>
56.      </tbody>
57. </table>
58. <script type="text/javascript" src="select.js"></script>
59. </body>
60. </html>
```

（2）CSS 代码

新建一个 CSS 文件 choose.css，在该文件中加入 CSS 代码，设置页面样式，具体代码如下所示。

```
1.   /* 清除页面默认边距 */
2.   *{
3.     margin: 0;
```

< 142 >

```
4.      padding: 0;
5.    }
6.    /* 设置标题 */
7.    h3{
8.      text-align: center;
9.      margin: 20px auto;
10.   }
11.   /* 为表格标题和单元格添加边框 */
12.   td,th{
13.      border:1px solid #cccccc;
14.   }
15.   /* 设置整个表格 */
16.   table{
17.      width: 600px;
18.      height: 250px;
19.      text-align: center;   /* 文本居中对齐 */
20.      border:1px solid #cccccc;   /* 添加边框样式 */
21.      border-collapse: collapse;   /* 合并表格 */
22.      margin: 20px  auto;   /* 设置外边距 */
23.   }
24.   /* 设置表格标题 */
25.   th{
26.      height: 40px;
27.      background-color: #0099cc;
28.      color: white;
29.   }
30.   /* 为表格单元格添加内边距 */
31.   td{
32.      padding: 10px;
33.   }
34.   /* 设置表格行 */
35.   tr{
36.      background-color: #eee;
37.      cursor: pointer;   /* 改变鼠标指针形状 */
38.   }
39.   /* 当鼠标指针放至表格行上时 */
40.   tr:hover{
41.      background-color: #CC9999;   /* 表格行改变背景颜色 */
42.   }
```

上述 CSS 代码首先为表格的标题和单元格添加边框，再设置整个表格，使用 border-collapse 属性将表格的边框合并，并使用 text-align 属性将表格中的文本居中对齐；然后使用 CSS 属性设计表格样式；最后实现当鼠标指针放至表格的每一行上时，改变表格行的背景颜色。

（3）JavaScript 代码

新建一个 JavaScript 文件 select.js，在该文件中加入 JavaScript 代码，具体代码如下所示。

```
1.  //1.获取元素
2.  var thAll=document.getElementById("all")  // 获取全选复选框
3.  var trArr=document.querySelectorAll("#main input") //获取表格主体部分的所有复选框
4.  //2.为全选复选框#all 添加单击事件
```

< 143 >

```
5.    thAll.onclick=function(){
6.        //3.遍历下面的每一个复选框
7.        for(var i=0;i<trArr.length;i++){
8.            trArr[i].checked=this.checked;  // this.checked 为当前全选复选框的状态
9.        }
10. }
11. //4.为每个复选框添加单击事件
12. for(var i=0;i<trArr.length;i++) {
13.     trArr[i].onclick = function () {
14.         //5.单击下面的每一个复选框都要判断是否 5 个都选中了
15.         for (var i = 0; i < trArr.length; i++) {
16.             //如果下面的复选框没全选中，则上面不选中
17.             if (trArr[i].checked == false) {
18.                 thAll.checked = false;
19.                 return
20.             }
21.         }
22.         //如果下面的复选框全部被选中，则全选复选框也被选中
23.         thAll.checked = true;
24.     }
25. }
```

上述 JavaScript 代码首先为全选复选框添加单击事件，若它被选中，则其他复选框是被选中状态，若它未被选中，则其他复选框是未被选中状态；然后给每个复选框绑定事件，在该复选框被单击后，遍历所有的复选框是否全都被选中或全都未被选中，再把状态赋给全选复选框。

7.2 DOM 基础操作

DOM（Document Object Model，文档对象模型）是 JavaScript 操作网页的接口。它的作用是将网页转为 JavaScript 对象，从而可以用脚本进行各种操作，如对内容进行增加或删除。

浏览器会根据 DOM 将结构化文档（如 HTML 文档和 XML 文档）解析成一系列节点，然后将节点组成一个树状结构（DOM Tree），所有的节点和最终的树状结构都有规范的对外接口。因此，DOM 可以理解成网页的编程接口。

7.2.1 DOM 操作文本内容

在 JavaScript 中，DOM 操作用于在网页上显示文本内容，有 innerHTML 和 innerText 这 2 种方法可用。接下来具体介绍这 2 种方法。

1．innerHTML

innerHTML 方法可获取或修改指定标签的信息，包括标签本身和标签的文本内容等信息。以\<div class="box"\>\<p\>这是标题\</p\>\</div\>为例，其具体用法如下所示。

```
box.innerHTML='<h1>这是标题</h1>';
```

2．innerText

innerText 方法只获取或修改指定标签内的具体信息，不包括标签本身。以\<div class="box"\>\<p\>这是

< 144 >

标题</p></div>为例，其具体用法如下所示。

```
box.innerText='标题';
```

innerHTML 和 innerText 的使用范围如图 7.4 所示。

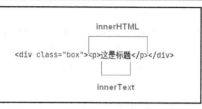

图 7.4　innerHTML 和 innerText 的使用范围

7.2.2　DOM 节点

1．节点类型

HTML 文档中的所有内容都是节点。在 DOM 节点中，不同的节点对应的节点类型可能不一样，主要有元素节点、属性节点、文本节点、注释节点、文档节点等节点类型。整个文档是一个文档节点，每个 HTML 元素是元素节点，HTML 元素内的文本是文本节点，每个 HTML 属性是属性节点，注释是注释节点。这些不同的节点类型，返回的常数值是不一样的。

（1）对应值

在 DOM 中，nodeType 属性返回节点类型的常数值，nodeName 属性返回节点名称，nodeValue 属性返回节点文本值。节点类型对应值如表 7.1 所示。

表 7.1　节点类型对应值

节点类型	nodeType	nodeName	nodeValue
元素节点	1	大写的 HTML 元素名	undefined 或 null
属性节点	2	元素属性名	属性值
文本节点	3	#text	#text 的文本值
注释节点	8	#comment	#comment 的文本值
文档节点	9	#document	null

（2）演示说明

下面演示 nodeType 属性、nodeName 属性和 nodeValue 属性的使用。

【例 7.4】节点对应值。

```
1.  <!DOCTYPE html>
2.  <html lang="en">
3.  <head>
4.      <meta charset="UTF-8">
5.      <title>节点类型对应值</title>
6.  </head>
7.  <body>
8.  <div id="box" title="一个 box 盒子">
9.      <p>一个标题</p>
10. </div>
11. </body>
12. <script>
13.     var box1=document.getElementById("box");
14.     console.log("元素节点的 nodeType:"+box1.nodeType)
15.     console.log("元素节点的 nodeName:"+box1.nodeName)
16.     console.log("元素节点的 nodeValue:"+box1.nodeValue)
17.
18.     var att=box1.getAttributeNode("title");
```

< 145 >

```
19.    console.log("属性节点的nodeType:"+att.nodeType)
20.    console.log("属性节点的nodeName:"+att.nodeName)
21.    console.log("属性节点的nodeValue:"+att.nodeValue)
22.
23.    var txt=box1.firstChild;
24.    console.log("文本节点的nodeType:"+txt.nodeType)
25.    console.log("文本节点的nodeName:"+txt.nodeName)
26.    console.log("文本节点的nodeValue:"+txt.nodeValue)
27. </script>
28. </html>
```

运行结果如图 7.5 所示。

2．节点关系

在 DOM 中，可以将 HTML 文档描绘成一个由多层节点形成的结构，而其中的节点关系类似于传统的家族关系，这些节点可分为父节点、子节点和兄弟节点。例如，由于<html>元素中内嵌了<head>元素与<body>元素，因此，<html>元素为<head>元素和<body>

图 7.5　例 7.4 运行结果

元素的父节点，<head>元素和<body>元素为<html>元素的子节点；又因为<head>元素与<body>元素拥有共同的父节点，所以它们互为兄弟节点。

节点关系说明如表 7.2 所示。

表 7.2　节点关系说明

节点	分类	说明	获取节点方法
父节点	parentNode 父节点	元素的父节点	var 父节点=节点对象.parentNode
子节点	firstChild 第一个子节点	指向在子节点列表中的第一个节点。包含元素节点、文本节点、注释节点	var 第一个子节点=父节点.firstChild
	firstElementChild 第一个子节点	指向在子节点列表中的第一个节点。只包含元素节点	var 第一个子节点=父节点 .firstElementChild
	lastChild 最后一个子节点	指向在子节点列表中的最后一个节点。包含元素节点、文本节点、注释节点	var 最后一个子节点=父节点.lastChild
	lastElementChild 最后一个子节点	指向在子节点列表中的最后一个节点。只包含元素节点	var 最后一个子节点=父节点 .lastElementChild
	childNodes 所有子节点	所有子节点的列表	var 伪数组=父节点.childNodes
兄弟节点	previousSibling 上一个兄弟节点	指向前一个兄弟节点，如果这个节点就是第一个，那么该值为 null。包含元素节点、文本节点、注释节点	var 上一个兄弟节点=节点对象 .previousSibling
	previousElementSibling 上一个兄弟节点	指向前一个兄弟节点。只包含元素节点	var 上一个兄弟节点=节点对象 .previousElementSibling
	nextSibling 下一个兄弟节点	指向后一个兄弟节点，如果这个节点就是最后一个，那么该值为 null。包含元素节点、文本节点、注释节点	var 下一个兄弟节点=节点对象 .nextSibling
	nextElementSibling 下一个兄弟节点	指向后一个兄弟节点。只包含元素节点	var 下一个兄弟节点=节点对象 .nextElementSibling

< 146 >

7.2.3　DOM 的增删改换

DOM 可以对节点进行操作，如创建、添加、删除、替换、克隆等。接下来将具体讲解对节点的操作。

1. 创建节点

在 DOM 中，createElement()方法通过传入指定的一个标签名创建一个元素节点。如果传入的标签名是未知的，则会创建一个自定义的标签。创建节点的语法格式如下所示。

```
document.createElement("标签名")
```

创建好一个元素节点之后，其实并没有把创建的标签元素添加到网页中，需要配合添加节点的方法，才能在网页中显示新创建的标签元素。

2. 添加节点

在 DOM 中，添加节点有 appendChild()和 insertBefore()这 2 种方法。

（1）appendChild()方法

appendChild()方法向当前节点的子节点列表的末尾添加新的子节点。其语法格式如下所示。

```
当前节点.appendChild(插入的子节点);
```

下面在已有的无序列表中使用 appendChild()方法添加一个新的项目列表。

【例 7.5】appendChild()方法。

```
1.  <!DOCTYPE html>
2.  <html lang="en">
3.  <head>
4.      <meta charset="UTF-8">
5.      <title>DOM 的增删改换</title>
6.  </head>
7.  <body>
8.  <ul id="list">
9.      <li>已有的列表项</li>
10. </ul>
11. <script>
12.     var list=document.getElementById("list");  //通过 id 属性获取当前节点
13.     var li=document.createElement("li");    //创建新的节点
14.     li.innerHTML="新添加的列表项 1";  //为新节点添加内容
15.     list.appendChild(li);    //使用 appendChild()方法在网页上添加新节点
16. </script>
17. </body>
18. </html>
```

运行结果如图 7.6 所示。

在 appendChild()方法中，由于可将新的子节点添加到当前子节点列表末尾，因此通过对原有子节点执行 appendChild()方法，可对其进行"剪切"操作：在 appendChild()方法中传入当前节点的某一个子节点，可将该子节点移动到末尾位置，改变其位置，实现"剪切"效果。

< 147 >

图7.6 例7.5运行结果

（2）insertBefore()方法

insertBefore()方法是在当前节点的某个子节点前添加一个新的子节点，可以接收2个参数，第1个参数是新添加的子节点，第2个参数是当前节点的一个子节点。传入的第2个参数不同，新添加的子节点所处的位置也会不同。其语法格式如下所示。

当前节点.insertBefore(新添加的子节点,子节点);

下面在已有的无序列表中使用insertBefore()方法添加一个新的项目列表。

【例7.6】insertBefore()方法。

```
1.  <!DOCTYPE html>
2.  <html lang="en">
3.  <head>
4.      <meta charset="UTF-8">
5.      <title>DOM的增删改换</title>
6.  </head>
7.  <body>
8.  <ul id="list">
9.      <li>已有的列表项1</li>
10.     <li>已有的列表项2</li>
11. </ul>
12. <script>
13.    var list=document.getElementById("list");  //通过id属性获取当前节点
14.    var li=list.getElementsByTagName("li")  //通过标签名获取当前节点的一个子节点
15.    var li2=document.createElement("li");   //创建新的子节点
16.    li2.innerHTML="新添加的列表项2";  //为新子节点添加内容
17.    list.insertBefore(li2,li[1]);   //使用insertBefore()方法在网页上添加新子节点
18. </script>
19. </body>
20. </html>
```

运行结果如图7.7所示。

图7.7 例7.6运行结果

< 148 >

在例 7.6 中，由于传入的第 2 个参数是列表中的第 2 个子节点，因此新添加的子节点在第 2 个子节点的前面。可见，insertBefore()方法可以将新的子节点添加到指定位置。

3．删除节点

removeChild()方法用于删除指定的子节点。其语法格式如下所示。

```
当前节点.removeChild(删除的子节点);
```

在例 7.6 的代码中的第 17 行后，用 removeChild()方法删除指定子节点，即添加 list.removeChild(li[0])这 1 行代码，删除列表中的第 1 个子节点，"已有的列表项 1"便被删除。

4．替换节点

replaceChild()方法用于将某个子节点替换为新的子节点，可以接收 2 个参数，第 1 个参数是新子节点，第 2 个参数是被替换的旧子节点。其语法格式如下所示。

```
当前节点.replaceChild(新子节点,被替换的旧子节点);
```

replaceChild()方法替换节点的示例代码如下所示。

```
var p1=document.createElement("p");   //创建新子节点
p1.innerHTML="新创建的文字";           //为新子节点添加内容
list.replaceChild(p1,li[2]);           //使用 replaceChild()方法在网页上替换子节点
```

5．克隆节点

cloneNode()方法用于克隆指定的节点，接收的参数为布尔值 true 或 false。其语法格式如下所示。

```
要克隆的节点.cloneNode(布尔值);
```

通过 cloneNode()方法可对节点进行"克隆"操作，cloneNode()方法克隆节点的示例代码如下所示。

```
var clone1=p1.cloneNode(true);   //使用 cloneNode()方法克隆一个节点
list.appendChild(clone1);        //使用 appendChild()方法在网页上显示该节点
```

7.2.4　M 操作属性

在 JavaScript 中，DOM 操作属性通常包括 getAttributeNode()方法获取属性、getAttribute()方法获取属性值、setAttribute()方法设置属性和 removeAttribute()方法删除属性，如表 7.3 所示。

表 7.3　DOM 操作属性

方法	说明
getAttributeNode("属性名")	获取元素节点中指定的属性。例如，btn[0].getAttributeNode("title")
getAttribute("属性名")	获取元素节点中指定属性的属性值。如果属性节点不存在，则返回 null。例如，btn[1].getAttribute("title")
setAttribute("属性名","属性值")	创建或修改元素节点的属性。如果属性节点不存在，则创建该属性；如果属性节点存在，则修改该属性的值。例如，btn[2].setAttribute("class","current")
removeAttribute("属性名")	删除元素节点中指定的属性。例如，btn[3].removeAttribute("class")

< 149 >

7.2.5　DOM 操作样式

1. 行内样式

在 JavaScript 中，可通过 DOM 操作行内样式，即控制 HTML 元素的 style 属性，从而设置或修改元素样式。其语法格式如下所示。

```
元素.style.css 属性名 = "属性值";
```

具体用法如下所示。

```
p1 style.backgroundColor="blue";
```

值得注意的是，在 JavaScript 中，CSS 属性带有"-"的，一律按照驼峰规则进行书写。

2. cssText 属性

在 style 属性下操作多组样式，需要一行一行设置，操作起来比较烦琐。DOM 提供了 cssText 属性，可用来一次性设置多组 CSS 样式。cssText 属性的语法格式如下所示。

```
元素.style.cssText= "CSS 属性名 1:属性值 1;…";
```

具体用法如下所示。

```
p1 style.cssText="color:red;font-size:16px";
```

使用 cssText 属性可以在 JavaScript 中直接设置或修改同一个元素的样式，相当于直接引入<style>标签内的样式，不需要按照驼峰规则进行书写。

7.2.6　实例：单击按钮切换图片

1. 页面结构简图

本实例是一个单击按钮切换图片的页面。该页面主要由<div>块元素、无序列表、段落标签、图片标签以及内联元素构成。单击按钮切换图片页面结构简图如图 7.8 所示。

图 7.8　单击按钮切换图片页面结构简图

< 150 >

2. 代码实现

（1）主体结构代码

新建一个 HTML 文件，以外链方式在该文件中引入 CSS 文件和 JavaScript 文件。首先在\<body\>标签中定义父元素块，并添加 id 属性"box"；然后在父元素块中添加无序列表和段落标签。

【例 7.7】单击按钮切换图片。

```
1.    <!DOCTYPE html>
2.    <html lang="en">
3.    <head>
4.        <meta charset="UTF-8">
5.        <title>单击按钮切换图片</title>
6.        <link type="text/css" rel="stylesheet" href="turn.css">
7.    </head>
8.    <body>
9.    <div class="box">
10.       <!-- 导航栏 -->
11.       <ul>
12.           <li class="current">小猫</li>
13.           <li>小狗</li>
14.           <li>小熊</li>
15.           <li>小兔</li>
16.           <li>小猪</li>
17.       </ul>
18.       <!-- 图片显示块 -->
19.       <p class="current" ><span>调皮的小猫</span><img src="../image/14.jpg"
      alt=""></p>
20.       <p><span>活泼的小狗</span><img src="../image/15.jpg" alt=""></p>
21.       <p><span>友爱的小熊</span><img src="../image/19.jpg" alt=""></p>
22.       <p><span>可爱的小兔</span><img src="../image/18.jpg" alt=""></p>
23.       <p><span>呆萌的小猪</span><img src="../image/20.jpg" alt=""></p>
24.   </div>
25.   <script type="text/javascript" src="change.js"></script>
26.   </body>
27.   </html>
```

在例 7.7 的代码中，无序列表用于制作导航栏按钮，段落标签用于制作图片显示块，段落标签中插入内联元素和图片标签。单击当前按钮时，可添加类名，关联元素。

（2）CSS 代码

新建一个 CSS 文件 turn.css，在该文件中加入 CSS 代码，设置页面样式，具体代码如下所示。

```
1.    /* 清除页面默认边距 */
2.    *{
3.        margin: 0;
4.        padding: 0;
5.    }
6.    /* 设置页面 */
7.    .box{
8.        width: 500px;
9.        height: 560px;
10.       margin: 20px auto;
```

< 151 >

```
11.  }
12.  /* 设置导航栏 */
13.  .box>ul{
14.     list-style: none;   /* 取消列表项目标记 */
15.     width: 500px;
16.     height: 65px;
17.  }
18.  /* 设置导航栏中的列表项目 */
19.  .box>ul>li{
20.     float: left;   /* 设置左浮动 */
21.     width: 100px;
22.     height: 60px;
23.     line-height: 60px;   /* 设置行高，使其居中 */
24.     color: white;
25.     font-size: 24px;
26.     text-align: center;
27.     background-color: #99cccc;
28.     cursor: pointer;   /* 改变鼠标指针形状 */
29.  }
30.  /* 设置图片显示块 */
31.  .box p{
32.     display: none;   /* 隐藏元素 */
33.     width: 500px;
34.     height: 490px;
35.     border: 1px solid #ccc;
36.  }
37.  /* 设置图片显示块中的标题 */
38.  .box span{
39.     display: block;   /* 转化为块元素 */
40.     width: 500px;
41.     height: 40px;
42.     background-color: #f6f6f6;
43.     text-align: center;
44.     font-size: 24px;
45.  }
46.  /* 设置图片 */
47.  img{
48.     width: 500px;
49.     height: 450px;
50.  }
51.  /* 单击时的当前图片显示块 */
52.  p.current{
53.     display: block;   /* 显示元素 */
54.  }
55.  /* 单击时的当前导航栏块 */
56.  ul>li.current{
57.     background-color: #EEE8AA;
58.  }
```

上述 CSS 代码首先取消无序列表的列表项目标记，将导航栏中的列表项目设置为左浮动，再隐藏图片显示块；然后设置图片显示块中的标题，将内联元素转化成块元素；最后单击导航栏中的按钮时，通过关联元素的类名改变元素样式。

< 152 >

（3）JavaScript 代码

新建一个 JavaScript 文件 change.js，在该文件中加入 JavaScript 代码，具体代码如下所示。

```
1.   //1.获取元素 liArr 和 pArr
2.   var liArr = document.getElementsByTagName("li");
3.   var pArr = document.getElementsByTagName("p");
4.
5.   //2.为每一个 li 绑定一个 index 属性
6.   for (var i = 0; i < liArr.length; i++) {
7.       liArr[i].index = i;
8.       //3.为 liArr 添加鼠标单击事件
9.       liArr[i].onclick = function () {
10.          //4.事件驱动函数中，利用排他思想，实现 li 的点亮盒子
11.          //通过 for 循环清空所有 li 标签和 p 标签的类样式
12.          for (var i = 0; i < liArr.length; i++) {
13.              //清空所有 li 的类样式
14.              liArr[i].removeAttribute("class");
15.              //清空所有 p 的类样式
16.              pArr[i].removeAttribute("class");
17.          }
18.          //再创建当前 li 的类样式
19.          this.setAttribute("class","current");
20.          //再创建当前 p 的类样式
21.          pArr[this.index].setAttribute("class","current");
22.      }
23. }
```

上述 JavaScript 代码首先通过 DOM 操作获取元素节点，再为列表项目按钮添加单击事件；然后在事件驱动函数中，利用排他思想：将<li>标签和<p>标签的类样式先清空再重新创建，进行排他的切换，实现单击按钮切换图片。

7.3　实现定时器

7.3.1　定时器

window 对象表示一个浏览器窗口或一个框架。在客户端 JavaScript 中，window 对象是全局对象，所有的表达式都在当前的环境中计算。也就是说，要引用当前窗口根本不需要特殊的语法，可以把那个窗口的属性作为全局变量来使用。例如，可以只写 document，而不必写 window.document。一般来说，window 对象的方法用于对浏览器窗口或框架进行某种操作。

在 JavaScript 中，BOM 的 window 对象有 2 种设置定时器的方法，即设置连续定时器和设置延时定时器，主要由 window.setInterval()和 window.setTimeout()这 2 个函数实现，它们负责向任务队列添加定时任务。由于 window 对象是全局对象，可以省略 window 前缀。

1. 设置连续定时器

（1）语法格式

setInterval()函数可设置连续定时器，在指定的毫秒数后执行指定的代码，即通过设定一个时间间隔，每隔一段时间去执行 JavaScript 的操作。setInterval()函数的语法格式如下所示。

< 153 >

```
setInterval(code,millisec);
```

在上述语法中，setInterval()函数接收 2 个参数，第 1 个参数 code 表示要调用的函数或要执行的 JavaScript 代码串，第 2 个参数 millisec 表示周期性执行或调用 code 的时间间隔，单位为毫秒（ms）。

（2）清除连续定时器

在 JavaScript 中，可通过 clearInterval()函数清除 setInterval()设定的定时器，即把要清除的定时器赋值给一个变量，调用 clearInterval()函数执行清除对应定时器的操作。清除定时器不仅可以暂停定时任务，还可以释放内存，消除对后续代码的影响。

clearInterval()函数清除定时器的语法格式如下所示。

```
clearInterval(定时器对象);
```

（3）演示说明

制作一个连续定时器，每隔 1 秒依次输出文字，当数值为 5 时，停止任务。

【例 7.8】连续定时器。

```
1.   <!DOCTYPE html>
2.   <html lang="en">
3.   <head>
4.       <meta charset="UTF-8">
5.       <title>连续定时器</title>
6.   </head>
7.   <body>
8.   <script>
9.       var i=0;
10.      var timer1=setInterval(show,1000);  //每隔 1 秒调用 1 次定时器中的函数
11.      function show() {
12.          i++;
13.          console.log("快乐学习"+i);
14.          if(i==5){  //当 i=5 时，清除定时器
15.              clearInterval(timer1);
16.          }
17.      }
18.  </script>
19.  </body>
20.  </html>
```

运行结果如图 7.9 所示。

图 7.9　例 7.8 运行结果

< 154 >

2. 设置延时定时器

（1）语法格式

setTimeout()函数可设置延迟定时器，按照指定的周期（单位为毫秒）来调用函数或进行计算。setTimeout()函数只执行代码一次，如果要多次调用，则需使用 setInterval()函数或者让代码自身再次调用 setTimeout()函数。setTimeout()函数的语法格式如下所示。

```
setTimeout(code,millisec);
```

在上述语法中，setTimeout()函数接收 2 个参数，第 1 个参数 code 表示要调用的函数或要执行的 JavaScript 代码串，第 2 个参数 millisec 表示在执行代码前需等待的毫秒数。

（2）清除延时定时器

在 JavaScript 中，可通过 clearTimeout()函数清除 setTimeout()设定的定时器，即把要清除的定时器赋值给一个变量，调用 clearTimeout()函数执行清除对应定时器的操作。clearTimeout()函数与 clearInterval()函数用法类似，但延时定时器只执行一次，一般清除延时定时器会在其没有执行时进行，从而不执行延时定时器内的代码。

clearTimeout()函数清除定时器的语法格式如下所示。

```
clearTimeout(定时器对象);
```

（3）演示说明

制作一个延时定时器，1 秒之后调用 1 次定时器中的函数，并在调用的函数中使用 clearTimeout()清除定时器，释放内存。

【例 7.9】延时定时器。

```
1.   <!DOCTYPE html>
2.   <html lang="en">
3.   <head>
4.      <meta charset="UTF-8">
5.      <title>延时定时器</title>
6.   </head>
7.   <body>
8.   <script>
9.      var timer2=setTimeout(show,1000);  //1秒之后调用1次定时器中的函数
10.     function show() {
11.        console.log("快乐学习");
12.        clearTimeout(timer2);   //清除定时器
13.     }
14.  </script>
15.  </body>
16.  </html>
```

运行结果如图 7.10 所示。

图 7.10　例 7.9 运行结果

< 155 >

setTimeout 定时器只执行一次。若将例 7.9 中清除定时器的第 12 行代码移至调用函数的外部，即移至第 13 行下方，定时器将不会被执行。

3．定时器的总结

setInterval()函数主要用来实现周期性执行代码，而 setTimeout()函数主要用来延时执行代码。这 2 种函数都可以设计周期性动作，其中 setInterval()函数适合定时执行某个动作，而 setTimeout()函数适合不定时执行某个动作。

setInterval()函数不受任务队列的限制，会简单地每隔一定时间重复执行一次动作，如果前面的任务还没有执行完毕，setInterval()函数可能会插队以便按时执行动作。而 setTimeout()函数不会间隔固定时间执行一次动作，它受 JavaScript 任务队列的影响，只有前面没有任务时，才会按时延时执行动作。

7.3.2　Date 对象

在日常生活中，我们浏览网页时经常会看到一些与时间有关的网页效果，如日历、倒计时、时间变化等。这些与时间相关的效果都需要利用 JavaScript 中的 Date 对象来完成。

1．Date 对象介绍

Date 对象用于处理日期与时间。创建一个新 Date 对象的唯一方法是使用 new 操作符，如 var date = new Date()。若将它作为常规函数调用（即不加 new 操作符），将返回一个字符串，而非 Date 对象。

（1）创建 Date 对象

创建 Date 对象的语法格式如下所示。

```
new Date();  //默认获取当前时间
```

具体用法如下所示。

```
var date=new Date();
```

创建 Date 对象默认获取当前时间的结果如图 7.11 所示。

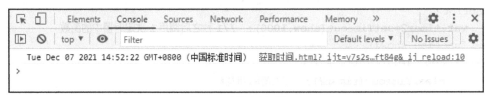

图 7.11　获取当前时间

创建特定的 Date 对象有 3 种方式，其语法格式如下所示。

```
new Date(value);  //参数为一个 UNIX 时间戳，即毫秒数，是一个整数
new Date(dateString);  //参数为日期字符串
new Date(year, monthIndex [, day [, hours [, minutes [, seconds [, milliseconds]]]]]);
//参数为多个整数
```

UNIX 时间戳（UNIX Time Stamp）是一个整数，表示自 1970 年 1 月 1 日 00:00:00 UTC 以来的毫秒数，忽略闰秒。值得注意的是，大多数 UNIX 时间戳功能仅精确到秒。UNIX 时间戳以秒为单位，而 JavaScript 日期以毫秒为单位。

时间参数如表 7.4 所示。

< 156 >

表 7.4　时间参数

时间参数	说明
year	表示年份的整数，0 到 99 会被映射至 1900 年至 1999 年，其他值代表实际年份
monthIndex	表示月份的整数，从 0（1 月）到 11（12 月）
day	表示一个月中的第几天的整数，从 1 到 31，默认值为 1
hours	表示一天中的第几小时的整数（24 小时制），从 0 到 23，默认值为 0
minutes	表示一个完整时间（如 01:10:00）中的分钟部分的整数，从 0 到 59，默认值为 0
seconds	表示一个完整时间（如 01:10:00）中的秒部分的整数，从 0 到 59，默认值为 0
milliseconds	表示一个完整时间的毫秒部分的整数，从 0 到 999，默认值为 0

（2）获取总毫秒数

获取总毫秒数有 5 种方式，示例代码如下。

```
var date1=+new Date();
var date2=Date.now();
var date3=new Date().getTime();
var date4=new Date().valueOf();
var date5=Date.parse("2021-12-7 15:00:00");  //获取特定时间的总毫秒数，参数为日期字符串，
若日期字符串的格式不正确,则返回 NaN
```

获取结果是自 1970 年 1 月 1 日 00:00:00 UTC 以来的总毫秒数，结果如图 7.12 所示。

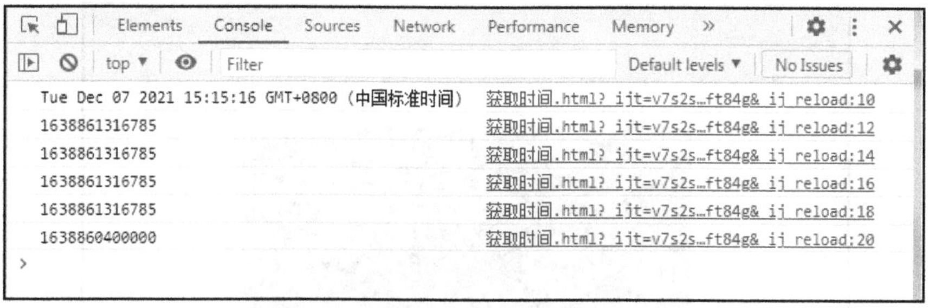

图 7.12　获取总毫秒数结果

在图 7.12 中，第 1 行为当前时间参考值，第 2～5 行为自 1970 年 1 月 1 日 00:00:00 UTC 到当前时间参考值的总毫秒数，第 6 行为特定时间的总毫秒值。

2. Date 对象方法

特定的时间类型可以通过 Date 对象的具体方法进行获取或设置。常用的 Date 对象方法如表 7.5所示。

表 7.5　常用的 Date 对象方法

方法	说明
getFullYear()	获取一个表示年份的四位数字
getMonth()	从 Date 对象获取月份（0～11）
getDate()	从 Date 对象获取一个月中的某一天（1～31）
getDay()	从 Date 对象获取一周中的某一天（0～6，即周日到周六）
getHours()	获取 Date 对象的小时（0～23）
getMinutes()	获取 Date 对象的分钟（0～59）

< 157 >

续表

方法	说明
getSeconds()	获取 Date 对象的秒（0~59）
getMilliseconds()	获取 Date 对象的毫秒（0~999）
getTime()	获取 1970 年 1 月 1 日至今的总毫秒数
setFullYear()	设置 Date 对象中的年份（四位数字）
setMonth()	设置 Date 对象中的月份（0~11）
setDate()	设置 Date 对象一个月中的某一天（1~31）
setDay()	设置 Date 对象一周中的某一天（0~6，即周日~周六）
setHours()	设置 Date 对象的小时（0~23）
setMinutes()	设置 Date 对象的分钟（0~59）
setSeconds()	设置 Date 对象的秒（0~59）

7.3.3 实例：跨年倒计时

1. 页面结构简图

本实例是一个显示跨年倒计时的页面。该页面主要由<div>块元素、段落标签和内联元素构成。跨年倒计时的页面结构简图如图 7.13 所示。

图 7.13　跨年倒计时页面结构简图

2. 代码实现

（1）主体结构代码

新建一个 HTML 文件，以外链方式在该文件中引入 CSS 文件和 JavaScript 文件。首先在<body>标签中定义父元素块，并添加 id 属性"count"；然后在父元素块中添加段落标签和内联元素。

< 158 >

【例 7.10】跨年倒计时。

```
1.  <!DOCTYPE html>
2.  <html lang="en">
3.  <head>
4.      <meta charset="UTF-8">
5.      <title>跨年倒计时</title>
6.      <link type="text/css" rel="stylesheet" href="spring.css">
7.  </head>
8.  <body>
9.  <div id="count">
10.     <p>2023<br>跨年倒计时</p>
11.     <span id="time"></span>
12. </div>
13. <script type="text/javascript" src="time.js"></script>
14. </body>
15. </html>
```

在例 7.10 代码中，段落标签用于制作倒计时标题，内联元素用于在网页中显示跨年倒计时。

（2）CSS 代码

新建一个 CSS 文件 spring.css，在该文件中加入 CSS 代码，设置页面样式，具体代码如下所示。

```
1.  /* 清除页面默认边距 */
2.  *{
3.      margin: 0;
4.      padding: 0;
5.  }
6.  /* 设置页面 */
7.  #count{
8.      width: 400px;
9.      height: 480px;
10.     background-image: url("../image/spring.jpg");  /* 添加背景图片 */
11.     background-size: cover;   /* 设置背景图像尺寸 */
12.     margin: 20px auto;
13.     overflow: hidden;    /* 解决 margin 属性外边距塌陷问题 */
14. }
15. /* 设置倒计时标题 */
16. p{
17.     width: 250px;
18.     height: 120px;
19.     line-height: 60px;  /* 设置行高 */
20.     text-align: center;  /* 设置文本居中 */
21.     color: #f7e095;   /* 设置文本颜色 */
22.     font: italic bold 40px "微软雅黑";  /* 设置页面文本样式 */
23.     margin: 130px auto 40px;    /* 设置外边距，上 左右 下 */
24. }
25. /* 设置倒计时 */
26. #time{
27.     display: block;  /* 内联元素转化为块元素 */
28.     width: 300px;
29.     height: 80px;
30.     line-height: 40px;
```

< 159 >

```
31.    text-align: center;
32.    background-color: #b23f2d;    /* 设置背景颜色 */
33.    font-size: 25px;
34.    color: #fdedb1 ;
35.    border-radius: 15px;    /* 为元素添加圆角 */
36.    margin: 0 auto;
37. }
```

上述 CSS 代码首先为页面添加背景图片，使用 background-size 属性设置背景图像的尺寸，再使用 overflow 属性清除外边距塌陷；然后设置倒计时的标题，使用 font 属性设置文本样式，如字体风格、字体粗细、字体大小和字体名称；最后设置倒计时，使用 display 属性将内联元素转化为块元素，以及使用 border-radius 属性为元素添加圆角。

（3）JavaScript 代码

新建一个 JavaScript 文件 time.js，在该文件中加入 JavaScript 代码，具体代码如下所示。

```
1.  // 获取倒计时元素 span
2.  var t1=document.getElementById("time");
3.  // 设置定时器
4.  setInterval(function()
5.  {
6.      // 定义终点时间
7.      var str = '2023/01/22  00:00:00';
8.      var endDateMS = new Date(str).getTime(); // 获取终点时间总毫秒数
9.      var nowDateMS = new Date().getTime(); // 获取当前时间总毫秒数
10.     var value = endDateMS - nowDateMS;  // 终点时间和当前时间的毫秒数差
11.     //计算各个值
12.     var year = parseInt(value / 1000 / 60 / 60 / 24 / 365);  // 年
13.     var month = parseInt(value / 1000 / 60 / 60 / 24 / 30 % 12);  // 月
14.     var day = parseInt(value / 1000 / 60 / 60 / 24 % 30);  // 日
15.     var hour = parseInt(value / 1000 / 60 / 60 % 24);  // 小时
16.     var minute = parseInt(value / 1000 / 60 % 60);  // 分钟
17.     var second = parseInt(value / 1000 % 60);  // 秒
18.     var millisecond = parseInt(value % 1000);  // 毫秒
19.     // 由于各个数值的位数会发生变化，因此需统一位数，添加相应的 0
20.     month=month<10?'0'+month:month;
21.     day =day <10?'0'+day :day ;
22.     hour=hour<10?'0'+hour:hour;
23.     minute=minute<10?'0'+minute:minute;
24.     second=second<10?'0'+second:second;
25.     // 毫秒数小于 10 时，需加 2 个 0
26.     if(millisecond<10){
27.         millisecond='00'+millisecond;
28.     }
29.     // 毫秒数小于 100 时，只需加 1 个 0
30.     else if(millisecond<100){
31.         millisecond='0'+millisecond;
32.     }
33.     // 定义在页面上打印的倒计时
```

< 160 >

34.   `var countdown = year + '年' + month + '月' + day + '日' + hour + '小时' + minute`
    `+ '分' + second + '秒' + millisecond + '毫秒';`
35.   `t1.innerHTML= countdown;  // 通过 DOM 操作文本内容，在页面中显示`
36. `},100);  // 每隔 100 毫秒执行 1 次，1000 毫秒=1 秒`

上述 JavaScript 代码首先获取倒计时元素，设置倒计时的定时器每隔 100 毫秒执行 1 次，再计算终点时间和当前时间的毫秒数差；然后利用毫秒数差计算年、月、日、小时、分钟、秒、毫秒等的值，由于各个数值的位数会发生变化，因此需统一位数，添加相应的 0，当毫秒数小于 10 时，需加 2 个 0，当毫秒数小于 100 时，只需加 1 个 0；最后通过 DOM 操作文本内容，在页面中显示跨年倒计时。

7.4 使用数组

7.4.1 数组概述

数组是一种特殊的变量，能够一次存放 1 个以上的值。理论上数组最多可存放 65535 个值。JavaScript 变量可以是对象，而数组是特殊类型的对象，在 JavaScript 中对数组使用 typeof 运算符会返回 "object"。通常使用数字来访问数组元素，通过引用索引（下标）来引用某个数组元素。数组索引从 0 开始，例如，[0]对应数组中的第 1 个元素，[1]对应第 2 个元素。

数组是一个存储多个变量的容器，长度是可变的，可存放任意类型的数据，如对象、函数、数组等，方便统一管理多个数据。但在实际开发中，不会在同一个数组中存放不同类型的数据，因为这样易造成混乱，导致出错。数组的 length 属性返回数组的长度（数组元素的数目），length 属性值始终大于最高数组索引（下标）。

7.4.2 创建数组

创建数组有 2 种方式，第 1 种方式是使用数组文本创建数组，第 2 种方式是使用 new 操作符创建数组。

1. 使用数组文本创建数组

使用数组文本是创建 JavaScript 数组最简单的方式，其语法格式如下所示。

```
var array-name = [item1, item2, …];
```

具体用法如下所示。

```
var arr = [];  //创建一个空数组
var arr1 = [15,8,34,26,17];  //创建一个带初始元素的数组
```

2. 使用 new 操作符创建数组

使用 new 操作符创建数组的语法格式如下所示。

```
var array-name = new Array(item1, item2, …);
```

具体用法如下所示。

```
var arr = new Array();  //创建一个空数组
```

< 161 >

```
var arr2 = new Array(22,13,5,39,2);  //创建一个带初始元素的数组
```

以上 2 种方式效果完全一样，出于简洁、可读性和执行速度的考虑，通常使用数组文本创建数组。

7.4.3　数组操作方法

数组常见的操作方法有添加、删除、转换、遍历等。接下来将具体介绍数组相关操作方法。

1．添加、删除

添加和删除是常见的数组操作方法，主要有 push()、unshift()、shift()、pop()、slice()、splice()等方法。数组的添加、删除方法如表 7.6 所示。

表 7.6　数组的添加、删除方法

方法	说明
push()	push（元素）方法在数组末端向数组添加一个或多个新的元素，并返回新数组的长度
unshift()	unshift（元素）方法在数组开头向数组添加一个或多个新元素，并返回新数组的长度
shift()	shift()方法从数组中删除起始元素，并返回该元素
pop()	pop()方法从数组中删除最后一个元素，并返回该元素
slice()	slice(start,end)方法可截取数组，从起始位置选取元素，直到结束位置（不包括）为止。第 1 个参数为数组的起始位置，第 2 个参数为数组的结束位置
splice()	splice(start,length,…)方法可删除数组元素。第 1 个参数为数组的起始位置，第 2 个参数为删除的元素个数，从第 3 个参数开始为要替换的新元素。splice()方法会改变原数组

splice()方法比较强大，可以在数组的任意位置进行删除、替换、增加数组项的操作。使用 splice()方法实现替换数组项操作，具体示例代码如下所示。

```
<script>
  var arr=['a','b','c','d','e'];
  var fun=arr.splice(2,2,'f');
  console.log(fun);  //['c','d']
  console.log(arr);  //['a','b','f','e']
</script>
```

若只是要删除数组元素，则 splice()方法可以只设置前 2 个参数，即起始位置和删除的元素个数，如 arr.splice(2,1)。若要增加数组元素，则 splice()方法可将第 2 个参数设置为 0，即删除的元素个数为 0，其后的参数为要添加的新元素，如 arr.splice(2,0,'g','h')。

2．转换

数组转换为字符串有 2 种方法，分别为 toString()和 join()。数组的转换方法如表 7.7 所示。

表 7.7　数组的转换方法

方法	说明
toString()	toString()方法可将数组转换为字符串
join()	join()方法以参数作为分隔符，将所有数组元素组成一个字符串返回。如果不提供参数，则默认用逗号分隔

join()方法有 3 种用法：第 1 种用法是 join()方法设置参数，以指定分隔符分隔，如 join('/')；第 2 种用法是 join()方法不设置参数，以逗号（,）分隔，如 join()；第 3 种用法是 join()方法参数为空，没有分隔符分隔，如 join('')。

数组转换为字符串的具体示例代码如下所示。

< 162 >

```
<script>
  var arr1=['西游记','红楼梦','三国演义','水浒传'];
  console.log(arr1.toString());  // 西游记,红楼梦,三国演义,水浒传
  console.log(arr1.join('/'));  // 西游记/红楼梦/三国演义/水浒传
  console.log(arr1.join(' '));  // 西游记 红楼梦 三国演义 水浒传  （参数为空格）
  console.log(arr1.join());  // 西游记,红楼梦,三国演义,水浒传
  console.log(arr1.join(''));  // 西游记红楼梦三国演义水浒传  （参数为空）
</script>
```

3. 遍历

数组遍历就是操作数组中的每一个元素，常见的方法有 for 循环、for…in 循环、for…of 循环、forEach()、map()、every()、some()、filter()等。数组的遍历方法如表 7.8 所示。

表 7.8　数组的遍历方法

方法	说明
for 循环	for 循环是使用频率最高且最简单的一种循环遍历方法，需要配合 length 属性和数组元素索引来实现。语法格式为 for(i=0;i<array.length;i++)
for…in 循环	for…in 循环既可以用于遍历数组，也可以用于遍历对象，但效率低，其变量是元素的索引。语法格式为 for(var index in array)
for…of 循环	ECMAScript 6 开始支持 for…of 循环,不仅可以遍历数组,还可以遍历可迭代对象,能够正确响应 break 语句、continue 语句和 return 语句。for…of 循环的变量是元素的值。语法格式为 for(var value of array)
forEach()	forEach()没有返回值，对原数组没有影响，不支持 IE。该方法传递进去的回调函数的执行次数是根据数组元素个数决定的。回调函数的可选参数有 3 个，value 为数组元素的值，index 为元素的索引，array 为原数组。语法格式为 arr.forEach(function(value,index,array){…})
map()	map()为数组的每个元素依次调用指定的回调函数，根据函数结果返回一个新数组，能为数组添加元素。语法格式为 arr.map(function(value,index,array){…})
every()	every()可以确定数组是否所有元素都满足指定条件。该方法为数组的每个元素依次调用指定的回调函数，如果回调函数中的所有数组元素返回 true，则 every()返回值为 true，否则返回值为 false。语法格式为 arr.every(function(value,index,array){…})
some()	some()可以确定数组的元素是否满足指定的条件。该方法为数组的每个元素依次调用指定的回调函数，如果回调函数中至少有一个数组元素返回 true，则 some()返回值为 true，否则返回值为 false。语法格式为 arr.some(function(value,index,array){…})
filter()	filter()可以返回数组中满足指定条件的元素，具有筛选元素的效果。该方法为数组的每个元素依次调用指定的回调函数，如果回调函数中数组元素返回 true，则 filter()返回值为数组中所有返回值是 true 的元素，组成一个新数组，不会改变原数组。语法格式为 arr.filter(function(value,index,array){…})

使用 filter()方法遍历数组，筛选出需要的数组元素，具体示例代码如下所示。

```
<script>
var array=['西游记','红楼梦','三国演义','水浒传'];  // 创建原数组
// 定义新数组，使用 filter()遍历调用函数
var Arr=array.filter(function (value,index,array){
    if(value.length>3){  // 筛选条件，元素的长度大于 3 时
        return false;  // 若元素返回 false，筛选掉该元素
    }
    return true;  // 若元素返回 true，该元素添加进新数组
})
console.log(Arr)  // ['西游记', '红楼梦', '水浒传']
```

< 163 >

```
console.log(array)  // ['西游记', '红楼梦', '三国演义', '水浒传'] (不会改变原数组)
<script>
```

4. 其他数组方法

除了上述几种数组操作方法之外，数组还有查找、合并、排序、反转等操作方法，如表 7.9 所示。

表 7.9　其他数组方法

方法	说明
indexOf()	indexOf(元素)方法用于查找数组元素在数组中的位置，返回值为该元素的索引，若没有该元素，则返回 −1。当出现多个重复的元素时，只返回第一个元素的索引，可通过第 2 个参数设置起始查找位置，以便查找后面相同元素的位置。语法格式为 indexOf('b',2)
lastindexOf()	lastindexOf(元素)方法与 indexOf(元素)方法类似，区别是从数组的末端开始查找数组元素在数组中的位置
reduce()	reduce()方法为数组的每个元素依次调用指定的回调函数，返回值为累积结果。第 1 个参数为数组的累积变量，默认为数组的第 1 个元素；第 2 个元素为数组的当前变量，默认为数组的第 2 个元素；第 3 个可选参数为当前数组元素的索引，第 4 个可选参数为原数组。语法格式为 arr.reduce(function(previousValue, currentValue,currentIndex,array){…})
reduceRight()	reduceRight()方法与 reduce()方法类似，区别是从数组的末端开始向前累积
concat()	concat()方法通过合并（连接）现有数组来创建一个新数组。该方法可以使用任意数量的数组参数，返回一个新数组，不会改变原数组。语法格式为 arr.concat(array,…)
reverse()	reverse()方法用于反转数组中的元素，能够颠倒数组元素的顺序
sort()	sort()方法可对数组元素进行排序，默认按照字符串的字典顺序排序，排序后原数组将被改变

通常情况下，sort()方法对字符串排序是区别大小写的，大写字母会排在前面。而 sort()方法对数值排序会产生不正确的结果，因为它把数字按照字符串来排序，"3"大于"1"则"32"大于"100"。可以通过一个比值函数来解决此类问题。

使用比值函数的目的是定义另一种排序顺序，比值函数可接收 2 个参数，代表数值数组中的任意 2 个元素，其返回值为负数、正数或 0。若 2 个数值比较后返回正数，则交换这 2 个数的位置；若 2 个数值比较后返回负数，则 2 个数的位置不变；若 2 个数值比较后返回 0，说明 2 个数相等，不需要排序。sort()方法比较两个数值时，会将数值传入比值函数，并根据所返回的值（负数、0 或正数）对这些数值进行排序，具体示例代码如下所示。

```
<script>
  var num = [32, 100, 2, 17, 8, 25];
  num.sort(function(a, b){  // 传入参数
    return a - b  // 比值函数
  });
  console.log(num);  // [2, 8, 17, 25, 32, 100] (排序后会改变原数组)
</script>
```

使用相同的技巧对数组进行降序排序，即 return b - a，可将数组元素降序排列。

7.4.4　Math 对象

Math 对象是 JavaScript 中的内置对象，提供一系列数学常数和数学方法。Math()不是构造函数，Math 对象的所有属性和方法都可以通过使用 Math 对象来调用，而无须创建。

1. Math 对象属性

常见的 Math 对象属性也就是数学常数，如表 7.10 所示。

< 164 >

表 7.10　常见的 Math 对象属性

属性	说明
Math.E	返回欧拉数（约 2.718）
Math.LN2	返回 2 的自然对数（约 0.693）
Math.LN10	返回 10 的自然对数（约 2.302）
Math.LOG2E	返回 E 的以 2 为底的对数（约 1.442）
Math.LOG10E	返回 E 的以 10 为底的对数（约 0.434）
Math.PI	返回圆周率 π（约 3.14）
Math.SQRT1_2	返回 1/2 的平方根（约 0.707）
Math.SQRT2	返回 2 的平方根（约 1.414）

2．Math 对象方法

常见的 Math 对象方法如表 7.11 所示。

表 7.11　常见的 Math 对象方法

方法	说明	示例
Math.random()	0～1 的随机数	Math.random()（返回 0.8355）
Math.abs(x)	绝对值	Math.abs(-1.15)（返回 1.15）
Math.trunc(x)	取整，去掉小数部分	Math.trunc(2.37)（返回 2）
Math.ceil(x)	向上取整	Math.ceil(2.01)（返回 3）
Math.floor(x)	向下取整	Math.floor(1.99)（返回 1）
Math.round(x)	四舍五入	Math.round(2.58)（返回 3）
Math.max(x,y,…)	取最大值	Math.max(1,-2,3)（返回 3）
Math.min(x,y,…)	取最小值	Math.min(1,-2,3)（返回-2）
Math.sqrt(x)	平方根	Math.sqrt(9)（返回 3）
Math.cbrt(x)	立方根	Math.cbrt(8)（返回 2）
Math.pow(x,y)	x 的 y 次幂	Math.pow(2,4)（返回 16）

利用 Math.random()方法实现随机输出 20～50 的 10 个整数，具体示例代码如下所示。

```
<script>
  for(var i=0; i<10; i++){  //for 循环 10 次
   //生成随机整数，包含下限值，但不包含上限值
   console.log(20+parseInt(Math.random()*31));  //随机生成 20～50 的 10 个整数
  }
</script>
```

7.4.5　实例：随机点名器

1．页面结构简图

本实例是一个随机点名器的页面。该页面主要由<div>块元素、按钮标签、段落标签和内联元素构成。随机点名器的页面结构简图如图 7.14 所示。

2．代码实现

（1）主体结构代码

新建一个 HTML 文件，以外链方式在该文件中

图 7.14　随机点名器页面结构简图

< 165 >

引入 CSS 文件和 JavaScript 文件。首先在<body>标签中定义父元素块，并添加 id 属性 "call"，再在父元素块中添加按钮标签、段落标签和内联元素。

【例 7.11】随机点名器。

```
1.   <!DOCTYPE html>
2.   <html lang="en">
3.   <head>
4.       <meta charset="UTF-8">
5.       <title>随机点名器</title>
6.   </head>
7.   <link type="text/css" rel="stylesheet" href="random.css">
8.   <body>
9.   <!-- 随机点名器页面 -->
10.  <div id="call">
11.      <button id="btn1">开始点名</button>
12.      <button id="btn2">停止点名</button>
13.      <p class="info">点名开始! 请看大屏幕</p>
14.      <!-- 编号显示屏幕框 -->
15.      <div class="screen">
16.          <!-- 具体编号显示区 -->
17.          <span class="name"></span>
18.      </div>
19.  </div>
20.  <script type="text/javascript" src="name.js"></script>
21.  </body>
22.  </html>
```

在例 7.11 的代码中，按钮标签用于制作"开始点名"按钮和"停止点名"按钮，段落标签用于在网页中显示点名提示信息，内联元素用于在屏幕框中显示点名的具体编号。

（2）CSS 代码

新建一个 CSS 文件 random.css，在该文件中加入 CSS 代码，设置页面样式，具体代码如下所示。

```
1.   /* 清除页面默认边距 */
2.   *{
3.       margin: 0;
4.       padding: 0;
5.   }
6.   /* 设置 body 页面 */
7.   body{
8.       background-color: #fcfaed;
9.   }
10.  /* 设置随机点名器页面 */
11.  #call {
12.      width: 600px;
13.      border: 3px solid #CC9966;   /* 添加边框样式 */
14.      text-align: center;
15.      margin: 20px auto;
16.  }
17.  /* 设置开始和停止点名按钮 */
18.  #btn1,#btn2{
```

< 166 >

```
19.        width: 110px;
20.        height: 50px;
21.        font-size: 17px;
22.        border: none;   /* 取消边框 */
23.        border-radius: 10px;    /* 添加元素圆角 */
24.        margin: 10px 50px 0 50px;   /* 设置外边距，上右下左 */
25.        color: #990000;
26.        background-color: #FFCC99;
27.        cursor: pointer;    /* 鼠标指针改变形状 */
28.    }
29.    /* 设置点名提示信息 */
30.    .info{
31.        font-size: 20px;
32.        font-weight: bold;   /* 字体加粗 */
33.        margin: 10px auto;
34.        text-align: center;
35.        color: #339900;
36.    }
37.    /* 设置编号显示屏幕框 */
38.    .screen{
39.        position: relative;   /* 设置相对定位 */
40.        width: 150px;
41.        height: 100px;
42.        border: 2px solid #CCCC66;
43.        border-radius: 10px;
44.        margin: 12px auto;
45.    }
46.    /* 设置具体编号显示区 */
47.    .name{
48.        font-size: 35px;
49.        position: absolute;   /* 设置绝对定位 */
50.        left: 40px;       /* 设置偏移位置 */
51.        top: 25px;
52.    }
53.    /* 设置<li>标签 */
54.    ul li{
55.        width: 75px;
56.        height: 40px;
57.        line-height: 40px;   /* 设置行高 */
58.        display: inline-block;     /* 将<li>标签转化为内联块元素 */
59.        font-size: 18px;
60.        text-align: center;
61.        border: 3px dashed #CC6666;       /* 添加边框样式，边框线条为虚线 */
62.        border-radius: 35%;
63.        margin: 5px 5px;
64.    }
65.    /* 设置随机点名时选中的<li>元素 */
66.    li.pitch{
67.        background-color: #CCCCFF;
68.        color: #003399;
69.        font-weight: bold;    /* 字体加粗 */
70.    }
```

< 167 >

上述 CSS 代码首先为随机点名器页面添加边框样式，再设置开始和停止点名按钮，取消按钮边框，使用 border-radius 属性为元素添加圆角效果；然后设置编号显示屏幕框，为其添加相对定位，再为具体编号显示区添加绝对定位，使用位置属性设置具体偏移位置；最后设置在 JavaScript 中添加的<li>标签，使用 display 属性将<li>标签转化为内联块元素，并通过 CSS 属性设置<li>标签的样式，以及设置随机点名时被选中的<li>标签的样式。

（3）JavaScript 代码

新建一个 JavaScript 文件 name.js，在该文件中加入 JavaScript 代码，具体代码如下所示。

```
1.   //获取页面元素call
2.   var call=document.getElementById("call");
3.   //获取开始按钮
4.   var start=document.getElementById("btn1");
5.   //获取停止按钮
6.   var stop=document.getElementById("btn2");
7.   //创建列表
8.   var ulArr=document.createElement("ul");
9.   //将列表添加到父级元素块中
10.  call.appendChild(ulArr);
11.  //获取JS中插入的<li>标签
12.  var li=document.getElementsByTagName("li");
13.  //插入数组
14.  var
     arr=["01","02","03","04","05","06","07","08","09","10","11","12","13","14",
     "15","16","17","18","19","20","21","22"]
15.  //动态创建<li>标签，添加到列表
16.  for(var i=0;i<arr.length;i++){
17.      //创建<li>标签
18.      var liArr=document.createElement("li");
19.      //根据索引在<li>标签中添加数组中的1个元素
20.      liArr.innerText=arr[i];
21.      //将<li>标签添加到列表中
22.      ulArr.appendChild(liArr);
23.  }
24.
25.  //声明定时器
26.  var timer = null;
27.  //单击开始进行随机选择
28.  start.onclick=function () {
29.      //每次运行之前清除
30.      clearInterval(timer);
31.      //设置定时器
32.      timer=setInterval(function () {
33.          //根据数组长度范围生成随机数
34.          var i = Math.floor(Math.random()*arr.length);
35.          //通过for循环清空所有<li>标签的类样式
36.          for(var j=0;j<li.length;j++){
37.              li[j].removeAttribute("class");
```

```
38.          }
39.          //为随机选择的<li>重新设置类样式
40.          li[i].className="pitch";
41.      },300);
42.  };
43.
44.  // 单击停止选择
45.  stop.onclick=function () {
46.      //清除定时器
47.      clearInterval(timer);
48.      //根据类样式找到选中的元素
49.      var choose = document.getElementsByClassName("pitch")[0];
50.      //获取选中元素的文本内容
51.      var name=choose.innerText;
52.      //获取在屏幕框中的显示元素
53.      var nameSpan = document.getElementsByClassName("name")[0];
54.      //在显示屏幕框中添加并显示文本内容
55.      nameSpan.innerText=name+"号";
56.  }
```

　　上述 JavaScript 代码首先通过 DOM 操作获取随机点名器页面中的各元素，接着创建无序列表，并将其添加到父级元素块中，再在 JavaScript 中插入<li>标签和姓名数组，将<li>标签添加到无序列表中，并赋值数组中的元素；然后为开始按钮添加单击事件，设置定时器，根据数组长度范围生成随机数，通过 for 循环清空所有<li>标签的类样式，再为随机选中的<li>标签重新设置类样式；最后为停止按钮添加单击事件，根据类样式找到选中的元素，获取其文本内容，并在屏幕框中显示出文本内容。

7.5　本章小结

　　本章重点讲述如何通过 JavaScript 操作页面，主要介绍了 JavaScript 的基础语法、DOM 操作页面的方法、定时器的使用和 Date 对象方法，以及数组的使用和 Math 对象方法。

　　通过本章内容的学习，读者能够掌握 JavaScript 的一些基础知识，运用 JavaScript 操作页面。

7.6　习题

1．填空题

（1）JavaScript 中的流程控制语句一般可分为_____、_____和_____ 3 种。

（2）if 语句一般可分为_____、_____和_____ 3 种形式。

（3）在 DOM 中，通过_____方法可创建或修改元素属性。

（4）在 BOM 中，有_____和_____ 2 种定时器。

（5）理论上数组最多可存放_____个值。

< 169 >

2．选择题

（1）DOM 通过标签名获取元素的方法是（　　）。

    A．getElementsByName()　　　　　　　　B．getElementsByTagName()

    C．getElementById()　　　　　　　　　　D．getElementsByClassName

（2）在 DOM 中，元素节点的 nodeType 属性返回的节点类型是（　　）。

    A．1　　　　　　　B．2　　　　　　　C．3　　　　　　　D．8

（3）在 DOM 中，通过传入指定的标签名创建一个元素节点的方法是（　　）。

    A．createElement()　　B．appendChild()　　C．cloneNode()　　　D．replaceChild()

（4）可对数组元素进行排序的方法是（　　）。

    A．push()　　　　　B．join()　　　　　C．reverse()　　　　D．sort()

3．思考题

（1）简述 new 操作符的 4 个作用。

（2）简述 continue 语句与 break 语句的区别。

4．编程题

（1）使用 for 循环和 splice()方法将工资数组中超过 5000 元的数值删除，实现结果如图 7.15 所示。

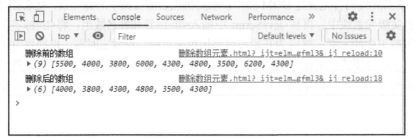

图7.15　删除数组元素

（2）使用 JavaScript 在表格中增加或删除学生信息。通过 DOM 操作获取文本框的内容，再使用 innerHTML 方法在网页上添加并显示添加的信息；然后通过 removeChild()方法删除元素节点，即可删除该学生信息，实现结果如图 7.16 所示。

图7.16　增加或删除学生信息

< 170 >

第 **8** 章 实现 HTML5 应用

本章学习目标

实现 HTML5 应用

- 了解 HTML5 多媒体。
- 掌握<video>标签和<audio>标签的应用方法。
- 掌握 HTML5 地理定位的应用方法。
- 掌握画布的应用方法。

HTML5 是目前最新的 HTML 标准，是专门为承载丰富的 Web 内容而设计的，并且不需要额外插件。HTML5 拥有新的语义、图形以及多媒体元素，如<canvas>、<video>等元素。而且，HTML5 提供的新元素和新的 API 简化了 Web 应用程序的搭建，例如，通过 Geolocation API 能更方便地获取地理信息。

8.1 添加媒体文件

8.1.1 <video>标签

<video>标签用于定义视频，如电影片段或其他视频流。<video>标签是 HTML5 的新标签，使用<video>标签可以在网页上直接插入视频文件，而不需要任何第三方插件。<video>标签有以下 3 点优势。

（1）跨平台、好升级、好维护，降低 App 开发成本。

（2）具有良好的移动支持，如支持手势、本地存储和视频续播等，通过 HTML5 可实现网站移动化。

（3）代码更加简洁，交互性更好。

<video>标签的不足之处是兼容性差。不同的浏览器支持的视频格式不一样，这就导致网页中的视频可能无法播放。

1．视频格式

<video>标签支持的视频格式有 MPEG4、WebM 和 Ogg。这 3 种视频格式的说明如下。

（1）MPEG4 简称 MP4，是带有 H.264 视频编码和 AAC 音频编码的视频格式。

（2）WebM 是带有 VP8 视频编码和 Vorbis 音频编码的视频格式。

（3）Ogg 是带有 Theora 视频编码和 Vorbis 音频编码的视频格式。

Internet Explorer 9+、Chrome、Firefox、Opera 和 Safari 浏览器支持<video>标签，但不支持部分视频格式。浏览器对视频格式的支持情况如表 8.1 所示。

表 8.1　浏览器对视频格式的支持情况

格式	浏览器				
	Internet Explorer 9+	Chrome	Firefox	Opera	Safari
MPEG4	支持	支持			支持
WebM		支持	支持	支持	
Ogg		支持	支持	支持	

2．语法格式

<video>标签的语法格式如下所示。

```
<video src="视频文件路径"></video>
```

或

```
<video>
    <source src="视频文件路径" type="视频格式"></source>
    ...
</video>
```

在上述语法中，src 是 source 的缩写，意思是"来源"，实际指视频的路径。<source>标签为媒体元素（如<video>元素和<audio>元素）定义媒体资源，src 属性规定媒体文件的 URL，type 属性规定资源的媒体类型。<source>标签可以写多个，这是为了兼容各种浏览器，但里面只能有一个 src 属性说明文件路径。type 属性兼容不同浏览器，其属性值有 video/ogg、video/mp4 和 video/webm，例如，<source src="happy.mp4" type="video/mp4"></source>。

3．标签属性

<video>标签的常用属性有 controls、autoplay、loop、muted、poster、preload、width、height 等，如表 8.2 所示。

表 8.2　<video>标签的常用属性

属性	值	说明
controls	controls	如果出现该属性，则向用户显示控件，如播放按钮
autoplay	autoplay	如果出现该属性，则视频在就绪后马上播放。注意，HTML 中布尔值不是 true 和 false，在标签中使用此属性表示 true，在标签中不使用此属性则表示 false
loop	loop	如果出现该属性，则在媒体文件完成播放后再次开始播放
muted	muted	规定视频的音频输出被静音
poster	URL	规定视频下载时显示的图像，或者在用户单击播放按钮前显示的图像
preload	none/metadata/auto	如果出现该属性，则视频在页面加载时进行加载，并预备播放。如果已使用"autoplay"，则忽略该属性
width	pixels	设置视频播放器的宽度
height	pixels	设置视频播放器的高度

在表 8.2 中，preload 属性有 3 个值，分别为 none、metadata、auto。auto 表示页面加载后载入整个视频。metadata 表示页面加载后只载入元数据，包括尺寸、第一帧、曲目列表、持续时间等。none 表示页面加载后不载入视频。

< 172 >

4．演示说明

【例 8.1】在网页中使用<video>标签添加一个视频文件。

```
1.   <!DOCTYPE html>
2.   <html lang="en">
3.   <head>
4.       <meta charset="UTF-8">
5.       <title>添加视频</title>
6.   </head>
7.   <body>
8.   <!-- 添加一个视频文件，设置未播放前的图像、视频宽度、自动播放、循环播放、显示控件 -->
9.   <video src="media/preach.mp4" poster="media/3.jpg" width="600" autoplay loop
     controls></video>
10.  </body>
11.  </html>
```

运行结果如图 8.1 所示。

图 8.1　例 8.1 运行结果

8.1.2　<audio>标签

<audio>标签用于定义声音，如音乐或其他音频流。<audio>标签是 HTML5 的新标签，使用<audio>标签可以在网页上直接插入音频文件，而不需要任何第三方插件。

1．音频格式

<audio>标签支持的音频格式有 MP3、Vorbis 和 WAV。这 3 种音频格式的说明如下。

（1）MP3 是一种音频压缩技术，其全称为动态影像专家压缩标准音频层面 3（Moving Picture Experts Group Audio Layer Ⅲ），被用来大幅度地降低音频数据量。

（2）Vorbis 是类似于 ACC 的另一种免费和开源的音频编码，是用于替代 MP3 的下一代音频压缩技术。

（3）WAV 是 Windows 标准录音文件格式，文件的扩展名为.wav，数据本身的格式为 PCM 或压缩型，属于无损音乐格式的一种。

Internet Explorer 9+、Chrome、Firefox、Opera 和 Safari 浏览器支持<audio>标签，但不支持部分音频格式。浏览器对音频格式的支持情况如表 8.3 所示。

< 173 >

表 8.3 浏览器对音频格式的支持情况

格式	浏览器				
	Internet Explorer 9+	Chrome	Firefox	Opera	Safari
MP3	支持	支持			支持
Vorbis		支持	支持	支持	
WAV			支持	支持	支持

2. 语法格式

<audio>标签的语法格式如下所示。

```
<video src="音频文件路径"></video>
```

或

```
<video>
    <source src="音频文件路径" type="音频格式"></source>
    ...
</video>
```

<audio>标签的使用方法与<video>标签基本相同。

8.1.3 DOM 操作媒体文件

1. 操作方法

HTML5 为<video>元素和<audio>元素提供了用于 DOM 操作的方法。常用的 DOM 操作媒体文件方法如表 8.4 所示。

表 8.4 常用的 DOM 操作媒体文件方法

方法	说明
play()	播放媒体文件。如果视频没有加载，则加载并播放；如果视频暂停，则播放视频
pause()	暂停播放媒体文件
load()	加载媒体文件。通常用于播放前的预加载，为播放做准备，也用于重新加载媒体文件
requestFullscreen()	控制视频全屏

2. 操作属性

HTML5 为<video>元素和<audio>元素提供了用于 DOM 操作的属性，如表 8.5 所示。

表 8.5 用于 DOM 操作的属性

属性	说明
currentTime	设置或返回音频/视频的当前播放位置（单位为秒），获取的值是精确的小数
currentSrc	返回当前音频/视频的 URL
duration	返回当前音频/视频的长度（单位为秒）
volume	设置或返回音频/视频的音量，属性值为数值 0~1
paused	设置或返回音频/视频是否暂停，属性值为布尔值 true 或 false
muted	设置或返回音频/视频是否静音，属性值为布尔值 true 或 false
ended	返回音频/视频的播放是否已结束，属性值为布尔值 true 或 false

< 174 >

续表

属性	说明
error	返回表示音频/视频错误状态的 MediaError 对象
playbackRate	设置或返回音频/视频播放的速度，属性值为数值，0~1 是慢速播放，大于 1 是快速播放，1 是正常速度播放。数值最小 0.06，最大 16
loop	设置或返回音频/视频是否在结束时重新播放，属性值为布尔值 true 或 false

8.1.4　实例：JS 控制视频

1. 页面结构简图

本实例是一个使用 JavaScript 实现按钮控制视频的页面。该页面主要由<div>块元素、按钮标签和视频标签构成。JS 控制视频的页面结构简图如图 8.2 所示。

图 8.2　JS 控制视频页面结构简图

2. 代码实现

（1）主体结构代码

新建一个 HTML 文件，以外链方式在该文件中引入 CSS 文件和 JavaScript 文件。首先在<body>标签中定义父元素块，并添加 id 属性"media"；然后在父元素块中添加视频标签和按钮标签。

【例 8.2】JS 控制视频。

```
1.  <!DOCTYPE html>
2.  <html lang="en">
3.  <head>
4.    <meta charset="UTF-8">
5.    <title>JS 控制视频</title>
6.    <link type="text/css" rel="stylesheet" href="media.css">
7.  </head>
8.  <body>
9.  <!-- 控制媒体页面 -->
10. <div id="media">
```

< 175 >

```
11.        <video src="media/preach.mp4"  width="540px"  id="myVideo" controls></video>
12.        <!-- 按钮区域 -->
13.        <div class="control">
14.            <button>播放</button>
15.            <button>暂停</button>
16.            <button>切换</button>
17.
18.            <button>放大</button>
19.            <button>缩小</button>
20.            <button>还原</button>
21.
22.            <button>静音</button>
23.            <button>消除静音</button>
24.
25.            <button>音量+</button>
26.            <button>音量-</button>
27.
28.            <button>倍率+</button>
29.            <button>倍率-</button>
30.            <button>倍率还原</button>
31.
32.            <button>快进</button>
33.            <button>快退</button>
34.
35.            <button>循环</button>
36.            <button>不循环</button>
37.
38.            <button>全屏</button>
39.        </div>
40.    </div>
41.    <script type="text/javascript" src="control.js"></script>
42.    </body>
43.    </html>
```

在例 8.2 的代码中，<video>标签用于在网页中插入一个视频，通过单击不同的按钮，可实现 JavaScript 控制视频，如控制视频的播放、音量、快进等。

（2）CSS 代码

新建一个 CSS 文件 media.css，在该文件中加入 CSS 代码，设置页面样式，具体代码如下所示。

```
1.   /* 清除页面默认边距 */
2.   *{
3.       margin: 0;
4.       padding: 0;
5.   }
6.   /* 设置控制媒体页面 */
7.   #media{
8.       width: 540px;
9.       margin: 10px auto;   /* 设置外边距 */
10.  }
```

< 176 >

```
11.  /* 设置按钮区域 */
12.  .control{
13.      margin: 2px auto;
14.      text-align: center;
15.  }
16.  /* 统一设置各个按钮 */
17.  button{
18.      width: 80px;
19.      height: 34px;
20.      font-size: 18px;
21.      margin: 5px 2px;
22.  }
```

上述 CSS 代码首先设置控制媒体页面，使用 margin 属性设置页面的外边距，再设置视频下方的按钮区域，使用 text-align 属性将内容居中显示；然后统一设置各个按钮，使用 CSS 属性设置按钮样式。

（3）JavaScript 代码

新建一个 JavaScript 文件 control.js，在该文件中加入 JavaScript 代码，具体代码如下所示。

```
1.   // 获取视频元素
2.   var myvideo=document.getElementById("myVideo");
3.   // 获取按钮元素
4.   var btnArr=document.querySelectorAll("button");
5.   // 为第一个按钮添加单击事件
6.   btnArr[0].onclick=function () {
7.       // 控制播放
8.       myvideo.play();
9.   };
10.  btnArr[1].onclick=function () {
11.      // 控制暂停
12.      myvideo.pause();
13.  };
14.  btnArr[2].onclick=function () {
15.      // 切换播放与暂停
16.      if(myvideo.paused){
17.          myvideo.play();
18.      }
19.      else{
20.          myvideo.pause();
21.      }
22.  };
23.
24.  // 页面加载时，获取视频在页面中的宽度
25.  var srcWidth=myvideo.width;
26.  btnArr[3].onclick=function(){
27.      // 视频放大 1 倍
28.      myvideo.width= myvideo.width*2;
29.  };
30.  btnArr[4].onclick=function(){
31.      // 视频缩小 1/2
32.      myvideo.width= myvideo.width/2;
33.  };
34.  btnArr[5].onclick=function(){
```

< 177 >

```
35.     // 视频还原
36.     myvideo.width=srcWidth;
37. };
38.
39. btnArr[6].onclick=function(){
40.     // 控制静音
41.     myvideo.muted=true;
42. };
43. btnArr[7].onclick=function(){
44.     // 取消静音
45.     myvideo.muted=false;
46. };
47.
48. btnArr[8].onclick=function(){
49.     // 增加音量（音量范围为0~1）
50.     if(myvideo.volume>=1){
51.         return;
52.     }
53.     // 每次增加音量0.1
54.     myvideo.volume+=0.1;
55. };
56.
57. btnArr[9].onclick=function(){
58.     // 减小音量
59.     // 当音量小于0.1时，设置音量为0
60.     if(myvideo.volume<0.1){
61.         myvideo.volume=0;
62.         return;
63.     }
64.     myvideo.volume-=0.1;
65. };
66.
67. // 页面加载时，获取默认倍率
68. var rate=myvideo.playbackRate;
69. btnArr[10].onclick=function(){
70.     // 放大倍率（最大倍率不超过16）
71.     if(myvideo.playbackRate>=15){
72.         return;
73.     }
74.     // 每次增加倍率0.2
75.     myvideo.playbackRate+=0.2
76. };
77. btnArr[11].onclick=function(){
78.     // 减小倍率
79.     if(myvideo.playbackRate<0.2){
80.         return;
81.     }
82.     myvideo.playbackRate-=0.2
83. };
84. btnArr[12].onclick=function(){
85.     // 还原倍率
86.     myvideo.playbackRate=rate;
```

< 178 >

```
87.  };
88.
89.  btnArr[13].onclick=function(){
90.      // 视频快进 （单位为秒）
91.      if(myvideo.currentTime>=myvideo.duration){
92.          return;
93.      }
94.      // 每次视频快进 5s
95.      myvideo.currentTime+=5;
96.  };
97.  btnArr[14].onclick=function(){
98.      // 视频快退
99.      if(myvideo.currentTime<=5){
100.          return;
101.      }
102.      myvideo.currentTime-=5;
103.  };
104.
105.  btnArr[15].onclick=function(){
106.      // 视频播放循环
107.      myvideo.loop=true;
108.  };
109.  btnArr[16].onclick=function(){
110.      // 视频播放不循环
111.      myvideo.loop=false;
112.  };
113.
114.  btnArr[17].onclick=function(){
115.      // 控制视频全屏
116.      myvideo.requestFullscreen();
117.  };
```

　　上述 JavaScript 代码首先通过 DOM 操作获取视频元素和按钮元素；然后依次为 18 个按钮分别添加单击事件，根据 HTML5 为媒体文件提供的 DOM 操作方法和属性，实现 JavaScript 控制视频。

8.2　实现地理定位

8.2.1　BOM 概述

　　浏览器对象模型（Browser Object Model，BOM）提供独立于内容但可以与浏览器窗口进行交互的对象，使 JavaScript 有能力与浏览器“对话”。“对话”指对浏览器的操作，如改变窗口大小、打开新窗口、关闭窗口、弹出对话框、进行导航以及获取客户的一些信息（如浏览器名称、版本和屏幕分辨率）等。

1. window 对象

　　在 BOM 中可利用 window 对象获取浏览器窗口。BOM 是一个分层结构，window 对象是整个 BOM 的核心（顶层）对象，表示浏览器中打开的窗口。BOM 分层结构如图 8.3 所示。

< 179 >

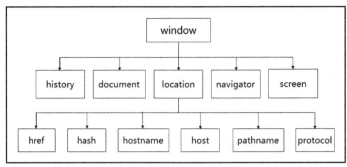

图 8.3　BOM 分层结构

在浏览器中打开网页时，首先看到的是浏览器窗口，即顶层的 window 对象，可以使用 window 标识符引用。顶层对象即最高层的对象，其他所有对象都是它的下属。JavaScript 中规定，浏览器环境中的所有全局变量都是 window 对象。

window 对象中定义了一些属性，例如，代表 location 对象的 location 属性表示浏览器当前打开页面的 URL 信息；代表 history 对象的 history 属性表示浏览器历史访问列表；代表 navigator 对象的 navigator 属性包含与浏览器本身相关的信息。

（1）location 对象

location 对象表示浏览器当前打开页面的 URL 信息。在网络中，URL 是信息资源的一种字符串表示方式，俗称为网址。通常 URL 的语法格式如下所示。

```
scheme:// hostname:port/path?querystring#fragment
```

各部分的说明如下所示。

① scheme 是通信协议方案，如 http、https、ftp、file 等。

② hostname 是主机名，指服务器的域名系统（Domain Name System，DNS）主机名或 IP 地址，如 www.baidu.com、192.168.0.5 等。

③ port 表示端口，是一个整数，可以省略。当省略端口时，使用对应协议的默认端口。例如，HTTP 默认端口为 80，HTTPS 默认端口为 443，FTP 默认端口为 21。

④ path 是访问资源的具体路径，通常为服务器上的目录或文件地址。如 folder/test.html、register.html、details.jsp 等。

⑤ querystring 是查询字符串（可选），通常用于向动态网页（PHP、JSP、ASP.NET 等）传递参数，以问号（？）连接在访问资源路径之后。传递的参数是键值对格式，用等号（＝）连接，如果传递的参数有多个，则各个键值对间用 "&" 连接，如 username=xiaoming&age=18&address=beijing。

⑥ fragment 用于指定资源中的信息片段（可选），通常用 "#" 与前面的字符串连接。在浏览器中访问网页资源时，"#" 代表网页中的某个位置，右边的字符串为该位置的标识符，使用超级链接实现页面内部导航时经常会用到它，如<a href="#reg_help">用户注册</a>。

location 对象中定义了一系列属性，用于获取 URL 各部分内容，如表 8.6 所示。

表 8.6　location 对象属性

属性	说明
href	获取完整的 URL 或设置 URL
hash	获取 URL 中 "#" 后面的字符串，包含 "#"
host	获取 URL 中主机名和端口信息
hostname	获取 URL 中主机名

< 180 >

续表

属性	说明
pathname	获取资源
protocol	获取 URL 使用协议
port	获取端口
search	获取 URL 中 "?" 后面的字符串，包含 "?"

如果要改变在浏览器中显示的 URL，最常用的是通过 location.href 属性重新设置 URL，具体示例代码如下所示。

```
location.href="http://www.baidu.com"
```

location 对象有 3 个常用的操作 URL 的方法，即 reload()、replace()和 assign()。reload()方法的主要作用是重新加载当前 URL。replace()方法的作用是用新的 URL 代替当前 URL。assign()方法的作用是重新设置 URL，并向浏览器的历史访问列表中添加一条访问记录。具体示例代码如下所示。

```
location.reload();  //重新加载（刷新）当前页面
location.replace("http://www.baidu.com";  //用新的 URL 代替当前 URL，相当于跳转页面
location.assign("http://www.baidu.com");  //重新设置 URL，相当于跳转页面
```

值得注意的是，使用 replace()方法来替换当前 URL，文档并不会在历史访问列表中添加新的访问记录，所以在调用 rplace()方法后，用户不能通过单击浏览器 "后退" 按钮回到替换前的页面。如果需要保留访问记录，可以使用 assign()方法来加载新的 URL 文档。

（2）history 对象

history 对象代表浏览器历史访问列表，保存用户访问网页的历史记录。history 对象有一个表示浏览器历史访问列表 URL 数量的属性 length，数量包括所有历史记录，即所有可通过单击 "前进" 按钮和 "后退" 按钮跳转到的网页的数量。出于安全方面的考虑，开发人员无法获取 history 对象中的具体信息，但可以借助历史访问列表，在不知道实际 URL 的情况下实现前进或后退。而 history 对象的 back()、forward()或 go()方法可实现网页前进或后退操作，如表 8.7 所示。

表 8.7　前进或后退方法

方法	说明
forward()	网页前进。在历史访问列表中前进 1 页，如 history.forward()
back()	网页后退。在历史访问列表中后退 1 页，如 history.back()
go()	参数为正数时，表示前进指定数量的页面，如 history.go(2); 表示前进 2 页。
	参数为负数时，表示后退指定数量的页面，如 history.go(-3); 表示后退 3 页

（3）navigator 对象

Netscape Navigator 2.0 最早引入了 navigator 对象。现在 navigator 对象已成为识别客户端浏览器信息的事实标准，即所有支持 JavaScript 的浏览器都使用 navigator 对象。

navigator 对象包含常用于检测浏览器信息的属性，如表 8.8 所示。

表 8.8　navigator 对象属性

属性	说明
appCodeName	返回浏览器的代码名，通常是 Mozilla
appName	完整的浏览器名称

< 181 >

续表

属性	说明
appVersion	浏览器平台和版本信息
platform	运行浏览器的操作系统平台
userAgent	返回由客户机发送给服务器的 user-agent 头部信息
userLanguage	操作系统的默认自然语言信息

2．window 对象方法

window 对象的常用方法如表 8.9 所示。

表 8.9　window 对象的常用方法

方法	说明
alert(message)	显示带有一段消息和一个确认按钮的警告框
confirm(message)	显示带有一段消息以及确认按钮和取消按钮的对话框
prompt(message,defaultText)	显示可提示用户进行输入的对话框。可接收 2 个参数，message 为在对话框中显示的纯文本，defaultText 为默认的输入文本
open()	打开一个新的浏览器窗口或查找一个已命名的浏览器窗口
close()	关闭浏览器窗口，但如果没有得到用户的允许，大多数浏览器主窗口是不能关闭的
moveTo()	把窗口的左上角移动到指定的坐标位置
moveBy()	相对于窗口的当前坐标位置把它移动指定的像素

window 对象特有的 2 个事件为 onload（加载）事件和 onunload（关闭）事件。window.onload 事件用于在网页加载完毕后立刻执行的操作，即当 HTML 文档加载完毕时，立刻执行某个方法。window.onunload 事件是当用户离开页面时发生的事件，即单击一个链接提交表单或关闭浏览器窗口触发的事件。

8.2.2　地理定位概述

HTML5 的 Geolocation API（地理定位应用程序接口）用于获得用户的地理位置。鉴于该特性可能侵犯用户的隐私，除非用户同意，否则用户地理位置信息是不可用的。地理定位（Geolocation）是通过 HTML5 技术获取经纬度，再配合第三方的地图 API，便可以展现当前应用所在的位置。很多基于地理位置的应用都是通过地理定位来实现的，例如，可以使用地理定位来显示地图和导航，以及其他一些与用户当前位置有关的信息。

1．地理位置获取流程

（1）打开需要获取位置的 Web 应用。

（2）应用向浏览器请求地理位置，询问用户是否允许获取当前地理位置信息。

（3）如果用户允许，浏览器从设备上获取信息。

（4）浏览器将获取的信息发送到一个信任的位置服务器，服务器返回地理位置信息。

（5）浏览器持续追踪用户的地理位置。

（6）与第三方地图 API 配合，交互呈现地理位置信息。

2．关于地图 API

目前常用的第三方地图 API 为百度地图 API，用户可搜索"百度地图开放平台"进入 API，根据

< 182 >

需要选择相关的开发文档实现地理定位。

（1）介绍

百度地图 JavaScript API GL v1.0 是一套用 JavaScript 编写的应用程序接口，可帮助用户在网站中构建功能丰富、交互性强的地图应用，支持 PC 端和移动端基于浏览器的地图应用开发，且支持 HTML5 特性的地图开发。

百度地图 JavaScript API 支持 HTTP 和 HTTPS，免费对外开放，可直接使用，接口使用无次数限制。JavaScript API GL 使用了 WebGL（Web 图形库）对地图、覆盖物等进行渲染，支持 3D 地图展示。GL 版本接口基本向下兼容，迁移成本低。目前 v1.0 版本支持基本的 3D 地图展示、基本地图控件和覆盖物。

（2）使用范围

百度地图 API 可让用户在接受使用条款约束的情况下，在网站上浏览百度地图图片，进行地点搜索、路线查询和交通流量显示等操作。用户只可使用百度地图 API 文档中所列明的开放 API 功能来对 API 相关服务数据的结果进行展示，不得直接存取、使用内部数据、图片、程序、模块或百度地图的其他服务或功能。

8.2.3　navigator.geolocation 属性

HTML5 为 navigator 对象新增了一个 geolocation 属性。geolocation 属性属于地理定位对象，可获取浏览者的地理位置。利用 JavaScript 接口中 navigator.geolocation 属性的 3 个方法可以实现 HTML5 地理定位操作，这 3 个方法分别为 getCurrentPosition()、watchPosition() 和 clearWatch()。

1. getCurrentPosition()方法

getCurrentPosition()方法用于获取用户当前地理位置信息，其语法格式如下所示。

```
navigator.geolocation.getCurrentPosition(successCallback,errorCallback,options);
```

getCurrentPosition()方法有 3 个回调函数：successCallback 为获取地理位置信息成功时执行的回调函数，返回的数据包含经纬度等信息，结合第三方地图 API 即可在地图中显示当前用户的位置；errorCallback 为获取地理位置信息失败时执行的回调函数，可以根据错误类型提示信息；options 可用来设置更精细的定位。

（1）successCallback

successCallback 回调函数返回一个地理数据对象 position 作为参数。position 对象有 timestamp 和 coords 这 2 个属性。timestamp 表示该地理数据创建时间（时间戳）。coords 表示地理状态，包括 7 个属性，如表 8.10 所示。

表 8.10　coords 属性

属性	说明
coords.longitude	以十进制数表示的经度
coords.latitude	以十进制数表示的纬度
coords.accuracy	位置精度
coords.altitude	海拔高度，以米为单位
coords.altitudeAccuracy	位置的海拔精度
coords.heading	方向，从正北开始，以度为单位
coords.speed	速度，以米/秒为单位

（2）errorCallback

errorCallback 回调函数返回一个错误数据对象 error 作为参数，包括 message 和 code 这 2 个属性。

< 183 >

message 表示错误信息，code 表示错误代码，如表 8.11 所示。

表8.11　错误代码

错误代码	说明
error.PERMISSION_DENIED	表示用户拒绝浏览器获取位置信息的请求，数值为 1，即 code＝＝1
error.POSITION_UNAVAILABLE	表示网络不可用或者连接不到卫星，数值为 2，即 code＝＝2
error.TIMEOUT	表示获取超时，数值为 3，即 code＝＝3。只有在 options 中指定 "timeout" 时才有可能发生这种错误
error.UNKNOWN_ERROR	表示不包括在其他错误代码中的错误，可以在 message 中查找信息

（3）options

options 的数据格式为 JSON，有 3 个可选的属性，即 enableHighAccuracy、timeout、maximumAge。

① enableHighAccuracy 表示是否启用高精确度模式，默认值为 false。如果启用这种模式，浏览器在获取地理位置信息时可能需要耗费更多的时间。

② timeout 表示浏览需要在指定的时间内获取地理位置信息，否则触发 errorCallback 函数，默认不限时，单位为毫秒。

③ maximumAge 表示浏览器重新获取地理位置信息的时间间隔。

2．watchPosition()方法

watchPosition()方法监视当前用户地理位置信息，与 getCurrentPosition()方法相似，同样拥有 3 个参数。但 watchPosition()方法是定期轮询设备的位置，不停地获取和更新用户的地理位置信息，当设备地理位置发生改变时，自动调用。

watchPosition()方法的语法格式如下所示。

```
var id=navigator.geolocation.watchPosition(successCallback,errorCallback,
options);
```

watchPosition()会返回一个数字，唯一地标记该位置监听器，可以将这个数字传给 clearWatch()来停止监视用户位置。

3．clearWatch()方法

clearWatch()方法用于停止监视用户位置，配合 watchPosition()方法使用，可停止 watchPosition()轮询。clearWatch()方法的语法格式如下所示。

```
navigator.geolocation.clearWatch(id);
```

参数 id 为移除的位置监听器所对应的 Geolocation.watchPosition()方法返回的数字。

8.2.4 实例：使用百度地图 API 实现地理定位

1．页面结构简图

本实例是一个使用百度地图 API 实现地理定位的页面。该页面中主要有地图容器、比例尺控件、位置标注图标和标注位置信息显示框等。页面结构简图如图 8.4 所示。

2．代码实现

新建一个 HTML 文件，以内嵌方式在该文件中加入 CSS 代码和 JavaScript 代码。首先在<body>标签中定义<div>块元素，在网页中添加地图位置，并添加 id 属性 "allmap"；然后完成头部文件和地图

< 184 >

容器样式的编写,让地图容器以 90%的比例位于网页中,接着引入百度地图 API 文件,再使用 JavaScript 脚本语言设置地图应用。

图 8.4　使用百度地图 API 实现地理定位页面结构简图

【例 8.3】使用百度地图 API 实现地理定位。

```
1.   <!DOCTYPE html>
2.   <html lang="en">
3.   <head>
4.     <meta http-equiv="Content-Type" content="text/html; charset=utf-8" />
5.     <meta name="viewport" content="initial-scale=1.0, user-scalable=no" />
6.     <title>实现地理定位</title>
7.     <style type="text/css">
8.       body, html {
9.         width: 100%;
10.        height: 100%;
11.      }
12.      #allmap{
13.        width: 90%;
14.        height: 90%;
15.        overflow: hidden;
16.        margin:0;
17.        font-family:"微软雅黑";
18.      }
19.    </style>
20.    <!-- 引入百度地图 API 文件 -->
21.    <script type="text/javascript" src="http://api.map.baidu.com/api?v=1.3">
       </script>
22.  </head>
23.  <body>
24.  <div id="allmap"></div>
25.  <script type="text/javascript">
26.    // 使用 window.onload 事件在网页加载完毕后立刻执行地理定位方法
27.    window.onload = getLocation;
28.    // 调用 HTML5 GeoLocation API 获取地理位置
```

< 185 >

```
29.    function getLocation(){
30.       document.getElementById('allmap').innerHTML = '正在检索......';
31.       // 检查浏览器是否支持 HTML5 Geolocation API
32.       if(navigator.geolocation){
33.        //浏览器支持 geolocation，开始请求地理位置信息
34.          navigator.geolocation.getCurrentPosition(successCallback,errorCallback,
    options);
35.       }
36.      else{
37.         //浏览器不支持 geolocation
38.         alert('浏览器不支持 GeoLocation!');
39.       }
40.     }
41.    // 获取用户当前位置时，设置参数
42.    var options = {
43.      enableHighAccuracy:true,  // 指示浏览器是否启用高精确度模式，默认值为 false
44.       timeout: 5000,     // 指定获取地理位置的超时时间，默认不限时，单位为毫秒
45.       maximumAge:2000     // 最长有效期，在重复获取地理位置时，此参数指定多久后再次获取
46.     }
47.    //当 getCurrentPosition()方法成功时调用的回调函数
48.    function successCallback(position){
49.      //得到地理位置信息
50.      var longitude =position.coords.longitude;    // 十进制经度
51.      var latitude = position.coords.latitude;    // 十进制纬度
52.      var map =new BMap.Map("allmap");  // 使用百度地图 API 创建地图实例
53.      var point =new BMap.Point(longitude,latitude);  // 创建一个坐标
54.      map.centerAndZoom(point, 16);  // 地图初始化，设置中心点坐标和地图级别
55.      map.enableScrollWheelZoom(true);      //开启鼠标滚轮缩放
56.      var scaleCtrl = new BMap.ScaleControl();  // 添加比例尺控件，默认位于地图左下方
57.      map.addControl(scaleCtrl);
58.      // 设置标注的图标，可自己定义图标
59.      var myIcon = new BMap.Icon("../image/icon.png", new BMap.Size(18, 27));
60.      // 设置标注的经纬度
61.      var marker = new BMap.Marker(new BMap.Point(longitude,latitude),
    {icon:myIcon});
62.      // 把标注添加到地图上
63.      map.addOverlay(marker);
64.      // 设置单击事件
65.      marker.addEventListener("click", function(){
66.        alert("经度:" + longitude + ",纬度:" + latitude);
67.      });
68.     }
69.    // 获取失败时
70.    function errorCallback(error){
71.      switch(error.code){
72.       case 1:
73.         alert("位置服务被拒绝");
74.         break;
```

< 186 >

```
75.        case 2:
76.          alert("暂时获取不到位置信息");
77.          break;
78.        case 3:
79.          alert("获取信息超时");
80.          break;
81.        case 4:
82.          alert("未知错误");
83.          break;
84.    }
85.  }
86. </script>
87. </body>
88. </html>
```

　　例 8.3 的代码使用 JavaScript 脚本语言设置地图应用：首先使用 window.onload 事件在网页加载完毕后立刻执行地理定位方法；然后调用 HTML5 的 Geolocation API 获取地理位置，检查浏览器是否支持 Geolocation API，若支持则使用 getCurrentPosition()方法获取用户当前地理位置信息。getCurrentPosition()方法有 3 个回调函数，首先使用 options 函数的可选参数设置更精细的定位，接着使用 successCallback()回调函数获取位置信息，最后使用 errorCallback()回调函数输出获取位置信息失败时的信息。在此页面中，地图开启鼠标滚轮缩放功能，并添加比例尺控件，当滚动鼠标滚轮时，地图能够放大或缩小，比例尺数据也会随之变化。

8.3 使用画布

8.3.1 canvas 的基本使用

　　HTML5 的画布（canvas）可通过 JavaScript 脚本语言在网页上绘制图形。canvas 是一个矩形区域，可以控制其中每一个像素，拥有多种绘制路径、矩形、圆形、字符以及添加图像的方法。canvas 通过 JavaScript 来绘制二维图形，是逐像素进行渲染的。在 canvas 中，一旦图形被绘制完成，它就不会继续得到浏览器的关注，如果其位置发生变化，那么整个场景也需要重新绘制，包括任何或许已被图形覆盖的对象。

1. 创建 canvas

　　在 HTML 页面中添加一个 canvas，具体代码如下所示。

```
<canvas id="myCanvas" width="400" height="300"></canvas>
```

　　在<canvas>标签中，通常需要指定一个 id 属性，以便 JavaScript 获取 canvas 元素，而 width 属性和 height 属性定义的画布的大小。

2. 使用 canvas

　　canvas 本身是没有绘图能力的，所有的绘制工作必须在 JavaScript 内部完成。使用 canvas 有以下 3 个基本步骤。

　　（1）在 JavaScript 的 DOM 操作中，通过元素的 id 属性获取 canvas。

　　（2）根据 canvas 对象取得绘图上下文，需要调用 getContext()方法，并传入上下文参数 "2d"。绘

< 187 >

图上下文包含所有绘制方法和属性的定义。

（3）基于绘图上下文环境，调用绘制方法进行绘图。

例如，在 canvas 中绘制一个矩形，JavaScript 示例代码如下所示。

```
<script>
  var mycanvas=document.getElementById("myCanvas");
  var ctx=mycanvas.getContext("2d");
  ctx.fillRect(50,50,200,200);  // 绘制矩形(x,y,宽,高)
</script>
```

8.3.2　canvas 绘制图形

1. 路径

canvas 图形的基本元素是路径。路径是不同颜色、宽度的线段或曲线相连形成的点的集合。在本质上，路径是由很多子路径构成的，这些子路径都在一个列表中，所有的子路径（线段、曲线等）共同构成图形。

使用路径绘制图形的步骤如下。

（1）创建路径起始点。

（2）调用绘制方法绘制路径。

（3）将路径封闭。

（4）一旦路径生成，就通过描边或填充路径区域来渲染图形。

canvas 绘制图形的方法如表 8.12 所示。

表 8.12　canvas 绘制图形的方法

方法	说明
beginPath()	创建一个新路径，路径一旦创建成功，图形绘制命令被指向到路径上生成路径。该方法调用之后，列表清空重置，可以重新绘制新的图形
moveTo(x,y)	把画笔移动到指定的坐标(x,y)，相当于设置路径的起始点坐标
lineTo(x_o,y_o)	把画笔移动到指定的坐标(x_o,y_o)，绘制一条从当前位置到(x_o,y_o)的直线，可定义线条结束坐标
closePath()	闭合路径之后，图形绘制命令重新指向绘图上下文
stroke()	通过线条来绘制图形轮廓，不会自动调用 closePath()方法
fill()	填充形状，通过填充路径的内容区域生成实心的图形，会自动调用 closePath 方法
clip()	剪切。表示从原始画布剪切任意形状和尺寸的区域
save()	保存。表示保存 canvas 当前状态，可以调用 canvas 的平移、放缩、旋转、裁剪等操作
restore()	读取。表示恢复 canvas 先前保存的状态，防止保存后 canvas 执行的操作对后续的绘制有不良影响

2. 线条及填充颜色

（1）fillStyle 填充样式

fillStyle 设置或返回用于填充的颜色、渐变或模式，需要在填充前声明。其语法格式如下所示。

```
ctx.fillStyle=color|gradient|pattern;
```

在上述语法中，color 指示绘图填充色的 CSS 颜色值，默认值是#000000；gradient 用于填充绘图的渐变对象；pattern 用于填充绘图的 pattern 对象。

（2）strokeStyle 线条样式

strokeStyle 设置或返回用于笔触的颜色、渐变或模式，需要在绘制前声明。其语法格式如下所示。

< 188 >

```
ctx.strokeStyle=color|gradient|pattern;
```

strokeStyle 线条样式与 fillStyle 填充样式属性值相似。

（3）lineWidth 线条宽度

lineWidth 设置或返回当前的线条宽度。其语法格式如下所示。

```
ctx.lineWidth=number;
```

在上述语法中，number 为当前线条的宽度，以像素为单位。

（4）lineCap 线条结束端点样式

lineCap 设置或返回线条的结束端点样式。其语法格式如下所示。

```
ctx.lineCap="butt|round|square";
```

在上述语法中，butt 为默认值，表示向线条的每个末端添加平直的边缘；round 表示向线条的每个末端添加圆形线帽；square 表示向线条的每个末端添加正方形线帽。round 和 square 会使线条略微变长。

（5）lineJoin 线条拐角类型

lineJoin 设置或返回两条线相交时的拐角类型。其语法格式如下所示。

```
ctx.lineJoin="bevel|round|miter";
```

在上述语法中，miter 为默认值，用于创建尖角；bevel 用于创建斜角；round 用于创建圆角。

3．绘制矩形

canvas 只支持一种原生的图形绘制——矩形。所有其他图形的绘制都至少需要生成一种路径，不过，由于 canvas 拥有众多生成路径的方法，利用这些方法可以绘制出复杂的图形。

canvas 绘制矩形有 3 种方法，如下所示。

（1）fillRect(x,y,width,height)绘制一个填充的矩形，默认填充颜色为黑色。

（2）strokeRect(x,y,width,height)绘制一个矩形的边框。

（3）clearRect(x,y,width,height)清除指定的矩形区域，这块区域会变得完全透明。

以上 3 个方法具有相同的参数，x 表示矩形的 x 坐标，y 表示矩形的 y 坐标，width 和 height 分别表示矩形的宽度和高度。

4．绘制弧形

（1）语法格式

arc()方法用于绘制弧形或圆形。其语法格式如下所示。

```
ctx.arc(x,y,radius,startingAngle,endingAngle,counterclockwise);
```

在上述语法中，x,y 表示圆心坐标；radius 表示圆的半径；startingAngle 和 endingAngle 表示开始位置和结束位置，以弧度计，圆形的三点钟位置是 0 度；counterclockwise 为可选参数，规定逆时针或顺时针绘图，值为 true 时顺时针绘制，值为 false 时逆时针绘制。

（2）演示说明

在画布上绘制一个扇形。

【例 8.4】绘制扇形。

```
1.   <!DOCTYPE html>
2.   <html lang="en">
3.   <head>
4.       <meta charset="UTF-8">
```

< 189 >

```
5.        <title>绘制弧形</title>
6.        <style>
7.            canvas{
8.                border: 1px solid #666; //为画布设置边框
9.            }
10.       </style>
11.  </head>
12.  <body>
13.  <canvas width="400" height="300"></canvas>
14.  <script>
15.    var mycanvas=document.getElementsByTagName("canvas")[0];
16.    var ctx=mycanvas.getContext("2d");
17.    //绘制扇形
18.    ctx.arc(200,200,150,Math.PI/180*210,Math.PI/180*330); //绘制弧线
19.    ctx.lineTo(200,200);  //连接圆心
20.    ctx.fillStyle="#e4393c";  //填充颜色
21.    ctx.fill();  //填充形状
22.  </script>
23.  </body>
24.  </html>
```

运行结果如图 8.5 所示。

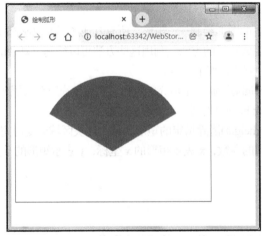

图 8.5　例 8.4 运行结果

若需通过 arc() 来创建圆形，可把 startingAngle 设置为 0，endingAngle 设置为 2*Math.PI。

8.3.3　canvas 绘制文本

在画布上不仅可以绘制图形，还可以绘制文本。绘制文本既可以使用填充方法，也可以使用勾勒方法。canvas 提供了 2 种方法来渲染文本：fillText() 方法在画布上绘制填色的文本，即填充绘制文本，文本的默认颜色是黑色；strokeText() 方法在画布上绘制没有填色的文本，即描边绘制文本，文本的默认颜色是黑色。

1. 语法格式

fillText() 方法和 strokeText() 方法的语法格式如下所示。

< 190 >

```
ctx.fillText(text,x,y,maxWidth);   //填充绘制文本
ctx.strokeText(text,x,y,maxWidth);  //描边绘制文本
```

在上述语法中，2 种方法的参数相同。text 为画布上输出的文本，x 为相对于画布绘制文本的 x 坐标位置，y 为相对于画布绘制文本的 y 坐标位置，maxWidth 为允许的最大文本宽度，以像素为单位，是一个可选参数。

fillText()方法使用 font 属性来定义字体和字号，并使用 fillStyle 属性以另一种颜色或渐变来渲染文本。而 strokeText()方法使用 font 属性来定义字体和字号，并使用 strokeStyle 属性以另一种颜色或渐变来渲染文本。

2．文本样式属性

为保证文本在各浏览器中显示一致，需要设置文本的样式属性。文本样式属性如表 8.13 所示。

表 8.13　文本样式属性

属性	说明
font	定义文本字体。canvas 中的字体会继承 canvas 元素的字体大小和样式风格，而设置 font 属性覆盖继承值符合 CSS 规则。其属性值有 font style、font variant、font size、font weight、lineheight 和 font family，各属性值以空格隔开
textBaseline	定义文本基线（垂直对齐方式）。其属性值有 alphabetic（默认值）、top、hanging、middle、ideographic 和 bottom
textAlign	定义水平对齐方式。其属性值有 start（默认值）、end、left、right 和 center

8.3.4　canvas 图像

在 canvas 中使用 drawImage()方法可以在画布上绘制图像。drawImage()方法还能够绘制图像的某些部分，以及增大或减小图像的尺寸。

1．语法格式

drawImage()方法绘制图像有以下 3 种方式。

（1）在画布上定位图像。其语法格式如下所示。

```
ctx.drawImage(img,x,y);
```

在这种方式中，drawImage()方法有 3 个参数，img 表示要使用的图像，x 表示在画布上放置图像的 x 坐标位置，y 表示在画布上放置图像的 y 坐标位置。

（2）在画布上定位图像，并规定图像的宽度和高度。其语法格式如下所示。

```
ctx.drawImage(img,x,y,width,height);
```

在这种方式中，drawImage()方法有 5 个参数，其中 width 设置图像的宽度，height 设置图像的高度。

（3）在画布上剪切图像，并定位被剪切的部分。其语法格式如下所示。

```
ctx.drawImage(img,sx,sy,swidth,sheight,x,y,width,height);
```

在这种方式中，drawImage()方法有 9 个参数，其中 sx 表示开始剪切的 x 坐标位置，sy 表示开始剪切的 y 坐标位置，swidth 表示被剪切图像的宽度，sheight 表示被剪切图像的高度。

2．获取方式

在 canvas 中，获取图像对象的方式有 2 种，具体说明如下。

< 191 >

（1）在 window.onload 事件处理器中获取已有图片，然后在 canvas 中安全绘制图片，示例代码如下所示。

```
<body>
<canvas width="500" height="500"></canvas>
<img src="media/3.jpg" width="240" alt>
<script>
    var mycanvas=document.getElementsByTagName("canvas")[0];
    var ctx=mycanvas.getContext("2d");
    window.onload=function(){
        var img=document.getElementsByTagName("img")[0];
        ctx.drawImage(img,50,50);   //绘制图片
    }
</script>
</body>
```

（2）创建图像对象，然后在图像对象 img.onload 事件处理器中安全地把图片绘制在 canvas 中，示例代码如下所示。

```
<body>
<canvas width="500" height="500"></canvas>
<script>
    var mycanvas=document.getElementsByTagName("canvas")[0];
    var ctx=mycanvas.getContext("2d");
    var img=new Image();
    img.src="media/3.jpg";
    img.onload=function(){
        ctx.drawImage(img,150,200,250,250,100,100,300,300);
    }
</script>
</body>
```

这 2 种获取图像对象的方式都必须在 onload 事件中执行 drawImage()方法。这是由于 img.src 被赋值的时候，图片才开始加载，加载完成后才能使用 drawImage()方法绘制，如果还没加载完就直接使用 drawImage()方法，画布上就会显示空白。

8.3.5　canvas 变形

canvas 变形针对的不是绘制的图形，而是画布本身。

1. 位移

translate()方法用来移动画布原点到指定的位置。其语法格式如下所示。

```
ctx.translate(x,y)
```

translate()方法接受 2 个参数，x 是左右偏移量，y 是上下偏移量。值得注意的是，该方法移动的是画布的坐标原点，即坐标系的位移。

2. 旋转

rotate()方法以原点为中心旋转画布，即旋转坐标轴。其语法格式如下所示。

```
ctx.rotate(angle)
```

rotate()方法只接受 1 个参数，angle 是顺时针方向的旋转角度，以弧度为单位，如 ctx.rotate(Math.PI/180*60)。

< 192 >

3. 缩放

scale()方法用来增减图形在 canvas 中的像素数目，对形状、位图进行放大或缩小。其语法格式如下所示。

```
ctx.scale(x,y)
```

scale()方法接受 2 个参数，x 和 y 分别是横轴和纵轴的缩放因子，取值都必须为正数。值小于 1.0 表示缩小，值大于 1.0 表示放大，值为 1.0 时无任何效果。

在默认情况下，canvas 的 1 个单位就是 1 个像素。若设置缩放因子为 0.5，1 个单位就对应变成 0.5 个像素，这样绘制出来的形状大小就会是原先的一半。同理，设置缩放因子为 2.0 时，1 个单位就对应变成 2 个像素，绘制的结果就是形状大小变为原先的两倍。

8.3.6　<svg>标签

SVG（Scalable Vector Graphics，可伸缩矢量图形）可定义用于网络的基于矢量的图形。SVG 使用 XML 格式定义图形，SVG 在改变尺寸的情况下质量不会有损失，并且 SVG 是万维网联盟的标准。

<svg>标签定义 SVG 的容器。SVG 有多种绘制方法。接下来将具体介绍 SVG 的主要标签和基本属性。

1. SVG 属性

SVG 的基本属性如表 8.14 所示。

表 8.14　SVG 的基本属性

属性	说明
fill	设置图形的填充颜色
stroke	设置图形的描边颜色
stroke-width	设置图形的描边宽度

2. 绘制不同图形

SVG 能够绘制不同形状的基本图形，并且可直接在<body>标签中编写代码。SVG 绘制矩形使用<rect>标签，绘制圆形使用<circle>标签，绘制椭圆使用<ellipse>标签。

【例 8.5】SVG 绘制图形。

```
1.  <!DOCTYPE html>
2.  <html lang="en">
3.  <head>
4.      <meta charset="UTF-8">
5.      <title>svg 绘制图形</title>
6.      <style>
7.          svg{
8.              border: 1px solid #333;
9.          }
10.     </style>
11. </head>
12. <body>
13. <svg width="400" height="300">
14.     <!-- SVG 绘制矩形 -->
```

< 193 >

```
15.     <rect x="30" y="30" width="120" height="80" fill="#fcfaed" stroke="#999"
        stroke-width="3"></rect>
16.     <!-- SVG 绘制圆角矩形 -->
17.     <rect x="200" y="30" width="120" height="80" rx="10" ry="10" fill="#f1e1c6"
        stroke="#999" stroke-width="3"></rect>
18.     <!-- SVG 绘制圆形 -->
19.     <circle cx="90" cy="220" r="60" fill="transparent" stroke="#cc9999"
        stroke-width="6"></circle>
20.     <!-- SVG 绘制椭圆 -->
21.     <ellipse cx="260" cy="220" rx="80" ry="40" fill="#fcfaed" stroke="#cc9966"
        stroke-width="6"></ellipse>
22. </svg>
23. </body>
24. </html>
```

在例 8.5 的代码中，SVG 使用<rect>标签绘制矩形有 4 个基本参数，x 和 y 分别表示矩形左上角的 x 坐标和 y 坐标，width 表示矩形的宽度，height 表示矩形的高度。而 SVG 使用<rect>标签绘制圆角矩形时增加了 2 个参数，rx 表示圆角的 x 轴方向半径，ry 表示圆角的 y 轴方向半径。SVG 使用<circle>标签绘制圆形有 3 个参数，cx 表示圆心的 x 坐标，cy 表示圆心的 y 坐标，r 表示圆的半径。SVG 使用<ellipse>标签绘制椭圆有 4 个参数，cx 表示椭圆中心的 x 坐标，cy 表示椭圆中心的 y 坐标，rx 表示椭圆的 x 轴方向半径，ry 表示椭圆的 y 轴方向半径。

例 8.5 运行结果如图 8.6 所示。

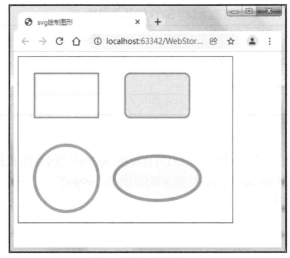

图 8.6　例 8.5 运行结果

3．绘制多点线和多点形状

SVG 绘制直线使用<line>标签。SVG 绘制多点线使用<polyline>标签。SVG 绘制多点形状使用<polygon>标签。

【例 8.6】SVG 绘制多点线和多点形状。

```
1.  <!DOCTYPE html>
2.  <html lang="en">
3.  <head>
4.      <meta charset="UTF-8">
5.      <title>绘制多点线和多点形状</title>
```

< 194 >

```
6.      <style>
7.         svg{
8.            border: 1px solid #333;
9.         }
10.     </style>
11. </head>
12. <body>
13. <svg width="400" height="300">
14.     <!-- SVG 绘制直线 -->
15.     <line x1="60" y1="30" x2="250" y2="30" stroke="#4583b6" stroke-width="5">
    </line>
16.     <!-- SVG 绘制多点线 -->
17.     <polyline points="30,60 70,120 50,150 100,130 160,140 220,110" fill="#ffccff"
    stroke="#999" stroke-width="3"></polyline>
18.     <!-- SVG 绘制多点形状 -->
19.     <polygon points="50,200 50,270 180,270" fill="#cc6699"></polygon>
20. </svg>
21. </body>
22. </html>
```

在例 8.6 的代码中，SVG 使用\<line\>标签绘制直线，由于 2 点确定 1 条直线，在\<line\>标签中，x1 和 y1 表示点 1 坐标，x2 和 y2 表示点 2 坐标。SVG 使用\<polyline\>标签绘制多点线，使用\<polygon\>标签绘制多点形状，\<polyline\>标签和\<polygon\>标签都使用点集数列表示多个点的坐标，以空格分隔。

例 8.6 运行结果如图 8.7 所示。

4．SVG 与 canvas 的区别

SVG 的有关特性如下。

（1）不依赖分辨率。

（2）支持事件处理器。

（3）最适合带有大型渲染区域的应用程序（如谷歌地图）。

（4）复杂度高会减慢渲染速度（任何过度使用 DOM 的应用都不快）。

（5）不适合游戏应用。

canvas 的有关特性如下。

（1）依赖分辨率。

（2）不支持事件处理器。

（3）文本渲染能力弱。

（4）能够以 PNG 或 JPG 格式保存结果图像。

（5）最适合图像密集型的游戏，其中的许多对象会被频繁重绘。

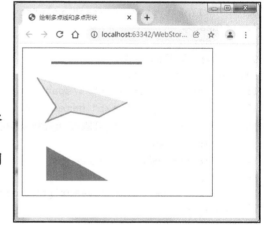

图 8.7　例 8.6 运行结果

8.3.7　实例：canvas 实现验证码

1．页面结构简图

本实例是一个验证码的页面。该页面主要由\<div\>块元素、按钮标签、画布、\<input\>标签和内联元素构成。canvas 实现验证码页面结构简图如图 8.8 所示。

< 195 >

图 8.8　canvas 实现验证码页面结构简图

2. 代码实现

（1）主体结构代码

新建一个 HTML 文件，以外链方式在该文件中引入 CSS 文件和 JavaScript 文件。首先在\<body\>标签中定义父元素块，并添加 id 属性"check"；然后在父元素块中添加\<input\>标签、画布和按钮标签。

【例 8.7】canvas 实现验证码。

```
1.   <!DOCTYPE html>
2.   <html lang="en">
3.   <head>
4.       <meta charset="UTF-8">
5.       <title>验证码</title>
6.       <link type="text/css" rel="stylesheet" href="code.css">
7.   </head>
8.   <body>
9.   <h3>检查验证码</h3>
10.  <div id="check">
11.      <span class="icon"></span>
12.      <input type="text" name="text" id="code" placeholder="请输入验证码">
13.      <canvas title="点我刷新验证码" width="120" height="40" style="border: 1px solid
     #000;"></canvas>
14.      <button>验证</button>
15.  </div>
16.  <script type="text/javascript" src="check.js"></script>
17.  </body>
18.  </html>
```

在例 8.7 的代码中，内联元素用于制作验证码的图标，\<input\>标签用于输入文本验证码，画布用于显示随机验证码，按钮用于提交验证码。

（2）CSS 代码

新建一个 CSS 文件 code.css，在该文件中加入 CSS 代码，设置页面样式，具体代码如下所示。

```
1.   /* 清除页面默认边距 */
2.   *{
3.       margin: 0;
4.       padding: 0;
5.   }
6.   /* 设置标题 */
7.   h3{
8.       text-align: center;
9.       margin: 10px 0;
```

< 196 >

```
10.  }
11.  /* 设置验证区域 */
12.  #check{
13.      width: 460px;
14.      height: 118px;
15.      border-width: 1px;   /* 边框宽度 */
16.      border-style: solid none;   /* 边框线条，上下   左右 */
17.      border-color: #aaa;   /* 边框颜色 */
18.      margin: 0 auto;
19.      position: relative;   /* 添加相对定位 */
20.  }
21.  /* 设置图标 */
22.  .icon{
23.      display: inline-block;
24.      width: 32px;
25.      height: 32px;
26.      background-image: url(../image/icon-1.png);   /* 添加背景图片 */
27.      background-size: cover;   /* 设置背景图像尺寸 */
28.      margin: 15px 15px 10px;   /* 设置外边距 */
29.  }
30.  /* 设置输入框 */
31.  input{
32.      width: 200px;
33.      height: 35px;
34.      font-size: 16px;
35.      position: absolute;   /* 添加绝对定位 */
36.      left: 70px;   /* 设置偏移位置 */
37.      top: 12px;
38.  }
39.  /* 设置画布 */
40.  canvas{
41.      position: absolute;
42.      left: 310px;
43.      top: 10px;
44.  }
45.  /* 设置按钮 */
46.  button{
47.      display: block;
48.      width: 100px;
49.      height: 35px;
50.      background-color: #a6d2ff;
51.      border: none;   /* 取消边框 */
52.      border-radius: 15px;   /* 设置元素圆角 */
53.      font-size: 16px;
54.      text-align: center;
55.      margin: 10px auto;
56.  }
```

　　上述 CSS 代码首先设置验证区域，为验证区域添加上边框和下边框，以及添加相对定位，设置边框宽度和颜色；然后设置验证码图标和画布的位置，为其添加绝对定位，并使用位置属性设置具体的偏移位置；最后设置按钮，取消按钮边框并设置圆角样式。

< 197 >

（3）JavaScript 代码

新建一个 JavaScript 文件 check.js，在该文件中加入 JavaScript 代码，具体代码如下所示。

```
1.   // 获取画布元素
2.   var mycanvas=document.getElementsByTagName("canvas")[0];
3.   // 获取绘图上下文，调用 getContext()方法
4.   var ctx=mycanvas.getContext("2d");
5.   // 定义干扰点的数量
6.   var pointNum=80;
7.   // 定义干扰线的数量
8.   var lineNum=5;
9.   // 定义随机字符文本
10.  var str="abcdefghijklmnopqrstuvwxyz0123456789ABCDEFGHIJKLMNOPQRSTUVWSYZ";
11.  // 定义用来存储每次生成的验证码的字符串
12.  var codeStr="";
13.
14.  // 为画布添加单击事件
15.  mycanvas.onclick=function(){
16.      // 每次单击刷新验证码
17.      codeStr=ranCode();
18.  };
19.  // 页面加载时要调用一次，绘制验证码
20.  codeStr=ranCode();
21.  // 获取输入框元素
22.  var code=document.getElementById("code");
23.  // 获取按钮元素
24.  var btn=document.getElementsByTagName("button")[0];
25.  // 为按钮添加单击事件
26.  btn.onclick=function(){
27.      // 如果输入框内的值为空，或者输入框内的值不等于验证码的值（统一将2个值转换为小写）
28.      if(code.value=="" || code.value.toLowerCase()!=codeStr.toLowerCase()){
29.          alert("验证码错误");
30.      }
31.      // 验证码一定要忽略大小写判断
32.      else if(code.value.toLowerCase()==codeStr.toLowerCase()){
33.          alert("验证码正确")
34.      }
35.      // 无论正确还是错误，都要重新刷新验证码
36.      codeStr=ranCode();
37.  }
38.
39.  // 构造随机验证码函数
40.  function ranCode(){
41.      // 每次使用画布之前都要先将其清除
42.      ctx.clearRect(0,0,120,40);
43.      // 每次刷新验证码时，都要重新创建一个字符串变量来存储验证码
44.      var text="";
45.      // 绘制随机字符的循环
46.      for(var i=0;i<4;i++){
47.          // 创建新路径
```

< 198 >

```
48.        ctx.beginPath();
49.        // 设置文本基线，顶端垂直对齐
50.        ctx.textBaseline="top";
51.        // 设置文本样式
52.        ctx.font="24px 宋体";
53.        // 填充文本颜色，颜色要更深一点，不然跟干扰线与干扰点颜色相近，分不清
54.        ctx.fillStyle=getRanColor(0,100);
55.        // 定义随机字符
56.        var ranS=str.charAt(getRanNumber(0,str.length-1));
57.        // 将每次循环得到的随机字符拼接上去
58.        text+=ranS;
59.        // 保存画布当前状态
60.        ctx.save();
61.        // 每次绘制一个字符之前先把画布位移到指定位置
62.        ctx.translate(i*25,0);
63.        // 旋转，通过定义角度可以顺时针旋转也可以逆时针旋转
64.        var ranAngle=Math.PI/180*getRanNumber(-15,15);
65.        // 画布旋转随机角度
66.        ctx.rotate(ranAngle);
67.        // 绘制旋转之后的随机字符
68.        ctx.fillText(ranS,getRanNumber(10,15),getRanNumber(0,15));
69.        // 直接读取先前保存的状态，不需要再位移、旋转回来
70.        ctx.restore();
71.    }
72.    // 绘制随机点的循环
73.    for(var i=0;i<pointNum;i++){
74.        ctx.beginPath();
75.        // 填充文本颜色，颜色值推荐在 180 左右，效果比较明显，中间颜色比较艳丽
76.        ctx.fillStyle=getRanColor(180,260);
77.        // 绘制圆形，x 坐标为随机数 0～120（画布宽度），y 坐标为 0～40（画布高度），半径为 1
78.        ctx.arc(getRanNumber(0,120),getRanNumber(0,40),1,0,Math.PI*2);
79.        // 填充形状
80.        ctx.fill();
81.    }
82.
83.    // 绘制干扰线循环
84.    for(var i=0;i<lineNum;i++){
85.        ctx.beginPath();
86.        // 干扰线轮廓颜色
87.        ctx.strokeStyle=getRanColor(180,240);
88.        // 干扰线起始点坐标
89.        ctx.moveTo(getRanNumber(0,20),getRanNumber(0,40));
90.        // 干扰线结束点坐标
91.        ctx.lineTo(getRanNumber(100,120),getRanNumber(0,40));
92.        // 绘制干扰线轮廓
93.        ctx.stroke();
94.    }
95.    // 返回每次随机产生的验证码
96.    return text;
97. }
```

< 199 >

```
98.   // 构造随机数的方法函数（min 到 max 随机，包含 max）
99.   function getRanNumber(min,max){
100.       return parseInt(Math.random()*(max-min+1)+min);
101.   }
102.   // 构造随机颜色的方法函数
103.   function getRanColor(min,max){
104.       // 如果最小值小于 0，或者最小值大于 255，即非正常数范围
105.       if(min<0 || min>255){
106.           // 设置最小值为 0
107.           min=0;
108.       }
109.       // 如果最大值小于 0，或者最大值大于 255，即非正常数范围
110.       if(max<0 || max>255){
111.           // 设置最大值为 255
112.           max=255;
113.       }
114.       // 定义 rgb() 函数的各个值
115.       var r=getRanNumber(min,max);
116.       var g=getRanNumber(min,max);
117.       var b=getRanNumber(min,max);
118.       return "rgb("+r+","+g+","+b+")";
119.   }
```

上述 JavaScript 代码首先获取各个元素和定义各个数据，为画布添加单击事件，每次单击都会重新刷新验证码；其次为按钮添加单击事件，验证输入的值是否与当前验证码一致，若输入错误，网页上会出现一个带有确认按钮的警告框，提示验证码错误，反之，则提示验证码正确；接着构造随机验证码函数，先设置随机字符样式，保存画布当前状态，再位移并旋转画布，使用 restore() 方法读取先前保存的状态，以及设置验证码的干扰点和干扰线；然后构造随机数的方法函数，使用 Math 对象的 random() 方法获取随机的数字；最后构造随机颜色的方法函数，先判断最小值和最大值的取值，再定义 rgb() 函数的 r、g、b 值，然后返回 rgb() 函数。

8.4 本章小结

本章重点讲述如何通过 HTML5 新元素实现 HTML5 的相关应用，主要介绍了 HTML5 媒体文件（如 <video> 元素和 <audio> 元素）、HTML5 的 Geolocation API 应用、BOM 的相关概述，以及画布的使用。

通过本章内容的学习，读者能够了解 HTML5 新增加的一些元素，通过 HTML5 新元素更快捷地实现 HTML5 相关应用。

8.5 习题

1. 填空题

（1）<video> 标签支持的视频格式有_____、_____和_____。

（2）<audio> 标签支持的音频格式有_____、_____和_____。

< 200 >

（3）在 JavaScript 接口中实现 HTML5 地理定位，navigator.geolocation 属性的 3 个方法分别为_____、_____和_____。

（4）canvas 拥有多种绘制_____、矩形、圆形、_____以及_____ 的方法。

（5）SVG 可定义用于网络的_____图形。

2．选择题

（1）在 successCallback 回调函数中，coords 属性中表示纬度的是（　　）。

　　A．coords.accuracy　　　　　　　　　B．coords.latitude

　　C．coords.longitude　　　　　　　　　D．coords.altitude

（2）下列不属于 location 对象中的属性的是（　　）。

　　A．href　　　　　　B．pathname　　　　C．host　　　　　　D．appName

（3）用于设置或返回用于笔触的颜色、渐变或模式的属性是（　　）。

　　A．strokeStyle　　　B．fillStyle　　　　C．lineWidth　　　　D．lineCap

（4）以下不属于 canvas 中的变形方法的是（　　）。

　　A．translate()　　　B．scale()　　　　　C．skew()　　　　　D．rotate()

3．思考题

（1）简述 window 对象中定义的一些属性。

（2）简述使用路径绘制图形的步骤。

（3）简述 SVG 与 canvas 之间的区别。

4．编程题

（1）使用 canvas 模拟制作一个国际象棋棋盘，通过 for 遍历对棋盘中的奇数行和偶数行分别处理，奇数行显示黑白相间小方块，偶数行显示白黑相间小方块，实现结果如图 8.9 所示。

（2）使用 canvas 模拟制作一个"刮刮乐"，实现按住鼠标左键移动时能够清除灰色区域（画布），并显示底部文本内容，实现结果如图 8.10 所示。

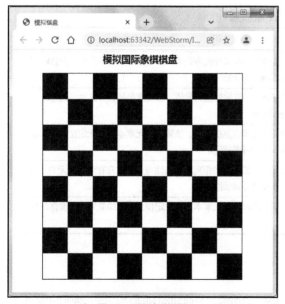

图 8.9　国际象棋棋盘

图 8.10　刮刮乐

< 201 >

第 9 章   JavaScript 特效

本章学习目标

JavaScript 特效

- 了解 JavaScript 的三大家族。
- 了解 event 对象的使用。
- 掌握 offset 家族、scroll 家族和 client 家族中的各个属性。
- 掌握匀速动画和缓动动画的用法。

JavaScript 的三大家族是 offset 家族、scroll 家族和 client 家族。三大家族都是以 DOM 节点的属性形式存在的。通过对三大家族不同属性的灵活使用，以及调用匀速动画、缓动动画或页面滚动方法，可以模拟出很多炫酷的 JavaScript 特效，增强页面的视觉感染力，实现让静态页面"活"起来的效果。

9.1 制作缓动动画

9.1.1 offset 家族

offset 家族可用于获取元素尺寸，offset 的意思是偏移、补偿、位移。offset 家族有 offseWidth、offsetHeight、offsetLeft、offsetTop 和 offsetParent 这 5 个属性，如表 9.1 所示。

表 9.1   offset 家族属性

属性	说明
offseWidth	获取当前元素的总宽度，属于只读属性，其属性值为数值。总宽度包括自身宽度、内边距和边框，即 offsetWidth = width + padding + border
offsetHeight	获取当前元素的总高度，属于只读属性，其属性值为数值。总高度包括自身高度、内边距和边框，即 offsetHeight = height + padding + border
offsetLeft	获取当前元素与最近的有定位的父级元素左侧的距离，该属性与元素本身有无定位无关。如果父级元素都没有定位则计算与 body 左侧的距离
offsetTop	获取当前元素与最近的有定位的父级元素顶部的距离，该属性与元素本身有无定位无关。如果父级元素都没有定位则计算与 body 顶部的距离
offsetParent	获取距离最近的有定位的父级元素，该属性与元素本身有无定位无关。如果父级元素都没有定位则返回 body 元素

9.1.2 匀速动画及封装

JavaScript 的基础动画有 3 种运动形式，即闪动动画、匀速动画和缓动动画。动画的运动原理为"元素目标位置=当前位置+步长"。

1．闪动动画

闪动动画又叫闪现动画，指元素瞬间到达目标位置，可以实现短距离的位置切换，与位移效果类似。例如，一个元素实现闪动动画，闪动到右侧 300px 处的目标位置，主要代码为 box.style.left="500px"。

2．匀速动画

匀速动画的效果是元素每一步运动的距离都是相同的，即元素是匀速运动的。匀速动画的公式为"元素目标位置=当前位置+相同步长"。

以元素左右匀速运动为例：首先，动画效果主要是由连续定时器来实现的，每隔指定毫秒数让物体移动一定的距离（步长），通过不断调用定时器来达到让元素运动的效果；然后将连续定时器放在一个函数内，定义元素的运动步长（step），可设置步长为 10，此时需要判断元素的运动方向（向左运动或向右运动）来确定步长的正负，若元素目标位置的值大于当前位置的值，则步长为正值，反之步长为负值；再确定元素的移动距离，即把元素的 offsetLeft 与 step 赋值给 left；最后，当元素到达目标位置时清除定时器。值得注意的是，实现匀速动画的元素，其 CSS 样式中一定要有绝对定位。

3．匀速动画封装

匀速动画的封装代码可在 jQuery 库文件中编写，代码如下所示。

```
1.    //匀速动画封装方法传入 2 个参数，ele 为运动的元素，endx 为目标位置
2.    function animation_speed(ele,endx){
3.        //1.要用定时器，须清除已有的定时器
4.        clearInterval(ele.timer)
5.        //2.判断并获取步长，若元素目标位置的值大于当前位置的值，则步长为正值，反之步长为负值
    此处设置的步长为 10，可根据需要指定步长
6.        var step=(endx-ele.offsetLeft)>0?10:-10;
7.        //3.启动定时器
8.        ele.timer=setInterval(function(){
9.            //4.元素的运动距离
10.           ele.style.left=ele.offsetLeft+step+"px";
11.           //5.检测匀速动画是否停止，若（目标位置-当前位置）的绝对值<=步长绝对值，说明此时已到达
    目标位置，则清除定时器
12.           if(Math.abs(endx-ele.offsetLeft)<=Math.abs(step)){
13.               clearInterval(ele.timer);
14.               //6.设置其到达目标位置
15.               ele.style.left=endx+"px";
16.           }
17.       },50)
18.   }
```

在匀速动画封装方法中，要调用定时器方法，须清除已有的定时器，这是由于容器内只能有一个定时器，否则会产生冲突。

4．offsetLeft 和 style.left 的区别

offsetLeft 和 style.left 是 2 种不同的形式，在使用时应该明确它们之间的差异。offsetLeft 和 style.left 的区别如下。

（1）offsetLeft 对没有定位的元素可以获取偏移值，而 style.left 不可以。这是它们之间最大的区别。

< 203 >

（2）offsetLeft 返回的是数值，style.left 返回的是像素值类型的字符串。

（3）offsetLeft 是只读的，而 style.left 可读可写。只读是只能获取值，可写是能够赋值。

（4）style.left 只能获取元素的行内样式，若没有设置则返回空字符串。

值得注意的是，style.left 在等号左边时是作为属性，在等号右边时是作为值。offsetTop 和 style.top 的用法与 offsetLeft 和 style.left 类似。

9.1.3 缓动动画及封装

1. 缓动动画

缓动动画与匀速动画的运动原理类似，区别在于缓动动画的运动速度是先快后慢，直至停止运动。缓动动画的公式为"元素目标位置=当前位置+步长（步长越来越小）"，而步长的计算方式为"步长=(元素目标位置-当前位置)/10"，步长的值会变得越来越小，运动速度也会越来越慢。由于此计算方式所得的步长值并不总是整数，可能会导致元素实际到达位置和目标位置不完全相同，因此需要对步长值进行取整，大于 0 时可向上取整，小于 0 时可向下取整。

2. 缓动动画封装

缓动动画的封装代码如下所示。

```
1.   //缓动动画封装方法
2.   function animation_slow(ele,endx){
3.      //1.要用定时器，先清除定时器
4.      clearInterval(ele.timer);
5.      //2.启动定时器
6.      ele.timer=setInterval(function(){
7.          //3.获取步长，步长=(目标位置-当前位置)/10
8.          var step=(endx-ele.offsetLeft)/10;
9.          //4.步长二次加工，大于 0 向上取整，小于 0 向下取整
10.         step=step>0?Math.ceil(step):Math.floor(step);
11.         console.log(step)
12.         //5.元素的运动距离
13.         ele.style.left=ele.offsetLeft+step+"px";
14.         //6.检测缓动动画是否停止，若（目标位置-当前位置）的绝对值<=步长绝对值，说明此时
    已到达目标位置，则清除定时器
15.         if(Math.abs(endx-ele.offsetLeft)<=Math.abs(step)){
16.             clearInterval(ele.timer);
17.             //7.设置其到达目标位置
18.             ele.style.left=endx+"px";
19.         }
20.     },100)
21. }
```

9.1.4 实例：导航菜单图标缓动

1. 页面结构简图

本实例是一个单击导航菜单能使背景图标缓慢移动的页面。该页面主要由<div>块元素、内联元素、无序列表和图片标签构成。导航菜单图标缓动页面结构简图如图 9.1 所示。

< 204 >

图9.1 导航菜单图标缓动页面结构简图

2．代码实现

（1）主体结构代码

新建一个 HTML 文件，以外链方式在该文件中引入 CSS 文件和 JavaScript 文件。首先在<body>标签中定义父元素块，并添加 id 属性"busy"；然后在父元素块中添加内联元素、无序列表和图片标签。

【例 9.1】导航菜单图标缓动。

```
1.   <!DOCTYPE html>
2.   <html lang="en">
3.   <head>
4.       <meta charset="UTF-8">
5.       <title>导航菜单图标缓动</title>
6.       <link type="text/css" rel="stylesheet" href="icon.css">
7.   </head>
8.   <body>
9.   <div id="busy">
10.      <h3>企业官网</h3>
11.      <div class="nav">
12.          <span class="icon"></span>
13.          <ul>
14.              <li>首页信息</li>
15.              <li>企业文化</li>
16.              <li>招聘信息</li>
17.              <li>公司简介</li>
18.              <li>教学课程</li>
19.              <li>学习资源</li>
20.              <li>建议反馈</li>
21.          </ul>
22.      </div>
23.      <div class="main">
24.          <img src="../image/2.png" width="700" alt>
```

< 205 >

```
25.        </div>
26.    </div>
27.    <script type="text/javascript" src="slow.js"></script>
28.    </body>
29.    </html>
```

在例 9.1 的代码中，内联元素用于制作一个导航菜单的背景图标，<div>块元素和无序列表用于制作导航栏，而每一个列表项目则用于制作导航菜单，图片标签内嵌入一张图片，作为页面的主要信息展示。

（2）CSS 代码

新建一个 CSS 文件 icon.css，在该文件中加入 CSS 代码，设置页面样式，具体代码如下所示。

```
1.   /* 清除页面默认边距 */
2.   *{
3.       margin: 0;
4.       padding: 0;
5.   }
6.   /* 设置页面 */
7.   #busy{
8.       width: 700px;
9.       margin: 10px auto;
10.  }
11.  /* 设置标题 */
12.  h3{
13.      width: 80px;
14.      height: 30px;
15.      margin: 0 auto 10px;
16.  }
17.  /* 设置导航栏 */
18.  .nav{
19.      width: 700px;
20.      height: 50px;
21.      background-color: #ccc;
22.      border-radius: 10px;    /* 添加圆角 */
23.      margin: 0 auto 5px;
24.      position: relative;     /* 添加相对定位 */
25.  }
26.  /* 设置无序列表 */
27.  ul{
28.      list-style: none;    /* 取消列表标记 */
29.      position: relative;  /* 添加相对定位 */
30.  }
31.  /* 统一设置每个列表项目（导航菜单） */
32.  ul>li{
33.      float: left;  /* 设置向左浮动 */
34.      width: 100px;
35.      height: 50px;
36.      line-height: 50px;
37.      text-align: center;
38.      color: #222;
39.      font-size: 16px;
```

< 206 >

```
40.    cursor: pointer;   /* 鼠标指针改变形状 */
41.  }
42.  /* 设置缓动的背景图标部分 */
43.  .icon{
44.    display: inline-block;     /* 内联元素转换为块元素 */
45.    width: 100px;
46.    height: 42px;
47.    background-image: url("../image/1.png");   /* 添加背景图片（图标）*/
48.    background-size: cover;  /* 设置背景图像尺寸 */
49.    position: absolute;     /* 添加绝对定位 */
50.    top: 4px;  /* 设置偏移位置 */
51.    left: 0;
52.  }
```

上述 CSS 代码首先使用 CSS 属性设置整个页面和标题的样式，再设置导航栏块，使用 border-radius 属性为导航栏块添加圆角，并使用 position 属性为其添加相对定位；接着将无序列表定位到导航栏内；然后统一设置每个列表项目，即每个导航菜单向左浮动；最后设置背景图标部分，为<span>元素添加背景图片，即图标的图片，并使用 background-size 属性设置背景图像尺寸，以及使用绝对定位，具体设置背景图标在导航菜单中的位置。

（3）JavaScript 代码

新建一个 JavaScript 文件 slow.js，在该文件中加入 JavaScript 代码，具体代码如下所示。

```
1.  // 1.获取元素，即背景图标、无序列表、列表项目
2.  var  icon=document.getElementsByClassName("icon")[0];
3.  var  ul=document.getElementsByTagName("ul")[0];
4.  var  liArr=ul.children;
5.  // 定义背景图标移动的距离
6.  var  moveWidth=liArr[0].offsetWidth;
7.  // 2.for 循环遍历列表项目，为其绑定索引
8.  for(var i=0;i<liArr.length;i++){
9.     liArr[i].index=i;
10.    // 3.为列表项目添加鼠标指针移入事件
11.    liArr[i].onmouseover=function(){
12.       // 4.获取当前移入的索引，为当前背景图标调用缓动动画终点设置值
13.       animation_slow(icon,this.index*moveWidth);
14.    }
15.    // 5.创建记录器，用来记录单击时的位置
16.    var nowIndex=0;
17.    // 6.为列表项目添加鼠标指针离开事件
18.    liArr[i].onmouseout=function(){
19.       // 7.背景图标回到最开始的位置
20.       animation_slow(icon,nowIndex*moveWidth);
21.    }
22.    // 8.为列表项目添加鼠标单击事件
23.    liArr[i].onclick=function(){
24.       // 9.单击时，把背景图标初始位置记录为当前单击位置
25.       nowIndex=this.index;
26.    }
27.  }
```

< 207 >

```
28.
29.   //缓动动画封装
30.   function animation_slow(ele,endx){
31.       //1.要用定时器，先清除定时器
32.       clearInterval(ele.timer);
33.       //2.启动定时器
34.       ele.timer=setInterval(function(){
35.           //3.获取步长，步长=(目标位置-当前位置)/10
36.           var step=(endx-ele.offsetLeft)/10;
37.           //4.步长二次加工，大于 0 向上取整，小于 0 向下取整
38.           step=step>0?Math.ceil(step):Math.floor(step);
39.           console.log(step)
40.           //5.元素的运动距离
41.           ele.style.left=ele.offsetLeft+step+"px";
42.           //6.检测缓动动画是否停止，若(目标位置-当前位置)的绝对值<=步长绝对值，说明此时已到达
      目标位置，则清除定时器
43.           if(Math.abs(endx-ele.offsetLeft)<=Math.abs(step)){
44.               clearInterval(ele.timer);
45.               //7.设置其到达目标位置
46.               ele.style.left=endx+"px";
47.           }
48.       },100)
49.   }
```

上述 JavaScript 代码首先获取各个元素，定义背景图标移动的距离，以 for 循环遍历列表项目，并为其绑定索引；接着为列表项目添加鼠标指针移入事件，获取当前移入的索引，为当前背景图标调用缓动动画终点值，以及创建记录器用来记录鼠标单击时的位置，再为列表项目添加鼠标指针离开事件，此时背景图标回到最开始的位置；然后为列表项目添加鼠标单击事件，此时把背景图标最开始的位置记录为当前单击的位置；最后加入缓动动画的封装代码，即可实现背景图标在导航菜单中缓慢移动。

9.2 实现页面滚动

9.2.1 scroll 家族

1．scroll 家族属性

scroll 家族可用于获取元素内容的宽度和高度，scroll 的意思是滚动。scroll 家族有 scrollWidth、scrollHeight、scrollLeft 和 scrollTop 这 4 个属性，如表 9.2 所示。

表 9.2 scroll 家族属性

属性	说明
scrollWidth	获取当前元素内容的宽度，属于只读属性，其属性值为数值。宽度包括由于溢出而无法展示在网页的不可见部分，但不包括内边距和边框
scrollHeight	获取当前元素内容的高度，属于只读属性，其属性值为数值。高度包括由于溢出而无法展示在网页的不可见部分，但不包括内边距和边框
scrollLeft	获取当前元素被卷去的左侧距离，即在网页中被浏览器遮挡的左侧部分
scrollTop	获取当前元素被卷去的头部距离，即在网页中被浏览器遮挡的头部部分

< 208 >

使用 scrollLeft 和 scrollTop 的前提是，当前元素必须带有滚动条，即 CSS 样式中需要有 overflow: auto/scroll，这样才能获取被卷去的距离。在实际开发中，由于元素的滚动效果很少，因此通常都是页面滚动，使用 body 或 HTML 调用 scrollLeft 和 scrollTop，方法如下所示。

body 调用：

```
document.body.scrollLeft;
```

HTML 调用：

```
document.documentElement.scrollLeft;
```

2. 兼容性问题

（1）关于 DTD

问题是时代的声音，回答并指导解决问题是理论的根本任务。在信息的高速交流中，不同领域之间的信息交换越来越频繁，如何保证这些不同领域的信息可以更容易且更有效率地交换成为我们首要关注的问题。为了解决这个问题，需要不同的领域针对领域的特性制定共同的信息内容模型，用来标识信息。DTD 就是一种内容模型。

DTD（Document Type Definition，文档类型定义）是一套关于标记符的语法规则，可以定义合法的 XML 文档结构。它使用一系列合法元素来定义文档的结构。DTD 分为内部 DTD 和外部 DTD。所谓内部 DTD 是指该 DTD 在某个文档的内部，只被该文档使用。外部 DTD 是指该 DTD 不在文档内部，可以被其他所有的文档共享。DTD 位于 HTML 文档的第一行，即<!DOCTYPE html>。

（2）兼容性

① 已声明 DTD 头部时，谷歌浏览器、火狐浏览器和 IE 浏览器可获取<html>元素，即 document.documentElement.scrollLeft 或 document.documentElement.scrollTop。

② 未声明 DTD 头部时，谷歌浏览器、火狐浏览器和 IE9 以上版本的浏览器可获取<body>元素，即 document.body.scrollLeft 或 document.body.scrollTop。

③ 不论是否声明 DTD 头部，谷歌浏览器、火狐浏览器和 IE9 以上版本的浏览器都支持 window.pageXOffset 或 window.pageYOffset。

（3）兼容写法

获取元素被卷去的左侧距离和头部距离的兼容写法如下所示。

获取元素被卷去的左侧距离：

```
var scrollLeft = window.pageXOffset || document.documentElement.scrollLeft ||
document.body.scrollLeft || 0;
```

获取元素被卷去的头部距离：

```
var scrollTop = window.pageYOffset || document.documentElement.scrollTop ||
document.body.scrollTop || 0;
```

9.2.2　滚动方法及封装

滚动方法的封装代码如下所示。

```
1.   //滚动方法的封装
2.   function scroll() {
3.       // 如果该属性存在，即有返回值（0~无穷大），便可调用此方法
4.       if (window.pageYOffset !== undefined) {
5.           return {
```

< 209 >

```
6.          top: window.pageYOffset,
7.          left: window.pageXOffset
8.      };
9.  } else if (document.compatMode === "CSS1Compat") {
10.     return {  // 已声明 DTD 头部 (<!DOCTYPE html>)时
11.         top: document.documentElement.scrollTop,
12.         left: document.documentElement.scrollLeft
13.     };
14. } else {
15.     return {  // 剩下的怪异浏览器
16.         top: document.body.scrollTop,
17.         left: document.body.scrollLeft
18.     };
19. }
20. }
```

9.2.3　纵向滚动的缓动动画封装

关于页面纵向滚动的缓动动画，其封装代码如下所示。

```
1.  //关于页面纵向滚动的缓动动画封装
2.  function slow_scrolly(window,endy){
3.      //1.要用定时器，先清除定时器
4.      clearInterval(window.timer);
5.      //2.启动定时器
6.      window.timer=setInterval(function(){
7.          //3.获取步长，步长=(目标位置-头部滚动距离)/10
8.          var step=(endy-scroll().top)/10;
9.          //4.步长二次加工，大于 0 向上取整，小于 0 向下取整
10.         step=step>0?Math.ceil(step):Math.floor(step);
11.         //5.元素的滚动距离，头部滚动距离+步长
12.         window.scrollTo(0,scroll().top+step);
13.         console.log(Math.abs(endy-scroll().top),step);
14.         //6.检测缓动动画是否停止，若(目标位置-头部滚动距离)的绝对值<=步长绝对值，说明此时已
    到达目标位置，则清除定时器
15.         if(Math.abs(endy-scroll().top)<=Math.abs(step)){
16.             clearInterval(window.timer);
17.             //7.设置其到达目标位置
18.             window.scrollTo(0,endy);
19.         }
20.     },25)
21. }
```

9.2.4　实例：滚动页面导航栏固定

1. 页面结构简图

本实例是一个滚动页面导航栏固定的页面。在页面的顶部区域因滚动而被卷去之后，导航栏能够固定在页面顶部，而不再随滚动条的滚动而移动。监听页面的滚动，当滚动距离超出顶部区域高度时，通过修改类名，设置导航栏为固定定位，即可将导航栏固定在页面顶部。该页面主要由<div>块元素和图片标签构成，滚动页面导航栏固定页面结构简图如图 9.2 所示。

< 210 >

图9.2 滚动页面导航栏固定页面结构简图

2. 代码实现

（1）主体结构代码

新建一个 HTML 文件，以外链方式在该文件中引入 CSS 文件和 JavaScript 文件。首先在<body>标签中定义父元素块，并添加 id 属性 "read"；然后在父元素块中添加子元素块。

【例9.2】 滚动页面导航栏固定。

```
1.   <!DOCTYPE html>
2.   <head lang="en">
3.     <meta charset="UTF-8">
4.     <title>固定导航栏</title>
5.     <link type="text/css" rel="stylesheet" href="fixed.css">
6.   </head>
7.
8.   <body>
9.   <!-- 整个页面 -->
10.  <div id="read">
11.    <!--头部 -->
12.    <div id="top">
13.      <img src="../image/26.jpg" alt=""/>
14.    </div>
15.    <!-- 导航栏 -->
16.    <div id="nav">
17.      <img src="../image/27.png" alt=""/>
18.    </div>
19.    <!-- 主体部分 -->
20.    <div id="main">
```

< 211 >

```
21.    <img src="../image/28.png" alt=""/>
22.  </div>
23. </div>
24. <script type="text/javascript" src="scroll.js"></script>
25. </body>
26. </html>
```

　　在例 9.2 的代码中，页面分为 3 个部分，即头部、导航栏和主体，每个部分分别嵌入 1 个图片标签，即用图片代表页面内容。

　　（2）CSS 代码

　　新建一个 CSS 文件 fixed.css，在该文件中加入 CSS 代码，设置页面样式，具体代码如下所示。

```
1.  /* 清除页面默认边距 */
2.  * {
3.     margin: 0;
4.     padding: 0
5.  }
6.  /* 设置整个页面 */
7.  #read{
8.     width: 650px;
9.     margin: 0 auto;
10. }
11. /* 设置头部、导航栏和主体 3 部分的图片 */
12. img {
13.    width: 650px;
14.    vertical-align: top;    /* 清除图片底部空白间隙 */
15. }
16. /* 设置导航栏 */
17. #nav {
18.    overflow: hidden;   /* 清除定位带来的异常影响 */
19. }
20. /* 设置主体部分的外边距 */
21. #main {
22.    margin: 0 auto;
23. }
24. /* 导航栏添加类名，设置新样式 */
25. .fixed {
26.    position: fixed;   /* 添加固定定位 */
27.    top: 0;   /* 使用位置属性设置固定定位的具体位置 */
28. }
```

　　上述 CSS 代码首先设置整个页面的宽度和外边距，再统一设置头部、导航栏和主体 3 个部分的图片宽度，以及使用 vertical-align 属性清除图片底部的空白间隙；接着为导航栏设置 overflow 属性，清除定位带来的异常影响；然后设置主体部分的外边距为 0，与导航栏无空白间隙；最后通过导航栏新添加的类名设置新样式，为导航栏设置固定定位，以及使用位置属性设置具体位置。

　　（3）JavaScript 代码

　　新建一个 JavaScript 文件 scroll.js，在该文件中加入 JavaScript 代码，具体代码如下所示。

```
1.  // 页面加载完成之后再执行
2.  window.onload=function () {
3.     // 1.获取导航栏、主体元素
```

< 212 >

```
4.      var nav=document.getElementById("nav");
5.      var main=document.getElementById("main");
6.      // 获取导航栏到顶部的距离，即头部的高度
7.      var topHeight=nav.offsetTop;
8.      // 2.给 window 添加滚动事件
9.      window.onscroll=function () {
10.         // 3.调用封装的 scroll 方法获取被卷去的头部距离，并判断被卷去的距离
11.         // 若被卷去的头部距离大于导航栏到顶部的距离
12.         if(scroll().top>=topHeight) {
13.             // 则为导航栏添加类名“fixed”，以便设置固定定位
14.             nav.setAttribute("class", "fixed");
15.             // 由于导航栏设置固定定位不占位置，会影响后面主体部分的布局，
16.             // 因此需要将主体部分的上外边距设置为导航栏的高度
17.             main.style.marginTop = nav.offsetHeight + "px";
18.         }
19.         // 若小于导航栏到顶部的距离，则恢复原来的样式
20.         else{
21.             // 通过 removeAttribute()方法移除导航栏新添加的类名
22.             nav.removeAttribute("class");
23.             // 导航栏取消固定定位之后，主体部分需要恢复原状，将外边距设置为 0
24.             main.style.margin="0 auto";
25.         }
26.     }
27. }
28. //scroll 方法的封装
29. function scroll() {
30.     // 如果该属性存在，即有返回值（0～无穷大），便可调用此方法
31.     if (window.pageYOffset !== undefined) {
32.         return {
33.             top: window.pageYOffset,
34.             left: window.pageXOffset
35.         };
36.     } else if (document.compatMode === "CSS1Compat") {
37.         return {  // 已声明 DTD 头部（<!DOCTYPE html>）时
38.             top: document.documentElement.scrollTop,
39.             left: document.documentElement.scrollLeft
40.         };
41.     } else {
42.         return {  // 剩下的怪异浏览器
43.             top: document.body.scrollTop,
44.             left: document.body.scrollLeft
45.         };
46.     }
47. }
```

　　上述 JavaScript 代码首先通过 DOM 操作获取导航栏和主体元素，以及导航栏到顶部的距离，即头部的高度；接着为 window 添加滚动事件，调用 scroll 方法获取被卷去的头部距离，并判断被卷去的距离。若被卷去的头部距离大于导航栏到顶部的距离，则为导航栏添加类名“fixed”，以便在 CSS 样式中设置固定定位（由于导航栏设置固定定位不占位置，会影响到后面主体部分的布局，因此需要将主体部分的上外边距设置为导航栏的高度）；若被卷去的头部距离小于导航栏到顶部的距离，则恢复原来

< 213 >

的样式，通过 removeAttribute()方法移除导航栏新添加的类名，导航栏取消固定定位之后，主体部分需要恢复原状，将外边距设置为 0。

9.3 使用 event 对象

9.3.1 client 家族

client 家族可用于获取可视区域的宽度和高度。client 家族有 clientWidth、clientHeight、clientLeft、clientTop、clientX 和 clientY 这 6 个属性，如表 9.3 所示。

表 9.3 client 家族属性

属性	说明
clientWidth	获取网页可视区域宽度，宽度包括自身宽度和内边距，即 clientWidth = width + padding
clientHeight	获取网页可视区域高度，高度包括自身高度和内边距，即 clientHeight = height + padding
clientLeft	返回的是元素左边框的宽度
clientTop	返回的是元素上边框的宽度
clientX	鼠标指针距离可视区域左侧距离，需要 event 对象调用
clientY	鼠标指针距离可视区域上侧距离，需要 event 对象调用

clientWidth 属性和 clientHeight 属性的调用者不同，意义也会不同。元素调用，指元素本身；body 或 HTML 调用，指可视区域大小。

9.3.2 event 对象

1. 概述

在触发 DOM 上的某个事件时，会产生一个 event 对象，这个对象包含着所有与事件有关的信息。所有浏览器都支持 event 对象，但支持的方式不同，例如，进行鼠标操作的时候，鼠标位置的相关信息会被添加到 event 对象中。总而言之，event 是一个事件中的内置对象，其内部装了很多关于鼠标和事件本身的信息，如键盘按键的状态、鼠标的位置、鼠标按钮的状态等。

2. 兼容性问题

event 对象具有兼容性问题。W3C 标准规定，事件是作为函数的参数传入的。谷歌浏览器、火狐浏览器等遵循 W3C 标准的浏览器支持 event 对象作为函数参数传入，但 IE6/7/8 版本的浏览器采用了一种非标准的方式，将事件作为 window 对象的 event 属性，可以使用 event 或 window.event 来进行访问，如 window.event、window.event.clientX 等。event 对象的兼容写法如下所示。

```
box.onclick=function(event){
    var event=event||window.event;
    console.log(event);
```

3. event 对象属性

event 对象属性如表 9.4 所示。

< 214 >

表 9.4　event 对象属性

属性	说明
event.timeStamp	返回事件生成的时间，即上一次刷新页面到本次事件触发的间隔时间
event.type	当前事件类型
event.target	该事件被传送到的对象，即当前事件具体在哪一个元素上触发
event.button	返回当事件被触发时，哪个鼠标按钮被单击
event.pageX	鼠标指针到整个文档（网页页面）左侧的距离
event.pageY	鼠标指针到整个文档（网页页面）顶部的距离
event.screenX	鼠标指针到屏幕左侧的距离
event.screenY	鼠标指针到屏幕顶部的距离
event.clientX	鼠标指针到可视区域（浏览器页面）左侧的距离
event.clientY	鼠标指针到可视区域（浏览器页面）顶部的距离

4．pageX 和 pageY 的封装

　　pageX 和 pageY 获取鼠标指针到整个文档（网页页面）边缘的距离，当出现滚动条时，隐藏的部分会被计入 pageX 和 pageY，计算公式为"鼠标指针在页面中的位置=鼠标指针到可视区域的距离（看得见）+被滚动条卷去的距离（看不见）"。pageX 和 pageY 的封装代码如下所示。

```
1.    //获取鼠标指针到整个文档边缘的距离，page 属性兼容性封装
2.    function getpageXY(event) {
3.        return{
4.            x:scroll().left+event.clientX,
5.            y:scroll().top+event.clientY
6.        }
7.    }
```

9.3.3　实例：放大镜效果

1．页面结构简图

　　本实例是图书网店中的放大镜效果页面。该页面主要由<div>块元素和图片标签构成，放大镜效果页面结构简图如图 9.3 所示。

图 9.3　放大镜效果页面结构简图

< 215 >

2. 代码实现

（1）主体结构代码

新建一个 HTML 文件，以外链方式在该文件中引入 CSS 文件和 JavaScript 文件。首先在<body>标签中定义父元素块，并添加 id 属性"shop"；然后在父元素块中添加子元素块和图片标签。

【例 9.3】放大镜效果。

```
1.   <!DOCTYPE html>
2.   <html lang="en">
3.   <head>
4.       <meta charset="UTF-8">
5.       <title>图书放大镜效果</title>
6.       <link type="text/css" rel="stylesheet" href="shop.css">
7.   </head>
8.   <body>
9.   <!-- 商品页面 -->
10.  <div id="shop">
11.      <!-- 图书展示区域 -->
12.      <div id="book">
13.          <!-- 图书图像块 -->
14.          <div id="pic">
15.              <img src="../image/books.png" width="210" alt="" id="s_img">
16.              <!-- 用于移动的被放大的图书区域（移动面罩效果） -->
17.              <div id="Movemask"></div>
18.          </div>
19.          <!-- 右侧放大的图书图像块 -->
20.          <div id="big_pic">
21.              <img src="../image/books.png" width="560" alt="" id="b_img">
22.          </div>
23.      </div>
24.  </div>
25.  <script type="text/javascript" src="book.js"></script>
26.  </body>
27.  </html>
```

例 9.3 的代码首先添加一个子元素块#book 作为图书展示区域；然后在此区域内分别添加一个图书图像块#pic 和右侧放大的图书区域#big_pic，并在图书图像块#pic 内添加一个具有移动面罩效果的透明元素块，而图片标签用于嵌入图书图片。

（2）CSS 代码

新建一个 CSS 文件 shop.css，在该文件中加入 CSS 代码，设置页面样式，具体代码如下所示。

```
1.   /* 清除页面默认边距 */
2.       *{
3.           margin: 0;
4.           padding: 0;
5.       }
6.       /* 设置商品页面 */
7.       #shop{
8.           width: 750px;
9.           height: 375px;
10.          background-image: url(../image/bj.png);   /* 添加背景图片 */
```

< 216 >

```
11.        background-size: cover;  /* 设置背景图像尺寸 */
12.        margin: 10px auto;  /* 设置外边距 */
13.        border: 1px solid #dd2727;  /* 添加边框样式 */
14.    }
15.    /* 设置图书展示区域 */
16.    #book{
17.        width: 210px;
18.        height: 210px;
19.        margin: 14px 10px 0;  /* 设置外边距，上 左右 下 */
20.        position: relative;  /* 添加相对定位 */
21.        border: 1px solid #ccc;
22.    }
23.    /* 设置图书图像块 */
24.    #pic{
25.        width: 210px;
26.        height: 210px;
27.    }
28.    /* 设置移动的被放大的图书区域（小蓝色透明块） */
29.    #Movemask{
30.        width: 105px;
31.        height: 105px;
32.        background-color: rgba(149, 192, 225, 0.4);  /* 设置透明颜色 */
33.        position: absolute;  /* 添加绝对定位 */
34.        left: 0;  /* 设置偏移位置 */
35.        top: 0;
36.        cursor: move;  /* 鼠标指针变为移动状态 */
37.        display: none;  /* 隐藏元素 */
38.    }
39.    /* 设置右侧放大的图书图像块 */
40.    #big_pic{
41.        width: 280px;
42.        height: 280px;
43.        border: 1px solid #aaa;
44.        overflow: hidden;  /* 清除异常的显示效果 */
45.        position: absolute;  /* 设置绝对定位 */
46.        left: 250px;  /* 设置偏移位置 */
47.        top: 0;
48.        display: none;  /* 隐藏元素 */
49.    }
```

上述 CSS 代码首先设置商品页面，为该页面添加背景图片，并设置背景尺寸，以及添加边框样式；再设置图书展示区域，添加相对定位，使用 CSS 属性设置样式；然后设置移动的被放大的图书区域，使用 rgba() 函数设置元素蓝色透明，添加绝对定位设置具体的偏移位置，以及使用 display 属性隐藏该元素；最后设置右侧放大的图书图像块，使用 overflow 属性清除异常的显示效果，再次添加绝对定位设置具体的偏移位置，以及使用 display 属性隐藏该元素。

（3）JavaScript 代码

新建一个 JavaScript 文件 book.js，在该文件中加入 JavaScript 代码，具体代码如下所示。

< 217 >

```
1.     //  1.获取元素：book mask  bigPic  bImg  sImg;
2.      var book=document.getElementById("book");
3.      var mask=document.getElementById("Movemask");
4.      var bigPic=document.getElementById("big_pic");
5.      var bImg=document.getElementById("b_img");
6.      var sImg=document.getElementById("s_img");
7.
8.      //  2.鼠标指针移入移出 book，显示 mask 和 bigPic 块
9.      //  为图书展示区域添加鼠标指针移入事件
10.     book.onmouseenter=function () {
11.         //  "Movemask"移动面罩块显示
12.         mask.style.display="block";
13.         //  "big_pic"右侧放大区域显示
14.         bigPic.style.display="block";
15.     }
16.     //  为图书展示区域添加鼠标指针移出事件
17.     book.onmouseleave=function () {
18.         //  块元素再次被隐藏
19.         mask.style.display="none";
20.         bigPic.style.display="none";
21.     }
22.     //  3.为图书展示区域添加鼠标指针移动事件
23.     book.onmousemove=function (event) {
24.         event=event||window.event;
25.         //  4.获取鼠标指针与图书展示区域的左侧和顶部的距离
26.         var movex=getpageXY(event).x-book.offsetLeft;
27.         var movey=getpageXY(event).y-book.offsetTop;
28.
29.         var x=movex-mask.offsetWidth/2;
30.         var y=movey-mask.offsetHeight/2;
31.
32.           //  5.针对最大值和最小值判断
33.         if(x<=0){
34.             x=0;
35.         }
36.         if(y<=0){
37.             y=0;
38.         }
39.             //图书展示区域减去遮罩层本身的宽高就是最大值
40.         if(x>=(book.offsetWidth-mask.offsetWidth)){
41.             //大于最大值 等于最大值
42.             //因为 offsetWidth 包含两个边框的宽度，所以要减去边框，高度同理
43.             x=book.offsetWidth-mask.offsetWidth-2;
44.
45.         }
46.         if(y>=(book.offsetHeight-mask.offsetHeight)){
47.             y=book.offsetHeight-mask.offsetHeight-2;
48.         }
49.         //6.  mask 按照鼠标指针在盒子中的位置进行位移，并减去宽高一半
50.         mask.style.left=x+"px";
51.         mask.style.top=y+"px";
52.
```

< 218 >

```
53.              //小图片的宽高/大图片的宽高=遮罩层走的距离/大盒子在大图片里面走的距离
54.           //大盒子走的距离=遮罩层走的距离/ (小图片的宽高/大图片的宽高)
55.           /*
56.               var bili=小图片的宽高/大图片的宽高;
57.              大盒子走的距离= 遮罩层走的距离/bili
58.
59.              由于图片是正方形 所以用宽或高都行
60.            */
61.           var bili=sImg.offsetWidth/bImg.offsetWidth;
62.           //7.按公式求出比例
63.           var bigx= x/bili;
64.           var bigy=y/bili;
65.           //8.按比例移动大图片
66.           bImg.style.marginLeft=-bigx+"px";
67.           bImg.style.marginTop=-bigy+"px";
68.       }
69.       // 获取鼠标指针到整个文档的距离, page 属性兼容性封装
70.       function getpageXY(event) {
71.           return{
72.               x:scroll().left+event.clientX,
73.               y:scroll().top+event.clientY
74.           }
75.       }
76.       // scroll 方法的封装
77.       function scroll() {
78.           // 如果该属性存在, 即有返回值（0~无穷大）, 便可调用此方法
79.           if (window.pageYOffset !== undefined) {
80.               return {
81.                   top: window.pageYOffset,
82.                   left: window.pageXOffset
83.               };
84.           } else if (document.compatMode === "CSS1Compat") {
85.               return {  // 已声明 DTD 头部（<!DOCTYPE html>）时
86.                   top: document.documentElement.scrollTop,
87.                   left: document.documentElement.scrollLeft
88.               };
89.           } else {
90.               return {  // 剩下的怪异浏览器
91.                   top: document.body.scrollTop,
92.                   left: document.body.scrollLeft
93.               };
94.           }
95.       }
```

　　上述 JavaScript 代码首先获取各个元素, 为图书展示区域分别添加鼠标指针移入和移出事件, 当鼠标指针移入时, "小蓝色透明块"和右侧放大区域显示, 当鼠标指针移出时, 这 2 个块元素再次被隐藏; 然后为图书展示区域添加鼠标指针移动事件, 定义"小蓝色透明块"的偏移距离, 以及按比例移动右侧的放大区域; 最后添加 page 属性的兼容性封装代码和 scroll 方法的封装代码, 实现当鼠标指针移入图书展示区域时, 显示放大镜效果。

< 219 >

9.4 本章小结

本章重点讲述如何通过 JavaScript 的三大家族配合运动效果实现动态特效，主要介绍了 offset 家族、scroll 家族和 client 家族的属性、匀速动画和缓动动画的封装、滚动方法的封装、event 对象的兼容问题。

通过本章内容的学习，读者能够了解 JavaScript 三大家族的相关属性，掌握动画和滚动方法的封装，在网页上能够实现一些 JavaScript 特性。

9.5 习题

1. 填空题

（1）offset 家族有 5 个属性，分别是_____、_____、_____、_____和 offsetParent。

（2）_____属性能够获取当前元素被卷去的左侧距离。

（3）_____属性用于说明鼠标指针到可视区域（浏览器页面）的顶部的距离。

（4）动画的运动原理为"_____"。

2. 思考题

（1）简述 DTD 头部的兼容性。

（2）简述 offsetLeft 和 style.left 的区别。

（3）写出 pageX 和 pageY 的封装代码。

3. 编程题

（1）在页面上实现一个闪动动画的效果：制作一个单击按钮，鼠标单击按钮时，"盒子"可以闪动到指定距离。实现效果如图 9.4 所示。

（2）制作一个匀速焦点图，利用 for 循环为每一张图片绑定索引，为每一个圆角序号添加鼠标单击事件。当切换序号时，图片随之匀速切换，调用匀速动画的封装代码，使图片匀速运动。实现效果如图 9.5 所示。

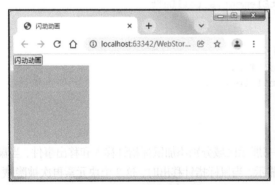

图 9.4 闪动动画

图 9.5 匀速焦点图

< 220 >

第10章 移动端布局和响应式开发

本章学习目标

- 了解流式布局和媒体查询。
- 了解 Bootstrap 框架。
- 掌握 fex 布局和 rem 布局。

移动端布局和
响应式开发

随着手机的广泛使用，移动互联网成为热门话题，而移动端开发也成为重要的发展方向。移动端布局和 PC 端布局有很多不同之处。移动端设备的尺寸不一，需要对设备进行适配处理。移动端横屏与竖屏之间的切换需要有针对性的响应式布局。移动端布局有流式布局、flex 布局、rem 布局等，不同的网页可以使用不同的布局方式来呈现。而响应式开发能够使页面内容可以在不同的设备上有适应性地展现出来，让用户更方便地在不同设备上浏览网页。

10.1 移动端布局

10.1.1 视口

1. 概述

视口是浏览器显示页面内容的屏幕区域。视口可以分为布局视口、视觉视口和理想视口。

布局视口对应的是网页的固定尺寸，是早期为了解决 PC 端页面在手机上的显示问题，针对不同的设备而设置的。视觉视口是屏幕的可视部分，不包括屏幕键盘和缩放后屏幕外的区域，视觉视口与布局视口相同或者更小。理想视口是指对设备而言最理想的视口，能够使网页在移动端浏览器上获得最理想的浏览和阅读效果。

2. 使用视口

通过<meta>标签可以在不同的设备上设置视口。<meta>标签的语法格式如下所示。

```
<meta name="viewport" content="视口的属性">
```

完整的视口写法如下所示。

```
<meta name=viewport content="width=device-width,user-scalable=no,
initial-scale=1.0,minimum-scale=1.0,maximum-scale=1.0,minimal-ui">
```

在上述写法中，width 属性为视口的宽度，"width=device-width"表示视口宽度为当前设备的宽度。user-scalable 属性表示用户是否缩放，属性值为 yes 或 no（1 或 0）。initial-scale 属性为初始缩放比，属性值为大于 0 的数字。minimum-scale 属性为最小缩放比，属性值为大于 0 的数字。maximum-scale 属性为最大缩放比，属性值为大于 0 的数字。minimal-ui 属性是<meta>标签新增的属性，使网页在加载时可隐藏顶部的地址栏与底部的导航栏。

3．移动端基础交互

移动端显示的页面与 PC 端显示的页面是有所区别的，因此需要为全局页面设置特殊的样式。移动端特殊样式代码如下所示。

```
*{
    -webkit-tap-highlight-color: transparent;  /* 清除单击屏幕时的高亮显示 */
}
html, body {
    -webkit-user-select: none;    /* 禁止选中文本 */
        }
a, img {
    -webkit-touch-callout: none; /* 禁止长按链接与图片弹出菜单 */
}
input{
    -webkit-appearance: none;   /* 取消文本框或按钮的默认外观样式，以便自定义外观 */
}
```

10.1.2 流式布局

1．概述

流式布局也叫百分比布局，是一种等比例缩放的布局方式，是移动端开发中经常使用的布局方式之一。流式布局对页面以百分比方式划分区域进行排版，可以在不同分辨率下显示相同的版式。流式布局将盒子的宽度设置成百分比，搭配 min-*属性和 max-*属性使用，其实现方法是将 CSS 固定像素宽度换算为百分比宽度，换算公式为"目标元素宽度/父盒子宽度=百分数宽度"。

流式布局有以下 3 个特点。

（1）盒子宽度自适应，使用百分比来定义，但高度使用固定像素值定义。

（2）盒子内的图标大小、字体大小等都是固定的，不是所有内容都自适应。

（3）在 CSS 样式中，需要使用 min-*属性和 max-*属性来设置盒子在设备中的最小宽度和最大宽度，防止任意拉伸页面带来的异常问题。

2．演示说明

使用流式布局在移动端页面上分别展示 3 张不同比例的图片。

【例 10.1】流式布局。

```
1.    <!DOCTYPE html>
2.    <html lang="en">
3.    <head>
4.        <meta charset="UTF-8">
5.        <!-- 设置移动端视口 -->
6.        <meta name=viewport
      content="width=device-width,user-scalable=no,initial-scale=1.0,minimum-scale
      =1.0,maximum-scale=1.0,minimal-ui">
7.        <title>流式布局展示图片</title>
8.        <style>
9.            /* 清除页面默认边距 */
10.           *{
11.               margin: 0;
12.               padding: 0;
```

< 222 >

```
13.            -webkit-tap-highlight-color: transparent;     /* 清除单击屏幕时的高亮显示 */
14.        }
15.        html, body {
16.            -webkit-user-select: none;      /* 禁止选中文本 */
17.        }
18.        a, img {
19.            -webkit-touch-callout: none;  /* 禁止长按链接与图片弹出菜单 */
20.        }
21.        input{
22.            -webkit-appearance: none;    /* 取消文本框或按钮的默认外观样式，以便自定义外
     观 */
23.        }
24.        /* 设置整个页面 */
25.        body{
26.            width: 100%;
27.            min-width: 240px;    /* 移动端视口的最小宽度 */
28.            max-width: 600px;     /* 最大宽度 */
29.            margin: 0 auto;
30.            font-size: 16px;      /* 字体大小 */
31.            color: #778899;      /* 文字颜色 */
32.            font-family: -apple-system,Helvetica,sans-serif;     /* 字体风格 */
33.        }
34.        /* 设置移动端页面中的无序列表盒子 */
35.        ul{
36.            width: 100%;    /* 宽度100% */
37.            height: 200px;     /* 高度 */
38.            list-style: none;     /* 取消列表项目标记 */
39.        }
40.        /* 设置每一个子元素 */
41.        ul li{
42.            height: 200px;
43.            float: left;     /* 向左浮动 */
44.            text-align: center;     /* 内容居中对齐 */
45.        }
46.        /* 分别设置第 1~3 个子元素在父盒子中的百分比宽度 */
47.        ul li:nth-child(1){
48.            width: 45%;
49.        }
50.        ul li:nth-child(2){
51.            width: 30%;
52.        }
53.        ul li:nth-child(3){
54.            width: 25%;
55.        }
56.        /* 统一设置每一个子元素中的图片 */
57.        ul li img{
58.            width: 100%;    /* 图片宽度为自身父元素的100% */
59.            height: 180px;
60.            vertical-align: top;     /* 清除图片底部空白间隙 */
```

< 223 >

```
61.            }
62.        </style>
63. </head>
64. <body>
65. <ul>
66.        <li><img src="../image/29.png" alt=""><span>天空</span></li>
67.        <li><img src="../image/30.png" alt=""><span>山水</span></li>
68.        <li><img src="../image/31.png" alt=""><span>阳光</span></li>
69. </ul>
70. </body>
71. </html>
```

运行结果如图 10.1 所示。

图 10.1　例 10.1 的运行结果

10.1.3　flex 布局

1. 概述

flex 是 flexible box 的简写，flex 布局意为"弹性布局"，可为盒状模型提供最大的灵活性。任何一个容器都可以使用 display 属性指定 flex 布局，示例代码如下所示。

```
块级元素 display:flex;
内联元素 display:inline-flex;
```

采用 flex 布局的元素称为 flex 容器（flex container），简称"容器"。它的所有子元素自动成为容器成员，称为 flex 项目（flex item），简称"项目"。容器中默认存在两根轴，即水平的主轴（main axis）和竖直的交叉轴（cross axis，也称为侧轴）。主轴的开始位置（与边框的交叉点）叫作 main start，结束位置叫作 main end；交叉轴的开始位置叫作 cross start，结束位置叫作 cross end。项目默认沿主轴排列。单个项目占据的主轴空间叫作 main size，占据的交叉轴空间叫作 cross size。flex 布局如图 10.2 所示。

2. 容器属性

flex 布局的容器属性有 6 个，分别为 flex-direction 属性、flex-wrap 属性、justify-content 属性、align-items 属性、align-content 属性和 flex-flow 属性。接下来将具体说明这 6 个容器属性。

< 224 >

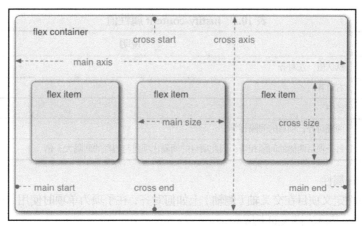

图 10.2　flex 布局

（1）flex-direction 属性

flex-direction 属性决定主轴的方向，即项目的排列方向。其语法格式如下所示。

```
flex-direction: row | row-reverse | column | column-reverse;
```

在上述语法中，flex-direction 属性有 4 个属性值。这 4 个属性值如表 10.1 所示。

表 10.1　flex-direction 属性值

属性值	说明
row	默认值，主轴水平，起点在左端
row-reverse	主轴水平，起点在右端
column	主轴竖直，起点在上沿
column-reverse	主轴竖直，起点在下沿

（2）flex-wrap 属性

在默认情况下，项目都排在一条轴线上。flex-wrap 属性定义如果一条轴线上排不下该如何换行。flex-wrap 属性的语法格式如下所示。

```
flex-wrap: nowrap | wrap | wrap-reverse;
```

在上述语法中，flex-wrap 属性有 3 个属性值。这 3 个属性值如表 10.2 所示。

表 10.2　flex-wrap 属性值

属性值	说明
nowrap	默认值，不换行
wrap	换行，第一行在上方
wrap-reverse	换行，第一行在下方

（3）justify-content 属性

justify-content 属性定义项目在主轴上的对齐方式，具体对齐方式与轴的方向有关。其语法格式如下所示。

```
justify-content: flex-start | flex-end | center | space-between | space-around;
```

在上述语法中，justify-content 属性有 5 个属性值。这 5 个属性值如表 10.3 所示。

< 225 >

表 10.3   justify-content 属性值

属性值	说明
flex-start	默认值，左对齐
flex-end	右对齐
center	居中
space-between	两端对齐，项目的间隔相等
space-around	每个项目两侧的间隔相等，因此项目的间隔比项目与边框的间隔大一倍

（4）align-items 属性

align-items 属性定义项目在交叉轴（侧轴）上如何对齐，在子项为单项时使用，具体的对齐方式与交叉轴的方向有关。其语法格式如下所示。

```
align-items: flex-start | flex-end | center | baseline | stretch;
```

在上述语法中，align-items 属性有 5 个属性值。这 5 个属性值如表 10.4 所示。

表 10.4   align-items 属性值

属性值	说明
flex-start	交叉轴的起点对齐
flex-end	交叉轴的终点对齐
center	交叉轴的中点对齐
baseline	项目的第一行文字的基线对齐
stretch	默认值，伸缩。如果项目未设置高度或高度设为 auto，项目将占满整个容器的高度

（5）align-content 属性

align-content 属性定义多根轴线（侧轴）的对齐方式。如果项目只有一根轴线，该属性不起作用，即 flex-wrap 属性没有使用 wrap 换行，align-content 属性不起作用。align-content 属性的语法格式如下所示。

```
align-content: flex-start | flex-end | center | space-between | space-around | stretch;
```

在上述语法中，align-content 属性有 6 个属性值。这 6 个属性值如表 10.5 所示。

表 10.5   align-content 属性值

属性值	说明
flex-start	与交叉轴的起点对齐
flex-end	与交叉轴的终点对齐
center	与交叉轴的中点对齐
space-between	与交叉轴两端对齐，轴线平均分布
space-around	每根轴线两侧的间隔相等，因此轴线的间隔比轴线与边框的间隔大一倍
stretch	默认值，拉伸。轴线占满整个交叉轴

（6）flex-flow 属性

flex-flow 属性是 flex-direction 属性和 flex-wrap 属性的简写形式，默认值为 row nowrap。flex-flow 属性的语法格式如下所示。

```
flex-flow: <flex-direction> || <flex-wrap>;
```

< 226 >

3．项目属性

上述 6 个容器属性都是添加在父元素上的，而子元素也有一些相关属性。flex 布局的项目属性有 6 个，分别为 order 属性、flex-grow 属性、flex-shrink 属性、flex-basis 属性、flex 属性和 align-self 属性。接下来将具体说明这 6 个项目属性。

（1）order 属性

order 属性定义项目的排列顺序，数值越小，排列越靠前，默认为 0。order 属性的语法格式如下所示。

```
order: <integer>;
```

（2）flex-grow 属性

flex-grow 属性定义项目的放大比例，默认为 0，表示即使存在剩余空间，也不放大。flex-grow 属性的语法格式如下所示。

```
flex-grow: <number>; /* default 0 */
```

如果所有项目的 flex-grow 属性都为 1，则它们将等分剩余空间。如果一个项目的 flex-grow 属性为 2，其他项目都为 1，则前者占据的剩余空间将比其他项目多一倍。

（3）flex-shrink 属性

flex-shrink 属性定义项目的缩小比例，默认为 1，表示如果空间不足，则该项目将缩小。flex-shrink 属性的语法格式如下所示。

```
flex-shrink: <number>; /* default 1 */
```

如果所有项目的 flex-shrink 属性都为 1，当空间不足时，它们都将等比例缩小。如果一个项目的 flex-shrink 属性为 0，其他项目都为 1，则空间不足时，前者不缩小。负值对 flex-shrink 属性无效。

（4）flex-basis 属性

flex-basis 属性定义在分配多余空间之前项目占据的主轴空间。浏览器根据 flex-basis 属性计算主轴是否有多余空间。它的默认值为 auto，表示项目的本来大小。flex-basis 属性的语法格式如下所示。

```
flex-basis: <length> | auto; /* default auto */
```

flex-basis 属性可以设为跟 width 属性或 height 属性一样的值（如 360px），则项目将占据固定空间。

（5）flex 属性

flex 属性是 flex-grow 属性、flex-shrink 属性和 flex-basis 属性的简写形式，默认值为 0 1 auto。flex-shrink 属性和 flex-basis 属性这 2 个属性可选。当 flex 属性只写一个数值时，该数值代表项目中元素占据的份数，例如，"flex:1;"表示项目中的各个子元素平均分配该项目的空间。

flex 属性的语法格式如下所示。

```
flex: none | [ <'flex-grow'> <'flex-shrink'>? || <'flex-basis'> ]
```

flex 属性有 2 个快捷值，即 auto（1 1 auto）和 none（0 0 auto）。建议优先使用 flex 属性，而不是单独写 3 个分离的属性，因为浏览器会推算相关值。

（6）align-self 属性

align-self 属性允许单个项目有与其他项目不一样的对齐方式，可覆盖 align-items 属性，默认值为 auto，表示继承父元素的 align-items 属性，如果没有父元素，则等同于 stretch。align-self 属性的语法格式如下所示。

```
align-self: auto | flex-start | flex-end | center | baseline | stretch;
```

align-self 属性可以取 6 个值，除了 auto，其他都与 align-items 属性完全一致。

< 227 >

10.1.4 实例：图书活动 flex 布局

1．页面结构简图

本实例是使用 flex 布局制作一个图书活动专区的移动端页面。该页面主要由<div>块元素、无序列表和图片标签构成，图书活动 flex 布局页面结构简图如图 10.3 所示。

图 10.3　图书活动 flex 布局页面结构简图

2．代码实现

（1）主体结构代码

新建一个 HTML 文件，以外链方式在该文件中引入 CSS 文件。首先在头部使用<meta>标签设置移动端视口；然后在<body>标签中定义父元素块，并添加 id 属性 "container"；最后在父元素块中添加子元素块和图片标签。

【例 10.2】图书活动 flex 布局。

```
1.  <!DOCTYPE html>
2.  <html lang="en">
3.  <head>
4.      <meta charset="UTF-8">
5.      <title>图书活动 flex 布局</title>
6.      <!-- 设置移动端视口 -->
7.      <meta name=viewport
    content="width=device-width,user-scalable=no,initial-scale=1.0,minimum-scale
    =1.0,maximum-scale=1.0,minimal-ui">
8.      <link type="text/css" rel="stylesheet" href="flex.css">
9.  </head>
10. <body>
11. <!-- 将父元素#container 分为顶部导航栏、大广告和小广告 3 个部分 -->
12. <div id="container">
```

< 228 >

```
13.        <!-- 顶部导航栏部分是一个无序列表 -->
14.        <ul class="nav">
15.            <!-- 每个列表项目中有一个超链接 -->
16.            <li><a href="#">图书</a></li>
17.            <li><a href="#">电子书</a></li>
18.            <li><a href="#">文具</a></li>
19.            <li><a href="#">食品</a></li>
20.            <li><a href="#">美妆</a></li>
21.            <li><a href="#">服务</a></li>
22.        </ul>
23.
24.        <!-- 大广告.ban-lg -->
25.        <div class="ban-lg">
26.            <img src="../image/book.jpg" alt="">
27.        </div>
28.        <!-- 小广告.ban-sm -->
29.        <ul class="ban-sm">
30.            <li><img src="../image/shu-1.png" alt=""></li>
31.            <li><img src="../image/shu-2.png" alt=""></li>
32.            <li><img src="../image/shu-3.png" alt=""></li>
33.            <li><img src="../image/shu-4.png" alt=""></li>
34.        </ul>
35.    </div>
36. </body>
37. </html>
```

在例 10.2 的代码中，无序列表用于制作顶部导航栏，大广告部分的<div>块元素中添加了 1 个图片标签，小广告部分是 1 个无序列表，里面分别嵌套 1 个图片标签。

（2）CSS 代码

新建一个 CSS 文件 flex.css，在该文件中加入 CSS 代码，设置页面样式，具体代码如下所示。

```
1.   /* 清除页面默认边距 */
2.   *{
3.       margin: 0;
4.       padding: 0;
5.   }
6.   ul{
7.       list-style: none;
8.   }
9.   a{
10.      text-decoration: none;
11.  }
12.  /* 设置整个 body 页面 */
13.  body{
14.      max-width: 540px;   /* 最大宽度 */
15.      min-width: 320px;   /* 最小宽度 */
16.      color: #000;
17.      background-color: #f2f2f2;
18.      overflow-x: hidden;
19.      -webkit-tap-highlight-color: transparent;
20.  }
```

< 229 >

```
21.   /* 设置容器 */
22.   #container{
23.       max-width: 540px;
24.       min-width: 320px;
25.       margin: 0 auto;      /* 设置上下外边距为 10px, 左右居中 */
26.   }
27.   /* 设置顶部导航栏 */
28.   .nav{
29.       display: flex;      /* 作为 li 元素的父元素, 指定为 flex 布局 */
30.       width: 100%;
31.       height: 40px;
32.   }
33.   /* 设置导航栏中的 li 元素 */
34.   .nav li{
35.       display: flex;      /* 作为超链接的父元素, 指定为 flex 布局 */
36.       flex: 1;        /* 每个 li 平均分配 ul 的空间 */
37.       justify-content: center;    /* 每一个 a, 主轴方向居中对齐 */
38.       align-items: center;      /* 每一个 a, 侧轴方向居中对齐 */
39.   }
40.   .nav li a{
41.       color: #666;
42.   }
43.   /* 设置大广告部分的图片 */
44.   .ban-lg img{
45.       width: 100%;
46.       vertical-align: top;      /* 取消图片底部空白间隙 */
47.   }
48.   /* 设置小广告部分 */
49.   .ban-sm{
50.       display: flex;    /* 指定为 flex 布局 */
51.       flex-wrap: wrap;    /* 换行 */
52.   }
53.   .ban-sm li{
54.       flex: 50%;    /* 在同一行内, 每一个 li 分别占父元素的 50%空间 */
55.   }
56.   .ban-sm li img{
57.       width: 100%;
58.   }
```

上述 CSS 代码首先为整个 body 规定最大和最小宽度；然后将顶部导航栏指定为 flex 布局，为每个 <li> 元素平均分配无序列表的空间；再将导航栏中的 <li> 元素指定为 flex 布局，使用 justify-content 属性和 align-items 属性将 <a> 元素设置到 <li> 元素的中心位置；最后将小广告部分的无序列表指定为 flex 布局，并使用 flex-wrap 属性进行换行，使用 flex 属性让一行中的每一个 <li> 元素分别占据父元素的 50% 空间。

10.2 rem 布局

　　rem 布局的本质是等比缩放，一般是基于宽度，能使页面元素的宽度、高度和字体大小随着页面

< 230 >

的伸缩进行改变。rem 单位配合媒体查询可实现 rem 布局，媒体查询根据不同的屏幕大小，设置不同的<html>标签的字体大小，rem 单位能根据屏幕大小调整需要改变大小的盒子或字体，从而在不同的设备上实现页面大小的动态变化。

10.2.1 rem 单位

rem（即 root em）是一个相对单位，类似于 em。em 作为 font-size 的单位时，代表其父元素的字体大小；em 作为其他属性单位时，代表自身字体大小。rem 作用于非根元素时，代表根元素字体大小；rem 作用于根元素时，代表其初始字体大小。例如，根元素设置 font-size: 14px，非根元素设置 width:2rem，则非根元素的宽度为 28px。

rem 的优点是可以通过修改根元素里面的文字大小来修改页面里面的元素大小，通过 rem 既可以做到只修改根元素就成比例地调整所有字体大小，又可以避免字体大小逐层复合的连锁反应。例如，浏览器默认的 HTML 字体大小为 16px，即 font-size:16px，如果需要设置元素字体大小为 14px，通过计算可得 14/16=0.875，则元素只需设置 font-size: 0.875rem。

10.2.2 媒体查询

1. 概述

响应式开发是利用 CSS 中的媒体查询功能来实现的，即@media。使用@media 查询，可以针对不同的媒体类型和屏幕尺寸来定义不同的样式操作。媒体查询的语法格式如下所示。

```
@media 媒体类型 and|not|only 媒体特性{
    CSS code
}
```

不同的终端设备被划分成不同的媒体类型。and（与）、not（非）和 only（只有）关键字可将媒体类型或多个媒体特性连接在一起作为媒体查询的条件。and 可将多个媒体特性连接在一起；not 可排除某个媒体类型，可以省略；only 可指定某个特定的媒体类型，可以省略。媒体特性是设备自身具有的特性，如屏幕尺寸等。媒体类型取值和媒体特性取值分别如表 10.6 和表 10.7 所示。

表 10.6　媒体类型取值

值	说明
all	用于所有设备
print	用于打印机和打印浏览
screen	用于计算机、平板电脑、智能手机等
speech	用于屏幕阅读器等发声设备

表 10.7　媒体特性取值

值	说明
max-width	定义最大可见区域宽度
min-width	定义最小可见区域宽度
max-height	定义最大可见区域高度
min-height	定义最小可见区域高度
orientation	定义输出设备显示的页面为竖屏（portrait）还是横屏（landscape）

< 231 >

2. 注意事项

媒体查询有 2 点注意事项，如下所述。

（1）媒体查询通常是根据屏幕的尺寸按照从大到小或者从小到大的顺序来编写代码，建议按照从小到大的顺序，这是因为后面的样式会覆盖前面的样式，当屏幕尺寸区间有重合时，可以省略重合区间的代码。

（2）min-width（最小值）和 max-width（最大值）都是包含在取值范围内的，在赋值时，一定要注意这一点。

3. 演示说明

在网页上，根据不同的屏幕尺寸将文字设置为不同的颜色。当屏幕尺寸小于 600px 时，文字颜色为黑色；当屏幕尺寸在 600~800px 时，文字颜色为红色；当屏幕尺寸大于 800px 时，文字颜色为绿色。

【例 10.3】媒体查询。

```
1.   <!DOCTYPE html>
2.   <html lang="en">
3.   <head>
4.       <meta charset="UTF-8">
5.       <title>媒体查询文字变色</title>
6.   </head>
7.   <style>
8.       /* 设置屏幕背景颜色 */
9.       body{
10.          background-color: #ccc;
11.      }
12.      /* 设置文字段落 */
13.      p{
14.          width: 100%;  /* 宽度为屏幕的100% */
15.          text-align: center;   /* 文字居中显示 */
16.          font-size: 25px;
17.      }
18.      /* 屏幕小于600px时 */
19.      @media screen and (max-width: 599px) {
20.          p {
21.              color:#000;
22.          }
23.      }
24.      /* 屏幕在600~800px时 */
25.      @media screen and (min-width: 600px) {
26.          p {
27.              color:#ee0000;
28.          }
29.      }
30.      /* 屏幕大于800px时 */
31.      @media screen and (min-width: 801px) {
32.          p {
33.              color:#99CC66;
34.          }
35.      }
36.  </style>
37.  <body>
```

< 232 >

```
38.  <p>
39.      登鹳雀楼（唐·王之涣）<br>
40.      白日依山尽，<br>
41.      黄河入海流。<br>
42.      欲穷千里目，<br>
43.      更上一层楼。<br>
44.  </p>
45.  </body>
46.  </html>
```

当屏幕尺寸在 600～800px 时，文字颜色变为红色，例 10.3 运行结果如图 10.4 所示。

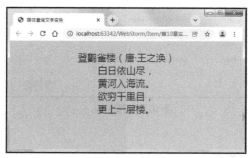

图 10.4　例 10.3 运行结果

10.2.3　Less

1. 概述

Less 是一种动态样式语言，属于 CSS 预处理语言的一种。它使用类似 CSS 的语法，为 CSS 赋予了动态的特性，如变量、继承、运算、函数等，更方便 CSS 的编写和维护，实现 CSS 模块化。Less 可以在多种语言环境中使用，包括浏览器端、桌面客户端、服务器端。

通过 CSS 预处理技术可以很好地提升 CSS 的编程性，提高 CSS 代码的开发效率和可维护性，目前比较热门的相关技术有 Sass、Less CSS、Stylus、Compass 等。

2. Less 安装

（1）下载 Node.js

通过 npm（node 的包管理器）在服务器端安装 Less 需要先从 Node.js 中文网下载 Node.js。安装 Node.js 的时候会自动安装 npm。

（2）安装 less 模块

打开 cmd 控制台，输入 npm 命令"npm install -g less"，安装 less 模块。-g 是全局安装，如果不写会安装在当前目录下。

（3）在 Webstorm 中设置 Less

打开 Webstorm，单击 File→Settings→Tools→File Watchers，各项设置如图 10.5 所示。

3. Less 变量

（1）语法格式

在 Less 中，可以将一个在样式中多次重复出现的值定义为一个变量，以方便在计算数值时使用，减少重复代码，便于维护。Less 变量的语法格式如下所示。

@变量名:值;

< 233 >

图 10.5　设置 Less

（2）命名规范

Less 变量的命名规范如下所示。

① 以@为前缀。

② 不能包含特殊字符。

③ 不能以数字开头。

④ 区分大小写。

4．Less 嵌套

Less 提供了使用嵌套代替层叠或嵌套与层叠结合使用的能力。用 Less 书写的代码不仅更加简洁，而且模仿了 HTML 的组织结构。

例如，将一段 CSS 代码使用 Less 进行书写。CSS 代码如下所示。

```
/* CSS 代码 */
#header {
  color: #ccc;
}
#header .nav {
  font-size: 14px;
}
```

使用 Less 进行书写，如下所示。

```
/* Less 书写 */
#header {
  color: #ccc;
  .nav {
    font-size: 14px;
  }
}
```

值得注意的是，如果 CSS 代码中有伪类选择器、伪元素选择器、交集选择器等，使用 Less 进行书写时，则需要在内层选择器前面添加符号 "&"。若内层选择器前面没有符号 "&"，则会被解析为父选

< 234 >

择器的后代。

5．Less 运算

在 Less 中，算术运算符"+""－""*""/"可以对任何数字、颜色或变量进行运算，加、减或比较之前会进行单位换算。计算的结果以最左侧操作数的单位类型为准。如果单位换算无效或失去意义，则忽略单位。无效的单位换算如 px 到 cm 或 rad 到%的转换。

Less 运算的示例代码如下所示。

```
@size:50px;
div {
  width: ( @size + 10) * 2;
  height: 150px;
  border: @size / 10 solid #ccc;
}
```

值得注意的是，运算符的左右两侧必须使用空格。

10.2.4　实例：模拟图书官网移动端首页

1．页面结构简图

本实例是使用 rem 布局模拟制作一个图书官网移动端首页。在不同的屏幕尺寸下，页面能够等比例缩放。该页面主要由<div>块元素、超链接、图片标签、行内元素和<input>标签构成，模拟图书官网移动端首页页面结构简图如图 10.6 所示。

图 10.6　模拟图书官网移动端首页页面结构简图

2．代码实现

（1）主体结构代码

新建一个 HTML 文件，以外链方式在该文件中引入 CSS 文件。首先在头部使用<meta>标题设置

< 235 >

移动端视口；然后在<body>标签中分别定义 4 个模块，即顶部搜索框模块、广告模块、中部导航模块和活动专区模块。

【例 10.4】模拟图书官网移动端首页。

```
1.   <!DOCTYPE html>
2.   <html lang="en">
3.   <head>
4.       <meta charset="UTF-8">
5.       <title>模拟图书官网移动端首页</title>
6.       <!-- 设置移动端视口 -->
7.       <meta name=viewport
     content="width=device-width,user-scalable=no,initial-scale=1.0,minimum-scale
     =1.0,maximum-scale=1.0,minimal-ui">
8.       <!-- 引入 CSS 文件 -->
9.       <link type="text/css" rel="stylesheet" href="rem.css">
10.  </head>
11.  <body>
12.  <!-- 顶部搜索框模块 -->
13.  <div class="search">
14.      <!-- 放大镜 -->
15.      <a href="#" class="look"></a>
16.      <!-- 输入框 -->
17.      <div class="text">
18.          <form action="">
19.              <input type="search" value="开学季">
20.          </form>
21.      </div>
22.      <!-- 扫一扫 -->
23.      <a href="#" class="sweep"></a>
24.  </div>
25.  <!-- 广告模块 -->
26.  <div class="banner">
27.      <img src="../image/start.jpg" alt="">
28.  </div>
29.  <!-- 中部导航模块 -->
30.  <div class="nav">
31.      <a href="#">
32.          <img src="../image/nav-1.png" alt="">
33.          <span>图书</span>
34.      </a>
35.      <a href="#">
36.          <img src="../image/nav-2.png" alt="">
37.          <span>童书</span>
38.      </a>
39.      <a href="#">
40.          <img src="../image/nav-3.png" alt="">
41.          <span>新书榜</span>
42.      </a>
43.      <a href="#">
44.          <img src="../image/nav-4.png" alt="">
45.          <span>电子书</span>
```

< 236 >

```
46.     </a>
47.     <a href="#">
48.         <img src="../image/nav-5.png" alt="">
49.         <span>教辅</span>
50.     </a>
51.     <a href="#">
52.         <img src="../image/nav-6.png" alt="">
53.         <span>服装</span>
54.     </a>
55.     <a href="#">
56.         <img src="../image/nav-7.png" alt="">
57.         <span>优惠</span>
58.     </a>
59.     <a href="#">
60.         <img src="../image/nav-8.png" alt="">
61.         <span>儿童街</span>
62.     </a>
63.     <a href="#">
64.         <img src="../image/nav-9.png" alt="">
65.         <span>领券中心</span>
66.     </a>
67.     <a href="#">
68.         <img src="../image/nav-10.png" alt="">
69.         <span>签到</span>
70.     </a>
71. </div>
72. <!-- 活动专区模块 -->
73. <div class="book">
74.     <img src="../image/hui.jpg" alt="">
75. </div>
76. </body>
77. </html>
```

在例 10.4 的代码中，页面主要分为 4 个模块。顶部搜索框模块由 3 部分组成，即放大镜、输入框和扫一扫。广告模块中嵌入 1 张图片。中部导航模块有 10 个超链接，每个超链接中有图片和文字。活动专区模块中嵌入 1 张图片。

（2）CSS 代码

新建一个 CSS 文件 rem.css，在该文件中加入 CSS 代码，设置页面样式，具体代码如下所示。

```
1.  /* 首先定义初始化 HTML 文字大小 */
2.  html{
3.      font-size: 50px;
4.  }
5.  /* 根据浏览器中一些常见的屏幕尺寸，设置 HTML 文字大小，其中页面划分的份数为 15 */
6.  @media screen and (min-width: 320px){
7.      html{
8.          font-size: 21.3px;   /* 字体大小为  页面元素值 / 划分的份数（15） */
9.      }
10. }
11. @media screen and (min-width: 360px){
12.     html{
13.         font-size: 24px;
```

< 237 >

```
14.         }
15.     }
16.     @media screen and (min-width: 375px){
17.         html{
18.             font-size: 25px;
19.         }
20.     }
21.     @media screen and (min-width: 390px){
22.         html{
23.             font-size: 26px;
24.         }
25.     }@media screen and (min-width: 414px){
26.         html{
27.             font-size: 27.6px;
28.         }
29.     }
30.     @media screen and (min-width: 480px){
31.         html{
32.             font-size: 32px;
33.         }
34.     }
35.     @media screen and (min-width: 540px){
36.         html{
37.             font-size: 36px;
38.         }
39.     }
40.     @media screen and (min-width: 750px){
41.         html{
42.             font-size: 50px;
43.         }
44.     }
45.
46.     /* 设置整个body页面 */
47.     body{
48.         min-width: 320px;   /* 规定最小和最大宽度 */
49.         max-width: 750px;
50.         width: 15rem;       /* 设置宽度的rem值，页面元素值 / HTML字体大小（该页面为50px） */
51.         line-height: 1.5;
52.         margin: 0 auto;
53.         background-color: #f2f2f2;
54.     }
55.     /* 顶部搜索框 */
56.     .search{
57.         display: flex;      /* 指定为flex布局 */
58.         width: 15rem;
59.         height: 1.2rem;
60.         background-color: #fafae3;
61.         position: fixed;    /* 固定定位在页面顶部 */
62.         top: 0;
63.         left: 50%;          /* 相对于左侧偏移50% */
64.         transform: translateX(-50%);    /* 向左位移自身50%宽度 */
65.         border-radius: 0.6rem;   /* 添加圆角 */
66.     }
```

< 238 >

```
67.  /* 放大镜 */
68.  .search .look{
69.      width: 0.64rem;
70.      height: 0.64rem;
71.      margin: 0.28rem 1rem;
72.      background: url("../image/glass.png") no-repeat;    /* 添加背景图片 */
73.      background-size: 0.64rem 0.64rem ;     /* 设置背景图像尺寸 */
74.      }
75.  /* 输入框的父元素 */
76.  .search .text{
77.      position: relative;  /* 添加相对定位 */
78.      flex: 1;  /* 得到搜索框模块的所有剩余空间 */
79.      height: 0.7rem;
80.      background-color: #CCCCFF;
81.      margin: 0.25rem auto;
82.      border-radius: 0.15rem;
83.      overflow: hidden;    /* 消除添加圆角之后的异常 */
84.  }
85.  /* 输入框 */
86.  .search .text input{
87.      position: absolute;    /* 添加绝对定位 */
88.      top: 0;
89.      left: 0;
90.      width: 100%;
91.      height: 100%;
92.      outline: none;    /* 取消单击文本框时的边框效果 */
93.      border: 0;  /* 取消边框 */
94.      font-size: 0.36rem;
95.  }
96.  /* 扫一扫 */
97.  .search .sweep{
98.      width: 0.64rem;
99.      height: 0.64rem;
100.       margin: 0.28rem 1rem;
101.       background: url("../image/sao.png") no-repeat;
102.       background-size: 0.64rem 0.64rem ;
103.       }
104.     /* 广告模块 */
105.     .banner{
106.         width: 15rem;
107.         height: 6rem;
108.     }
109.     /* 广告模块中的图片 */
110.     .banner img{
111.         width: 100%;
112.         height: 100%;
113.     }
114.     /* 中部导航模块 */
115.     .nav{
116.         width: 15rem;
117.     }
118.     /* 导航模块中的超链接 */
119.     .nav a{
```

< 239 >

```
120.        float: left;    /* 向左浮动 */
121.        width: 3rem;
122.        height: 2.8rem;
123.        text-align: center;
124.        text-decoration: none;
125.        background-color: #a6e1ec;
126.    }
127.    /* 超链接中的图片 */
128.    .nav a img{
129.        display: block;     /* 转为块级元素 */
130.        width: 1.7rem;
131.        height: 1.7rem;
132.        margin: 0.2rem auto 0;
133.    }
134.    /* 超链接中的文字 */
135.    .nav a span{
136.        display: block;
137.        font-size: 0.44rem;
138.        color: #333;
139.    }
140.    /* 活动专区模块 */
141.    .book{
142.        width: 15rem;
143.        height: 10rem;
144.    }
145.    .book img{
146.        width: 100%;
147.        height: 100%;
148.    }
```

上述 CSS 代码首先定义初始化 HTML 文字大小，再根据浏览器中一些常见的屏幕尺寸设置 HTML 文字大小，其中页面划分的份数为 15；接着，为整个 body 规定最大和最小宽度，在 Less 中为元素计算 rem 值；然后通过 rem 布局设置页面，使其等比例缩放。在顶部搜索框模块中，使用固定定位将顶部搜索框固定在页面顶部，为放大镜和扫一扫添加背景图标，使用 flex 布局设置输入框父元素的位置，并将输入框定位到其父元素内部。在广告模块和活动专区模块中，通过 rem 布局使其内部图片自适应缩放。在中部导航模块中，使用 float 属性将超链接依次排列，并结合 rem 布局使其等比例分布。

部分 Less 代码如图 10.7 所示。

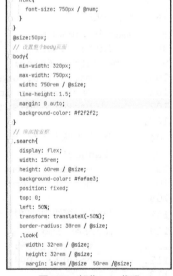

图 10.7　部分 Less 代码

10.3　响应式开发

10.3.1　Bootstrap 框架

1. 响应式开发原理

响应式开发需要一个父元素作为布局容器，来配合子元素实现变化效果。响应式开发的目的是使

< 240 >

用媒体查询针对不同设备进行布局以适配不同宽度的设备，改变布局容器中子元素的排列方式和大小，使一个网页能够在不同设备上显示不同的页面布局和样式变化，优化用户在不同设备上的使用体验。

响应式开发的尺寸划分如下。

（1）对超小屏幕（手机，小于 768px），可设置宽度为 100%。

（2）对小屏幕（平板，大于等于 768px），可设置宽度为 750px。

（3）对中等屏幕（桌面显示器，大于等于 992px），可设置宽度为 970px。

（4）对大屏幕（大桌面显示器，大于等于 1200px），可设置宽度为 1170px。

2．Bootstrap 概述

Bootstrap 是美国设计师马克·奥托（Mark Otto）和雅各布·桑顿（Jacob Thornton）基于 HTML、CSS 和 JavaScript 合作开发的简洁、直观、强悍的前端开发框架，使得 Web 开发更加快捷。

Bootstrap 有一套标准化的 HTML+CSS 编码规范，有自己的生态圈，能够不断地更新迭代，并提供了一套组件，让开发更简单，极大地提高了开发的效率。在本书编著时，Bootstrap 的最新版本是 v3.4.1。

3．Bootstrap 的使用

Bootstrap 框架具有预制的样式库、组件和插件，使用者要按照框架的规范进行开发。Bootstrap 的使用有以下几个步骤。

（1）下载 Bootstrap

打开谷歌浏览器，访问 Bootstrap 的中文官网，下载 Bootstrap 的最新版本，以及 Bootstrap 的 CSS、JavaScript 和字体的预编译压缩版本，不包含文档和源码文件。下载成功后，解压缩 ZIP 文件，得到 Bootstrap 的文件和目录结构。

（2）复制文件

新建一个 bootstrap 文件夹，将解压得到的 css、fonts 和 js 文件夹复制粘贴到新建的 bootstrap 文件夹。编写网页时只需引入相应的文件即可使用 Bootstrap 的样式。bootstrap 文件夹中的目录结构如图 10.8 所示。

图 10.8　bootstrap 文件夹中的目录结构

（3）创建基础模板

Bootstrap 的 HTML 基础模板示例代码如下所示。

```
<!doctype html>
<html lang="en">
<head>
  <meta charset="utf-8">
  <!-- 要求当前网页使用 IE 浏览器最高版本的内核来渲染 -->
  <meta http-equiv="X-UA-Compatible" content="IE=edge">
  <!-- 设置视口 -->
  <meta name="viewport" content="width=device-width, initial-scale=1.0">
  <title>Bootstrap</title>
  <!--[if lt IE 9] >
  // 解决 IE9 以下版本浏览器对 HTML5 新增标签不识别并导致 CSS 不起作用的问题
  <script src="https://fastly.jsdelivr.net/npm/html5shiv@3.7.3/dist/
html5shiv.min.js"></script>
  // 解决 IE9 以下浏览器对 CSS3 Media Query 不识别的问题
  <script src="https://fastly.jsdelivr.net/npm/respond.js@1.4.2/dest/
respond.min.js"></script>
  <![endif]-->
```

< 241 >

```
</head>
<body>

</body>
</html>
```

（4）引入相应文件

在 HTML 文件中引入 Bootstrap 的样式文件，示例代码如下所示。

```
<link rel="stylesheet" href="bootstrap/css/bootstrap.min.css">
```

上述基本配置做好之后，即可书写内容。

4．布局容器

在使用 Bootstrap 时，需要为页面内容和栅格系统包裹一个.container 容器。Bootstrap 提供了 2 个相关的容器类，即.container 类和.container-fluid 类。值得注意的是，由于 padding 等属性的原因，这 2 种容器类不能互相嵌套。

.container 类用于固定宽度并支持响应式开发。值得注意的是，此处的固定宽度已在类里内置好，不可以自定义宽度。.container 容器类示例代码如下所示。

```
<div class="container">
  ...
</div>
```

.container-fluid 类用于 100%宽度、占据全部视口的容器，适合用于移动端开发。.container-fluid 容器类示例代码如下所示。

```
<div class="container-fluid">
  ...
</div>
```

10.3.2 Bootstrap 栅格系统

1．概述

Bootstrap 提供了一套响应式、移动设备优先的流式栅格系统，随着屏幕或视口尺寸的增加，栅格系统会自动分为最多 12 列。栅格系统包含了易于使用的预定义类，还有强大的 mixin 用于生成更具语义的布局。

栅格系统用于通过一系列行与列的组合来创建页面布局，在开发过程中，可将内容直接放入这些创建好的布局。

Bootstrap 栅格系统的工作原理如下。

（1）行必须包含在.container 类（固定宽度）或.container-fluid 类（100%宽度）中，以便为其赋予合适的排列（alignment）和内边距（padding）。

（2）通过行在水平方向创建一组列。

（3）内容应当放置于列内，并且只有列可以作为行的直接子元素。

（4）类似.row 类和.col-xs-4 类的预定义类，可以用来快速创建栅格布局。Bootstrap 源码中定义的 mixin 也可以用来创建语义化的布局。

（5）通过为列设置 padding 属性，可创建列与列的间隔。通过为.row 元素设置负值 margin，可抵消掉为.container 元素设置的 padding，也就间接为行所包含的列抵消掉了 padding。

（6）栅格系统中的列通过指定 1 到 12 的值来表示其跨越的范围。

< 242 >

（7）如果 1 行中包含的列数大于 12，多余的列中的元素将被作为一个整体另起一行排列。

（8）Bootstrap 栅格系统为不同屏幕宽度定义了不同的类。

2．栅格参数

Bootstrap 栅格系统在多种屏幕设备上的工作参数如图 10.9 所示。

	超小屏幕 手机 (<768px)	小屏幕 平板 (≥768px)	中等屏幕 桌面显示器 (≥992px)	大屏幕 大桌面显示器 (≥1200px)
栅格系统行为	总是水平排列	开始是堆叠在一起的，当大于这些阈值时将变为水平排列		
.container 最大宽度	None（自动）	750px	970px	1170px
类前缀	.col-xs-	.col-sm-	.col-md-	.col-lg-
列（column）数	12			
最大列（column）宽	自动	~62px	~81px	~97px
槽（gutter）宽	30px（每列左右均有 15px）			
可嵌套	是			
偏移（Offsets）	是			
列排序	是			

图 10.9　栅格系统工作参数

为了适应在不同屏幕宽度下对列进行不同份数的划分，可以同时为同一列指定多个设备的类名，类名之间以空格隔开，例如，class="col-md-4 col-sm-6"。

3．列偏移

使用.col-md-offset-*类可以使列向右侧偏移，实际上是通过使用 "*" 为当前元素增加了左外边距（margin）。例如，.col-md-offset-4 类使.col-md-4 元素向右侧偏移了 4 个列的宽度。

4．嵌套列

为了使用内置的栅格系统再次嵌套内容，可以添加一个新的.row 元素和一系列.col-sm-* 元素到已经存在的.col-sm-*元素内。被嵌套的行所包含的列数不能超过 12。

下面在 Bootstrap 栅格系统中制作嵌套列：在大屏幕（1200px）中，1 行展示 4 列，每 1 列的份数分别为 3、4、2 和 3，其中，在第 2 列中再嵌套 2 列，每 1 列的份数为 6；在小屏幕（768px）中，1 行展示 2 列，第 1 行中每 1 列的份数分别为 4 和 8，第 2 行中每 1 列的份数分别为 6 和 6，其中，在第 1 行的第 2 列中再嵌套 2 列，每 1 列的份数分别为 6 和 6。

【例 10.5】嵌套列。

```
1.  <!doctype html>
2.  <html lang="en">
3.  <head>
4.      <meta charset="utf-8">
5.      <!-- 要求当前网页使用 IE 浏览器最高版本的内核来渲染 -->
6.      <meta http-equiv="X-UA-Compatible" content="IE=edge">
7.      <!-- 设置视口 -->
8.      <meta name="viewport" content="width=device-width, initial-scale=1.0">
9.      <title>栅格系统</title>
10.     <!--[if lt IE 9] >
11.     <script src="https://fastly.jsdelivr.net/npm/html5shiv@3.7.3/dist/
    html5shiv.min.js">   </script>
12.     <script src="https://fastly.jsdelivr.net/npm/respond.js@1.4.2/dest/respond.
    min.js"></script>
```

< 243 >

```
13.        <![endif]-->
14.    <!-- 引入 Bootstrap 的样式文件 -->
15.    <link rel="stylesheet" href="bootstrap/css/bootstrap.min.css">
16.    <style>
17.        [class^="col"]{
18.            background-color: #a6d2ff;
19.        }
20.    </style>
21. </head>
22. <body>
23. <!--   Bootstrap 的父元素.container 类 -->
24. <div class="container">
25.     <!--   栅格系统的行 -->
26.     <div class="row">
27.         <!--   不同屏幕宽度下，栅格系统的列占 1 行中的份数 -->
28.         <div class="col-lg-3 col-sm-4">1</div>
29.         <div class="col-lg-4 col-sm-8">
30.             <!--   嵌套列 -->
31.             <div class="row">
32.                 <div class="col-lg-6 col-sm-6">2.1</div>
33.                 <div class="col-lg-6 col-sm-6">2.2</div>
34.             </div>
35.         </div>
36.         <div class="col-lg-2 col-sm-6">3</div>
37.         <div class="col-lg-3 col-sm-6">4</div>
38.     </div>
39. </div>
40. </body>
41. </html>
```

在大屏幕中的运行结果如图 10.10 所示。

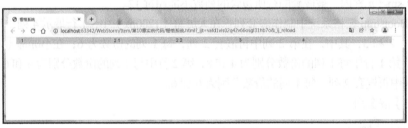

图 10.10　例 10.5 大屏幕运行结果

在小屏幕中的运行结果如图 10.11 所示。

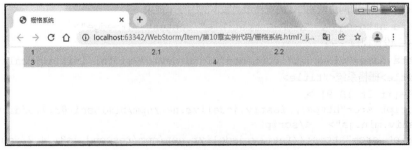

图 10.11　例 10.5 小屏幕运行结果

< 244 >

5．列排序

通过使用.col-md-push-*类和.col-md-pull-*类可以很容易地改变列的顺序。例如，将 2 个分别占 5 列和占 7 列的块元素改变顺序，示例代码如下所示。

```
<div class="row">
  <div class="col-md-5 col-md-push-7">1.占 5 列</div>
  <div class="col-md-7 col-md-pull-5">2.占 7 列</div>
</div>
```

运行效果如图 10.12 所示。

图 10.12　列排序

6．响应式工具

利用媒体查询功能，并使用一些工具类针对不同设备展示或隐藏页面内容，可使移动端页面的开发工作更为便捷。显示或隐藏页面内容的工具类如下所示。

（1）在超小屏幕中显示或隐藏页面内容的工具类为.visible-xs 类和.hidden-xs 类。

（2）在小屏幕中显示或隐藏页面内容的工具类为.visible-sm 类和.hidden-sm 类。

（3）在中等屏幕中显示或隐藏页面内容的工具类为.visible-md 类和.hidden-md 类。

（4）在大屏幕中显示或隐藏页面内容的工具类为.visible-lg 类和.hidden-lg 类。

7．Bootstrap 组件

Bootstrap 框架具有预制组件，如表格、表单、按钮、图片等。开发者使用组件时，在 Bootstrap 开发文档中找到相应组件的类名，将其添加到要应用的元素中，即可在网页中实现该组件的样式。在 Bootstrap 开发文档中，组件的类型与使用说明如图 10.13 所示。

图 10.13　Bootstrap 开发文档中组件的类型与使用说明

< 245 >

10.3.3 实例：响应式页面

1．页面结构简图

本实例是使用 Bootstrap 框架设计的一个响应式页面。在 4 种不同的响应尺寸下，页面的布局发生不同的变化。该页面主要由左侧导航栏模块、右侧菜单模块、导航栏菜单按钮模块、主题图片模块、左侧列表模块和项目选项模块构成。

（1）在大屏幕和中等屏幕尺寸下，页面结构简图如图 10.14 所示。

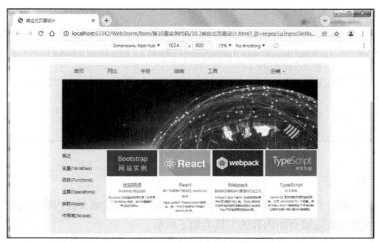

图 10.14　大屏幕和中等屏幕页面结构简图

大屏幕和中等屏幕的页面布局基本一致。区别在于，为了更好地适应屏幕尺寸，在中等屏幕中，主题图片模块和左侧列表模块的宽度进行了缩放，使页面的整体视觉效果更美观。

（2）在小屏幕尺寸下，页面结构简图如图 10.15 所示。

图 10.15　小屏幕页面结构简图

< 246 >

（3）在超小屏幕尺寸下，页面结构简图如图 10.16 所示。

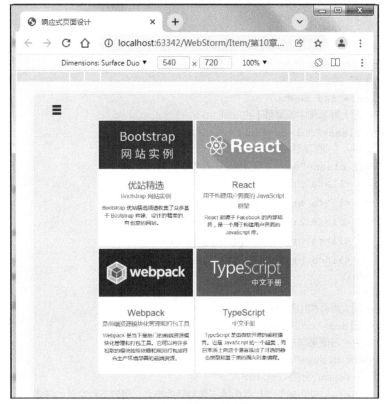

图 10.16　超小屏幕页面结构简图

2. 代码实现

（1）主体结构代码

新建一个 HTML 文件。首先配置 Bootstrap 框架的基础模块，引入 Bootstrap 的样式文件，以及页面的 CSS 文件；然后在<body>标签中编写 HTML 代码。

【例 10.6】响应式页面。

```
1.   <!doctype html>
2.   <html lang="en">
3.   <head>
4.       <meta charset="utf-8">
5.       <!-- 要求当前网页使用 IE 浏览器最高版本的内核来渲染 -->
6.       <meta http-equiv="X-UA-Compatible" content="IE=edge">
7.       <!-- 设置视口 -->
8.       <meta name="viewport" content="width=device-width, initial-scale=1.0">
9.       <title>响应式页面设计</title>
10.      <!--[if lt IE 9] >
11.      <script src="https://fastly.jsdelivr.net/npm/html5shiv@3.7.3/dist/
     html5shiv.min.js"></script>
12.      <script src="https://fastly.jsdelivr.net/npm/respond.js@1.4.2/dest/
     respond.min.js"></script>
13.      <![endif]-->
14.      <!-- 引入 Bootstrap 的样式文件 -->
15.      <link rel="stylesheet" href="bootstrap/css/bootstrap.min.css">
```

< 247 >

```
16.        <!-- 引入页面的 CSS 文件 -->
17.        <link type="text/css" rel="stylesheet" href="respond.css">
18.    </head>
19.    <body>
20.    <!-- 容器 -->
21.    <div class="container">
22.        <!-- 第 1 行 -->
23.        <div class="nav row">
24.            <!-- 超大屏幕和中等屏幕下占 8 列 -->
25.            <div class="col-lg-8 col-md-8">
26.                <!-- 左侧导航栏模块 -->
27.                <ul class="nav-l hidden-xs">
28.                    <li><a href="#">首页</a></li>
29.                    <li><a href="#">用法</a></li>
30.                    <li><a href="#">手册</a></li>
31.                    <li><a href="#">指南</a></li>
32.                    <li><a href="#">工具</a></li>
33.                </ul>
34.            </div>
35.            <!-- 超大屏幕和中等屏幕下占 4 列 -->
36.            <div class="col-lg-4 col-md-4">
37.                <!-- 右侧菜单模块 -->
38.                <div class="nav-r hidden-sm hidden-xs">
39.                    <span>分类</span>
40.                    <!-- 使用辅助类组件中的三角符号的类名, 得到下拉菜单的样式 -->
41.                    <span class="caret"></span>
42.                </div>
43.            </div>
44.            <!-- 超小屏幕下占 12 列, 只在超小屏幕下显示 -->
45.            <div class="col-xs-12 visible-xs">
46.                <!-- 导航栏菜单按钮模块 -->
47.                <div class="btn">
48.                    <span class="glyphicon glyphicon-menu-hamburger" aria-hidden=
    "true"></span>
49.                </div>
50.            </div>
51.        </div>
52.        <!-- 第 2 行 -->
53.        <div class="row">
54.            <!-- 主题图片模块, 超大屏幕和中等屏幕下占 12 列, 小屏幕和超小屏幕下隐藏 -->
55.            <div class="theme col-lg-12 col-md-12 hidden-sm hidden-xs">
56.                <img src="../image/it.png" alt="">
57.            </div>
58.        </div>
59.        <!-- 第 3 行 -->
60.        <div class="row">
61.            <!-- 超大屏幕和中等屏幕下占 2 列, 小屏幕和超小屏幕下隐藏 -->
62.            <div class="left col-lg-2 col-md-2 hidden-sm hidden-xs">
63.                <!-- 左侧列表模块-->
64.                <ul class="list">
```

< 248 >

```
65.                <li><a href="#">概述</a></li>
66.                <li><a href="#">变量(Variables)</a></li>
67.                <li><a href="#">函数(Functions)</a></li>
68.                <li><a href="#">运算(Operations)</a></li>
69.                <li><a href="#">映射(Maps)</a></li>
70.                <li><a href="#">作用域(Scope)</a></li>
71.            </ul>
72.        </div>
73.        <!-- 超大屏幕和中等屏幕下占 10 列，小屏幕和超小屏幕下占 8 列，并且小屏幕和超小屏幕下
    向右偏移 2 列 -->
74.        <div class=" col-lg-10 col-md-10 col-sm-8 col-xs-8 col-md-offset-0
    col-sm-offset-2 col-xs-offset-2 ">
75.            <!-- 项目选项模块 -->
76.            <div class="main">
77.                <!-- 超链接图片 -->
78.                <a href="#"><img src="../image/item-1.png" alt=""></a>
79.                <a href="#"><img src="../image/item-2.png" alt=""></a>
80.                <a href="#"><img src="../image/item-3.png" alt=""></a>
81.                <a href="#"><img src="../image/item-4.png" alt=""></a>
82.            </div>
83.        </div>
84.    </div>
85. </div>
86. </body>
87. </html>
```

例 10.6 的代码首先定义 Bootstrap 的容器类.container 类；然后使用 Bootstrap 的栅格系统创建 3 行，在每一行中按需求设置每个模块跨越的列的范围，即创建.col-*-*类，并且使用嵌套列、列偏移、响应式工具等设置列的布局。

（2）CSS 代码

新建一个 CSS 文件 respond.css，在该文件中加入 CSS 代码，设置页面样式，示例代码如下所示。

```
1.  /* 设置统一样式 */
2.  *{
3.      margin: 0;
4.      padding: 0;
5.  }
6.  ul{
7.      list-style: none;
8.  }
9.  a{
10.     text-decoration: none;
11. }
12. body{
13.     background-color: #e8ebee;
14. }
15. /* 设置容器的最大宽度 */
16. @media screen and (min-width: 1280px){
17.     .container{
18.         width: 1280px;
19.     }
20. }
```

< 249 >

```
21.  /* 设置容器 */
22.  .container{
23.      margin: 0 auto;
24.  }
25.  /* 左侧导航栏模块 */
26.  .nav-l{
27.      display: flex;  /* 指定flex布局 */
28.  }
29.  /* 左侧导航栏模块中的子元素（列表项目）*/
30.  .nav-l li{
31.      flex: 1;   /* 平分父元素空间 */
32.      height: 40px;
33.      font-size: 18px;
34.      text-align: center;
35.  }
36.  /* 左侧导航栏模块中超链接 */
37.  .nav-l li a{
38.      display: inline-block;
39.      margin-top: 8px;
40.      color: #666;
41.  }
42.  /* 右侧菜单模块 */
43.  .nav-r{
44.      text-align: center;
45.      font-size: 18px;
46.      margin-top: 8px;
47.  }
48.  /* 导航栏菜单按钮模块，超小屏幕下显示 */
49.  .nav .btn{
50.      width: 40px;
51.      height: 40px;
52.      line-height: 40px;
53.      font-size: 18px;
54.  }
55.  /* 主题图片模块 */
56.  .theme,.theme img{
57.      width: 100%;
58.      height: 300px;
59.  }
60.  /* 进入中等屏幕时，改变主题图片高度和侧边列表内边距 */
61.  @media screen and (max-width: 1199px){
62.      .theme,.theme img{
63.          height: 250px!important;   /* 由于权重值不够，要加!important才能实现该样式 */
64.      }
65.      .left .list li a{
66.          padding: 10px 0;
67.      }
68.  }
69.  /* 左侧列表模块 */
70.  .list{
71.      padding-top: 5px;   /* 添加上内边距 */
72.      font-size: 16px;
```

< 250 >

```
73.  }
74.  /* 左侧列表模块中的超链接 */
75.  .list li a{
76.      display: inline-block;
77.      padding: 15px 0;    /* 添加上下内边距 */
78.      color: #1d365d;
79.  }
80.  /* 项目选项模块 */
81.  .main{
82.      display: flex;  /* 指定为 flex 布局 */
83.  }
84.  /* 项目选项模块中的超链接 */
85.  .main a{
86.      flex: 1;    /* 平分项目选项模块空间 */
87.  }
88.  .main a img{
89.      width: 100%;  /* 图片宽度按超链接宽度等比例缩放 */
90.  }
91.  /* 进入小屏幕时，项目选项模块一行放置 2 张图片  */
92.  @media screen and (max-width: 991px){
93.      .main{
94.          flex-wrap: wrap!important;    /* flex 布局换行 */
95.      }
96.      .main a{
97.          flex: 50% !important;    /* 超链接宽度占项目选项模块的 50% */
98.      }
99.  }
```

上述 CSS 代码先设置大屏幕尺寸下的样式，再依次根据其他屏幕尺寸下的布局进行样式设计。

10.4　本章小结

本章重点讲述如何进行移动端布局和响应式开发，主要介绍了流式布局、flex 布局、rem 布局和 Bootstrap 框架。

通过本章内容的学习，读者能够了解 Bootstrap 框架的使用，为掌握 Bootstrap 的应用打下良好基础。同时，希望读者可以合理搭配本章介绍的 3 种布局方式，设计出满足不同需求的页面。

10.5　习题

1．填空题

（1）视口可分为_____、_____和_____。

（2）容器有两根轴，即_____和_____。

（3）Bootstrap 有 2 个容器类，即_____和_____。

（4）在栅格系统中，通过使用_____和_____类可以很容易地改变列的顺序。

< 251 >

（5）媒体查询功能是通过_____方式实现的。

2．选择题

（1）下列不属于 flex 布局的容器属性是（　　）。

    A．flex-direction   B．flex-flow   C．flex-grow   D．justify-content

（2）下列不属于 flex 布局的项目属性是（　　）。

    A．align-items   B．order   C．align-self   D．flex

（3）Bootstrap 在超小屏幕中的栅格参数是（　　）。

    A．col-sm-*   B．col-xs-*   C．col-md-*   D．col-lg-*

（4）在大屏幕中，隐藏页面内容的工具类是（　　）。

    A．.hidden-xs   B．.hidden-sm   C．.hidden-md   D．.hidden-lg

3．思考题

（1）简述流式布局的特点。

（2）简述 Less 变量的命名规范。

（3）简述响应式开发的尺寸划分。

4．编程题

使用 Flex 布局制作一个用户对页面满意度等级的评价页面，具体实现效果如图 10.17 所示。

图 10.17　满意度等级

综合案例

< 252 >